气候变化经济过程的复杂性丛书

应对气候变化的全球治理研究

吴 静 王 铮 朱潜挺 朱永彬 马晓哲 著

国家重大研究计划（973）项目 2012CB955800
国家社会科学基金青年项目 14CGJ025 资助
国家自然科学基金青年项目 41501127

科学出版社
北 京

内 容 简 介

引起气候变化的CO_2排放是全球性公共品，与其他全球性环境问题治理不一样，气候变化全球治理具有交叉边界、多层次和多部门性、益损差异性、长期挑战和不确定性，造成了当前气候治理的复杂性，迫切需要所有国家共同努力。这就形成了应对气候变化的全球治理问题。

本书聚焦当前气候变化全球治理的核心议题，从科学的角度展开研究和论述。第一篇聚焦气候治理中的排放配额问题；第二篇聚焦气候治理中的资金问题；第三篇聚焦气候治理中的政策措施；第四篇聚焦气候治理中的政治问题；最终第五篇聚焦中国气候治理问题。本书的内容有助于相关研究人员了解气候变化全球治理的核心问题，为气候变化全球治理提供科学支撑。

本书的读者对象为从事气候变化研究的学者、政府机构、非政府组织、高校研究生等。

图书在版编目（CIP）数据

应对气候变化的全球治理研究/吴静等著. —北京：科学出版社，2016.2

(气候变化经济过程的复杂性丛书)

ISBN 978-7-03-047355-4

I. ①应… II. ①吴… III. ①气候变化-对策-研究-世界 IV. ①P467

中国版本图书馆 CIP 数据核字（2016）第 029416 号

责任编辑：万 峰 朱海燕/责任校对：张小霞

责任印制：徐晓晨/封面设计：北京图阅盛世文化传媒有限公司

科学出版社 出版

北京东黄城根北街 16 号

邮政编码：100717

http://www.sciencep.com

北京凌奇印刷有限责任公司 印刷

科学出版社发行 各地新华书店经销

*

2016 年 2 月第 一 版 开本：787×1092 1/16

2016 年 2 月第一次印刷 印张：12 1/2

字数：274 000

POD定价： 89.00元

（如有印装质量问题，我社负责调换）

《气候变化经济过程的复杂性丛书》序

气候变化经济学是近20年才被认识的学科，它是自然科学与社会科学结合的产物，旨在评估气候变化和人类应对气候变化行为的经济影响与经济效益，并且涉及经济伦理问题。由于它是一个交叉科学，气候变化经济学面临很多复杂问题。这种复杂问题，许多可以追踪到气候问题、经济问题的复杂性。这是一个艰难的任务，是一个人类面临的科学挑战，鉴于这种情况，科学技术部启动了国家重大基础研究计划（973）项目——气候变化的经济过程复杂性机制、新型集成评估模型簇与政策模拟平台研发（No.2012CB955800），我们很幸运，接受了这一任务。本丛书就是它的序列成果。

在这个项目研究中，我们围绕国际上应对气候变化和气候保护的政策问题，展开气候变化经济学的复杂性研究，气候保护的国际策略与比较研究，气候变化与适应的全球性经济地理演变研究，中国应对气候变化的政策需求与管治模式研究。项目在基础科学层次研究气候变化与保护评估的基础模型，气候变化与保护的基本经济理论、伦理学原则、经济地理学问题，在技术层面完成气候变化应对的管治问题，以及气候变化与保护的集成评估平台研究与开发，试图解决从基础科学到技术开发的一系列气候变化经济学的科学问题。

由于是正在研究的前沿性课题，所以本序列丛书将连续发布，并且注重基础科学问题与中国实际问题的结合，作为本丛书主编，我希望本丛书对气候变化经济学的基础理论和研究方法有明显的科学贡献，而不是一些研究报告汇编。我也盼望着本书在政策模拟的方法论研究、人地关系协调的理论研究方面有所贡献。

我有信心完成这一任务的基础是，我们的项目组包含了一流的有责任心的科学家，还包揽了大量勤奋的、有聪明才智的博士后和研究生。

王　铮

气候变化经济过程的复杂性机制、新型集成评估模型簇

与政策模拟平台研发首席科学家

2014年9月18日

前　言

2012年，当我们申请“气候变化经济过程复杂性与IAM平台研发”项目时，内容设计并没有包括“气候变化治理”的内容，虽然作为管理学者，我们曾经了解到有关内容。但是随着人类应对和适应气候变化研究的发展，“气候变化治理”特别是全球气候的经济治理，国际上也确定全球气候治理作为人类应对和适应气候变化的重要手段，由此在2014年项目做中期检查后，全球气候变化的经济治理成为了一个新的研究主题。面对这个新问题，我的主要助手、在第一阶段主要承担IAM研究的吴静博士，被调整来担任这方面的研究骨干。

一种流行的治理理解指的是执政或者管辖的所有操作，不论这个操作是由政府、正式或者非正式组织，乃至于社区、家庭完成的。Hufty, Marc认为治理涉及“导致形成、强化或复制的社会规范和机构参与集体问题的行动者之间的互动和决策的过程。”气候治理，就是将治理的这种思想用于应对和适应全球气候变化问题。治理有两种形式，良治和恶治，良治就是在平衡各方利益情况下让各种力量参与治理，让大家从治理中获益。气候治理，就应该是这样一种良治。

我认为“治理”是一种管理学范畴，中国文化自古以来就重视治理的基本思想、原理和伦理学，并且发展了充满合作精神的完整的体系。由此在当前全球气候变化的情形下，我们发扬中国的文化传统，贡献中国的治理思想，研究全球气候治理的原理、方法和伦理学，特别是良治方略。本书反映的就是我们气候变化经济治理在这方面的探索。

目前的全球气候变化经济治理方法，主要包含协商形成自主减排承诺、征收碳税、推行碳融资、研究实行碳交易；由于没有实行全球碳排放权分配，全球碳交易也就没有有效的发展起来。从治理的理论讲，治理包括政府主导模式、市场主导模式、草根模式以及混合模式等。从管理学意义看，全球碳排放权分配是一种政府主导模式，在过去几年中，在联合国主持下制定了一些协议，特别是《京都议定书》，可惜由于某些发达国家的退出，这种治理模式实际上是失败了。碳排放权下的全球碳交易，是一种市场主导模式，当时没有完成全球碳交易和碳交易的伦理学困境，这种模式也发展不起来。在哥本哈根会议后，实际上逐步形成了具有混合治理模式特点的自主承诺模式，这是人类管理学上主动适应气候变化的结果，而这个结果是中美两国积极参与导致的。人类以良治方式应对气候变化是21世纪人类保持可持续发展的重大努力。

2015年，全球180多个国家（经济体）在巴黎气候会议上作了自主减排承诺，这是一件好事，但是计算表明，这些减排承诺，还不足以达到保持2100年全球升温不超过2℃的目标，因此，全球气候变化治理的强度还需要加强。对于研究应对全球变化的学者来说，这是一个有意义的挑战。

本书是我的课题组关于这个研究主题的成果，吴静是这个主题研究的负责人，马晓哲、朱潜挺，分别研究了碳税和碳交易问题，王诗琪、杨源作为吴静的助手参加了研究。

我们课题组参加全球气候变化治理研究的还有顾高翔、刘昌新、邓吉祥，他们分别研究全球治理、国家治理和区域治理问题等，从晓男、唐钦能则研究了碳关税和技术转让问题，他们的研究成果将结合其他研究成果在另外的专著里反映，我企盼着我们课题组在全球变化应对的治理方面取得一个完整的成果，这是气候变化经济学集成评估研究的必然发展。有句俗话说，经济学是理论的管理学，管理学是应用的经济学，这话虽然不够准确，但是它说明从气候变化研究，到气候变化经济学，再到气候变化治理学，这是全球变化科学的发展趋势。

王　铮

2016 年 1 月 1 日

目　录

第二篇　气 候 融 资

第三篇　碳税、碳交易

第四篇　气候谈判

第五篇　中国的气候治理

第 1 章　绪　　论

1.1　治　　理

何为治理？目前仍没有对治理形成一个统一的定义。治理是统治（government）的反义词，并表示“软”形式的监管（regulation）（Pierre, 2002），治理没有分级的统治决策，而是通过在问题解决过程中包含各方的利益平衡以实现管理的目的。在狭义的定义中，治理表示国家与社会的边界是模糊的；从广义上讲，治理是社会行为协调的一个通用术语，而不是一个分层监管或控制（Fröhlich and Knieling, 2013）。1992 年成立的全球治理委员会（Commission on Global Governance, CGG）给出的定义认为，治理是各种公共的或私人的机构管理其公共事务的诸多方式的总和，它是使相互冲突的或不同的利益得以调和，并且采取联合行动的持续的过程（庄贵阳等，2009）。

治理意味着安排一系列的措施，这些措施是实现社会目标的可选途径。治理既包括有权迫使人们服从正式的制度和规则，也包括各种人们同意或符合其利益的非正式的制度安排。在治理安排的过程中，国家不是创造、决策和实施措施的唯一利益相关方，居民、社会、私人都牵涉在社会环境治理的过程中（Jordan et al., 2007），如图 1.1 所示。在图 1.1 中，国家、社会、经济构成治理的三大利益相关方，三者通过制定正式的、非正式的以及经济的措施以达到治理的目标。基于治理所涉及的主体与传统统治的不同，治理具有有四个特征：治理不是一整套规则，也不是一种活动，而是一个过程；治理过程的基础不是控制，而是协调；治理既涉及公共部门也涉及私人部门；治理不是一种正式的制度，而是持续地互动（俞可平，2002）。

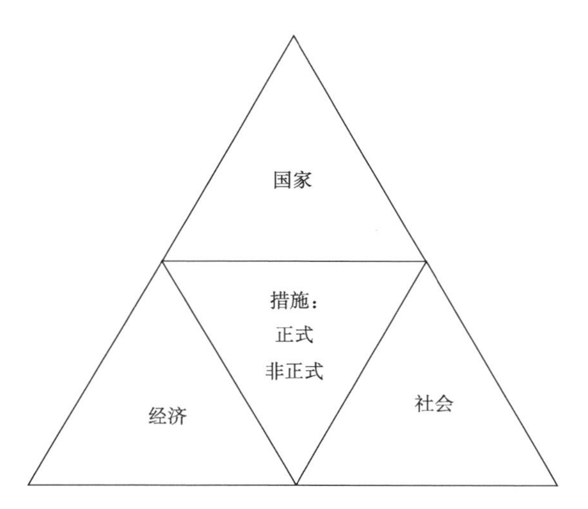

图 1.1　治理的利益相关方及其措施（Jordan et al., 2007）

1.2 全 球 治 理

在世界全球化的进程中，全球治理的作用逐渐突显。国家通过贸易、资金流与其他国家发生着紧密的联系，这使得每个国家都希望能与其他国家相互协调，在全球层面对全球性问题作出共同的决策，这包括对经济的治理以及对全球公共品的治理。与基于单一国家的治理模式不同，全球治理（global governance）是建立和发展多边的规则和管理体系，以促进全球相互依赖和可持续发展（Fröhlich and Knieling, 2013）。蔡拓（2004）认为全球治理是以人类整体论和共同利益论为价值导向，多元行为体平等对话、协商合作，共同应对全球变革和全球问题的挑战的一种新的管理人类公共事务的规则、机制、方法和活动。它主要包括：①从政府转向非政府；②从国家转向社会；③从领土政治转向非领土政治；④从强制性、等级性管理转向平等性、协商性、自愿性和网络化管理；⑤全球治理是一种特殊的政治权威。

全球治理的对象按议题主要包括以下五类（俞可平，2002）：全球安全问题，包括国家间或区域性的武装冲突、核武器的生产与扩散等；生态环境问题，包括资源开采、污染源控制、稀有动物保护等；国际经济问题，包括金融市场、国际汇率等；跨国犯罪，包括走私、非法移民等；基本人权问题，包括种族灭绝、国际社会不公正等。其中，环境问题由于其与人类生存的密切联系，正受到越来越广泛的关注。环境的全球治理就是指所有那些涉及国际合作的解决机制，既包括国家之间直接的合作解决机制，也包括国家之间通过建立国际组织和订立国际条约、协定和规则所形成的合作解决机制（朱留财，2007）。当前全球环境治理的一个重要领域就是应对气候变化的全球治理。

1.3 应对气候变化的全球治理

由于引起气候变化的CO_2排放是全球性公共品，因此，对气候变化的控制已经大大超出了单独国家的处理能力，而迫切需要所有国家共同努力，包括各国的个人或团体也参与其中，以减少气候变化的负面影响，这就需要对气候变化展开全球治理。

气候变化全球治理是一个新兴的领域，它与国家公共管理系统、商业部门、民间组织、非政府组织以及居民个体都存在紧密的联系。由于气候变化全球治理的广泛性，使得我们很难解释和定义它。气候变化的复杂性以及它所涉及的经济学、社会学、自然科学的变量使得气候变化全球治理与传统治理过程有所相关，又在一定程度上超越这个范畴。有效的气候变化全球治理依赖于各国政府与非政府组织间的合作。Meadowcroft（2009）认为，气候变化治理要求政府采取积极的作用，带来利益观念的变化，这样有利于稳定社会的大多数群体以部署积极减缓和适应政策体制。

气候变化全球治理涉及一系列制度、政策和程序（Rao,2011），包括：①减缓气候变化：这主要通过温室气体减少以及其他机制（如碳隔离）来减缓气候变化；②适应气候变化：通过不同层面上的气候变化适应机制来减少气候变化的负面影响；③建立应对气候变化的制度机制：在国际、国家或国家内部等不同层面上建立应对气候变化的制度机制，以阻止或弥补气候变化的负面影响，这包括协同行动的立法协议、对气候变化造成损失增加的补偿机制、能力建设、适应性学习、资金援助等。可以看出，气候变化治理问题不仅是对排放源的控制，而是更大范围内的不同行动者之间的协调与合作以减缓和适应气候变化，如 CO_2 排放的生产企业对排放的控制，居民个体的排放减少与对气候变化的适应，政府针对减排制定的相关机制，发达国家对落后国家提供气候变化资金援助等。

1.4 气候变化全球治理的特点

气候变化全球治理的中心要求是把气候变化理解为一个全球的环境与社会挑战。气候变化治理不仅涉及自然科学，而且也涉及气候变化的社会经济维度。因此，气候变化全球治理具有主体和学科的多样性，构成了气候变化全球治理的独有特点（Figueres and Ivanova, 2010；Fröhlich and Knieling, 2013；于宏源，2009）。

1.4.1 气候变化全球治理具有交叉边界、多层次和多部门性

大气是典型的全球公共品，一个国家的温室气体排放将影响到全球，相反，任何一个国家的排放控制将使所有国家受益，容易导致“搭便车”行为的发生。因此，气候变化具有交叉边界的治理需求。在气候变化的实际行动中，需要结合全球各国的力量制定相关的治理措施和机制，而不局限于某一个国家的治理，治理的边界是交叉的。

由于多个维度的人类行为均会导致温室气体的排放，因此，排放的减缓也需要在多个层次上展开，包括全球的、国家的、本地的、个人的。多层治理指的是在一个制度上差异化的政治系统中，不同层次水平是相互依赖的，且他们的决策需要协调(Benz, 2007)。这里“水平”通常是指区域单元，如社区、区域，以及联邦或国家。多层治理的气候变化和气候政策强调的是气候变化冲突领域的多个层次上的过程和结构的相互交织（Brunnengräber，2007）。多层次治理不仅包括多层次的组织结构，还包括不同层次之间的交互与协调系统（Benz，2007）。特别是在环境和气候政策方面，不同层次政策间的相互依赖已经从国际协议中突显。例如，在全球实现2100年升温控制在2℃的目标下，各国提出了各自的中长期减排目标，而各国内部各个州或省又在国家的目标下制定州层面上的减排目标，州内的企业再制定相应的 CO_2 排放控制计划。在这个过程中，减排目标被层层分解，是一个多层次的治理过程。因此，气候变化全球治理在国家、州、政府、社区、私人等构成的复杂网络中发生，并受到各方的共同影响。

虽然气候变化影响到不同的层面，本地和区域在减缓和适应策略的成功实施中意义重大（Adger，2007）。本地政府推动了微观层面上利益相关方的承诺和参与（包括企业或个人），是减排计划最终落实的执行者。然而，适应与减缓的区域往往在地理、政治、经济、社会上有所重叠。除了本地之外，区域层面是实施适应策略的一个比较合适的水平。区域被认识为是连接不同层次、部门，以及公共部门与私人部门的纽带(Adger，2007)。在区域层面上的气候变化治理，可以实现复杂的区域间治理协调、正式与非正式制度的融合以及政府与私人的合作等，这包括跨省的气候变化治理合作、城市网络、区域发展

概念以及区域创新政策等。例如，我国京津冀地区协调治理大气污染就是一种在区域层面上实现跨地区的治理。

进一步，气候变化的全球治理不仅涉及多个国家、多个层次，而且涉及国民经济的各个部门。由于各个部门在生产活动中直接或间接地、或多或少地都发生了碳排放，因此，各个部门往往被要求直接减少碳排放，或受到其原材料供应部门减排的间接影响。基于各个部门由于生产工艺、投入资源的差异，政府往往需要针对不同部门制定合适的减缓和适应策略，并加以实施；同时，各个部门间还需要有减缓和适应协调机制。

1.4.2　气候变化全球治理的损益具有国家差异性

全球各国由于各自地理位置、资源禀赋、气候条件的差异，使得各国在气候变化全球治理中的利益损益有所差别。世界银行发布的《2010 年世界发展报告：发展与气候变化》称，1/6 的高收入国家排放了 2/3 的温室气体，但发展中国家不得不承受因气候变化引起的损失的 75%～80%。

丁一汇和孙冷（2012）的研究表明，在未来不同气候变化情景下（2020 年、2050 年和 2080 年）全球三大作物（小麦、玉米和水稻）产量将发生变化，其中，大部分发展中国家的作物产量将减少，而北半球的发达国家产量将增加。由于气候变化影响存在的这种区域差异性，发展中国家所面临的问题将更为严峻。 因为人类社会系统适应和应付气候变化的能力依赖于这样一些因子：财富、技术、教育、信息、技能、基础设施、获取资源的途径以及管理的能力。发展中国家，尤其是最不发达国家，适应气候变化的能力不足，因而也更脆弱。

小岛屿国家在气候变化中最为脆弱。气候变化给小岛屿国家带来了种种灾难性的后果：干旱和洪水的发生频率和严重程度增大；基础设施损坏；土地损失、土地盐碱化，危及农业和食物保障；细菌传播疾病和水传疾病增加；旅游业受到影响等。随着海平面的上升，小岛屿国家面临的将是生存领土逐渐消失的威胁。然而这些国家的排放量又是最小的，这种最强的脆弱性和最小的减排责任，使得小岛屿国家在每年的全球气候大会上强烈呼吁各排放大国进行大幅减排。

1.4.3　长期挑战与不确定性

由人类活动引起的 CO_2 排放增加，及其对人类产生的影响是一个持续的、长时期尺度的过程。相应的，对于气候变化的全球治理也是如此，气候变化的控制不是一蹴而就的，我们需要在几代，甚至几个世纪的尺度上考虑如何控制排放，缓减气候变化带来的全球范围内的负面影响。考虑到气候变化的长期性，气候变化治理要求提供数十年的稳定的规划，这通常涉及几代人（Biermann, 2007）。然而，随着社会、科技的发展，人类对未来的利益相关方、生产技术等因素具有不可预知性，因此，当前设计的应对气候变化的政策在具备稳定性的同时，还需要具备灵活性。在未来不同的技术水平之下，政策需要可以灵活应对新的科学发现和不断变化的利益相关方。

未来气候变化的趋势具有不确定性。虽然我们知道自工业革命以来人类的 CO_2 排放引起了全球的升温，但是由于大气系统的复杂机制，我们并不能确定未来气候变化的幅度、速度将是如何，如 Schneider 和 Kuntz-Duriseti（2002）认为，未来的气候变异引起的极端事件的概率是否与平均气候变化存在稳定的波动分布仍不确定。同时，在对气候变化趋势模拟的研究中也有很多不确定的因素，如对气候变化敏感性参数的不确定性。所谓气候敏感性，是指大气 CO_2 浓度增加一倍，平均地表温度的上升幅度。而在目前的研究中，该参数的取值仍不统一（Heal and Millner, 2013）。

另外，气候变化潜在的影响以及当前对气候变化可能产生的社会经济影响的评估也存在极大不确定性，这种不确定性使得各国不愿完全投入到应对气候变化的行动中。而在气候变化影响的定量评估中，关于贴现率参数取值是争议最大的。例如，Nordhaus（2007）根据实际经验估计，主张将 ρ 取值为 0.015，而 Stern（2008）则认为未来的消费与当代的消费是同等重要的，因而将 ρ 取值为 0.001，这是一个接近零的贴现率使未来的效用被充分贴现。贴现率的不同将引起应对气候变化政策导向的极大差异。在 Stern 的贴现率取值下，他主张应该尽早进行减排，否则因气候变化引起的社会福利损失是巨大的；但是 Nordhaus 则由于贴现率取值不同而得出了正好相反的结论。这种科学研究中参数取值的不确定性引发了各国在气候变化全球治理中行动的不确定性。

1.5　全球气候变化治理的主要历程

鉴于气候变化可能给自然环境和人类社会经济带来的影响，应对气候变化已经成为当今国际社会的热点问题之一。

1988 年，为了给政策制定者提供有关气候变化领域全面、客观、公开和透明的科学问题研究成果，评估气候变化对环境和社会经济的潜在影响以及应对气候变化措施，联合国环境规划署（United Nations Environment Programme，UNEP）和世界气象组织（World Meteorological Organization，WMO）成立了 IPCC。自成立以来，IPCC 分别于 1990 年、1995 年、2001 年、2007 年和 2013 年发布了五次气候变化评估报告，对气候变化的最新研究结果进行综合、系统和全面地评估。目前，作为科学界和政府间对气候变化科学认识的共识性文件——IPCC 的评估报告已经成为全球应对气候变化决策的重要依据。正是由于 IPCC 对全球气候变化领域作出了卓越贡献，2007 年瑞典皇家科学院诺贝尔奖委员会宣布将年度诺贝尔和平奖授予美国前副总统戈尔和 IPCC。

IPCC 第一次评估报告促成了各国政府间的气候对话，并推动了政府间谈判委员会（Intergovernmental Negotiating Committee，INC）的建立，从此开始了有关气候变化问题的国际公约谈判。历经五次会议，由 INC 起草的《联合国气候变化框架公约》（简称《公约》）于 1992 年 6 月在巴西里约热内卢举行的联合国环境发展大会上获得通过，其最终目标是：“将大气中温室气体的浓度稳定在防止气候系统受到危险的人为干扰的水平上。这一水平应当在足以使生态系统能够自然地适应气候变化、确保粮食生产免受威胁并使经济发展能够可持续地进行的时间范围内实现”（UNEP and WMO，1992）。在此基础上，《公约》确立了五个基本原则：①公平原则（共同但有区别责任），即要求发达国家应率先采取措施应对气候变化及其不利影响；②特殊性原则，即充分考虑发展中国家缔约方，尤其是特别易受气候变化不利影响的缔约方的具体需要和特殊情况；③

预防原则，即各缔约方应当采取必要措施，预测、防止和减少引起气候变化的因素；④可持续发展原则，即各缔约方有权并且应当促进可持续发展，所采取的政策措施应当适合本国的具体情况；⑤国际合作原则，即各缔约方应当合作促进有利的和开放的国际经济体系，为应对气候变化而采取的措施不应当成为国际贸易的壁垒。《公约》成为第一个为应对气候变化给全球带来不利影响而采取全面控制温室气体排放的国际条约，也是人类在应对全球气候变化问题上进行国际合作的一个基本框架，它于1994年3月21日正式生效，并规定缔约方每年召开一次会议。

虽然正式生效后的《公约》规定，至2000年发达国家温室气体人为排放量需降回至1990年的水平。但是，要使全球温室气体排放总量控制在预期水平，仍需缔约方各国的更多努力以及国际间合作。历经三年谈判，INC取得了实质性突破。1997年12月，人类历史上第一个具有法律约束力的温室气体量化减排文件——《京都议定书》（Kyoto Protocol，以下简称《议定书》）在日本京都召开的《公约》第三次缔约方会议上通过。《议定书》包括A、B两个附件，其中，附件A为温室气体种类以及部门/类型，附件B为各国减排目标。《议定书》规定，需在占《公约》附件一所列缔约方1990年的CO_2排放总量的55%以上的至少55个缔约方国家批准第90天后才具有国际法效力①（UNFCCC，1997）。然而，全球最大的温室气体排放国家——美国在2000年11月于海牙召开的《公约》第六次缔约方会议之后宣布退出，成为唯一一个没有签署《议定书》的《公约》附件一国家。这使得《议定书》的生效条件无法达成。直到2004年年底，俄罗斯的签约才使得《议定书》能够生效。

自2005年2月16日《议定书》正式生效以后，气候变化会议的重点开始转向“后京都”时代减排目标的制定，即在《议定书》第一承诺期（2008~2012年）到期后各国如何通过修改附件B来确定发达国家第二承诺期（2012年以后）的量化减排指标。2007年12月，《公约》第13次缔约方会议在印度尼西亚巴厘岛召开，并通过了《巴厘路线图》（Bali Roadmap，以下简称《路线图》）。《路线图》规定，在遵循《公约》和《议定书》的“双轨”谈判机制下，全球气候谈判必须在2009年年底前达成共识，以便为“后京都”时代全球减排协议在2012年前达成并生效预留时间②（UNFCCC，2007）。

2009年12月，众人瞩目的《公约》第15次缔约方会议——哥本哈根气候大会在丹麦哥本哈根召开。19个国家的领导人出席了此次会议，旨在商讨《议定书》第一承诺期到期后的后续减排方案，即2012~2020年的全球中期减排协议。由于发达国家与发展中国家就温室气体减排责任、资金支持和监督机制等议题上存在巨大分歧，该会议并未取得实质性进展。这些分歧包括：第一，是否坚持《议定书》和《路线图》的原则；第二，发达国家能否作出更大幅度减排承诺；第三，发达国家如何落实对发展中国家进行资金和技术支持；第四，发展中国家是否需要强制减排；第五，发展中国家的减排行动是否

---

① 附件一所列缔约方是指《公约》附件一所列的国家。

② 双轨是指，一方面，在《公约》下，就全球气候合作行动进行谈判，讨论包括全球长期减排目标在内的长期合作“共同愿景”，解决减缓、适应、资金和技术四大问题。另一方面，在《议定书》下，就附件B指定减排目标的发达国家通过谈判和磋商确定2012年后“第二承诺期”的减排义务。

需要接受“三可”，即可测量、可报告和可核实。会议最终艰难通过的《哥本哈根协议》维护了“共同而有区别”原则；坚持了“双轨制”的气候谈判进程；就发达国家的强制减排目标和发展中国家的自主减缓行动作出妥协；并对全球升温2℃以内的长期目标（相对于工业革命时期）、资金和技术支持、透明度等问题达成共识。遗憾的是，该协议并不是一份具有法律约束力的国际合作文件。

2010年11月，在墨西哥坎昆召开的《公约》第16次缔约方会议继续就哥本哈根会议未完成的议题继续谈判。与哥本哈根气候大会相比，虽然坎昆会议仍未解决2012年后全球温室气体排放这一核心问题，也未指明发达国家如何筹集哥本哈根协议中承诺的到2020年每年向发展中国家提供1000亿美元的“绿色气候基金”。但是，此次会议通过了两项重要决议，《议定书》附件一缔约方进一步承诺特设工作组决议和《公约》长期合作行动特设工作组决议。这两项决议的通过表明各国正在重拾哥本哈根气候谈判大会中失去的信心，并逐步恢复发达国家与发展中国家在全球变暖问题上的相互信任。

面对《议定书》第二承诺期的存续问题，2011年12月在德班召开的《公约》第17次缔约方会议，各国在“双轨制”和“并轨”谈判的问题上存在较大争议，使得会议进展缓慢。虽然会议最终决定将实施《议定书》第二承诺期并启动绿色气候基金，但是加拿大宣布退出《议定书》，日本和俄罗斯不准备接受《议定书》第二承诺期都给未来全球谈判增加了不确定性。大会要求《议定书》附件一缔约方（主要由发达国家构成）从2013年起执行第二承诺期，并在明年5月1日前提交各自的量化减排承诺。会议决定正式启动“绿色气候基金”，成立基金管理框架。2010年坎昆气候变化大会确定创建这一基金，承诺到2020年发达国家每年向发展中国家提供至少1000亿美元，帮助后者适应气候变化。德班气候大会的另一项成果是在欧盟的推动下，成立“德班增强行动平台特设工作组”，负责2020年后的减排计划。

2012年11月26日至12月7日，《公约》第18次缔约方会议在卡塔尔多哈召开，会议就《京都议定书》的第二承诺期问题上取得重大谈判成果，明确《议定书》第二承诺期从2013年开始至2020年结束。虽然对《议定书》第二承诺期的明确是一个重要的谈判进展，但全球应对气候变化行动仍存在很大的障碍。首先，美国、日本、加拿大、新西兰、俄罗斯等国均未参加《议定书》第二期，使得《议定书》的真实减排贡献大打折扣；同时协议允许第一承诺期剩余的减排信用带入到第二承诺期，这部分“热空气”的带入对未来国家减排行动和碳市场存在极大的冲击，备受诟病。另外，在“绿色气候基金”方面，协议中没有任何具体数额、机制来确保2020年达到每年1000亿美元的援助标准，各发达国家对出资责任分担出现推诿的现象。

2013年11月11日至22日，《公约》第19次缔约方会议在波兰华沙召开。但是，由于发达国家不愿承担历史责任，在落实向发展中国家提供资金援助问题上没有诚信，导致政治互信缺失，加上日本、澳大利亚等发达国家的减排立场严重倒退，致使谈判数次陷入僵局。会议最终经过妥协，达成了各方都不满意，但都能够接受的结果。主要成果包括：一是德班增强行动平台基本体现“共同但有区别的原则”；二是发达国家再次承认应出资支持发展中国家应对气候变化；三是就损失损害补偿机制问题达成初步协议，同意开启有关谈判。

2014年，全球气候大会在利马召开，本届大会取得了三个主要成果：一是重申各国须在明年早些时候制定并提交2020年之后的国家自主决定贡献，并对2020年后国家自主决定贡献所需提交的基本信息作出要求；二是在国家自主决定贡献中，适应被提到更显著的位置，国家可自愿将适应纳入自己的国家自主贡献中；三是会议产出了一份巴黎协议草案，作为2015年谈判起草巴黎协议文本的基础。另外，在此次大会上，澳大利亚、比利时、德国、秘鲁主动承诺将在气候变化援助资金中作出贡献，这对于此前关于对于资金责任承担的不落实起到了很好的推动作用。

纵观全球气候谈判，未来谈判的主要议题包括三项内容：第一，如何对发达国家在《议定书》第二承诺期的温室气体减排进行量化，并确定其减排路径；第二，如何在保障发展中国家经济可持续发展的前提下实施总量减排；第三，如何确定发达国家为发展中国家提供的减排资金和技术支持。气候谈判还在继续。

1.6 气候变化全球治理的核心问题研究

1.6.1 排放空间的公平性研究

气候谈判中对减排责任的谈判，实际上关系到国家未来的发展空间，因此，如何在国家间分配减排责任和排放空间就存在公平性的问题。

国际上关于配额分配的政策模拟研究，主要有：Agarwal 和 Narain（1991）指出全球人人都平等拥有使用大气资源的权利，提出了基于平等人均权利的配额分配模型。Bohm 和 Larsen（1994）研究表明净人均减排费用均等化的初始配额分配方案有利于形成短期公平，基于人口规模的初始配额分配方案有利于形成长期公平。Kverndokk（1995）则认为按照人口规模来分配配额是一个较好的方案，因为它兼顾了公平性和可行性。Benestad（1994）提出一国的减排义务应与其当代经济活动中所需要的能源数量相关，能源消耗量越大，其承担的减排的义务也越高，并构建了基于能源需求的配额分配模型。Janssen 和 Rotmans（1995）在人均碳排放权均等方案的基础上，考察了人口规模、GDP水平和能源使用量三个要素对区域碳排放权配额的影响，提出将区域碳排放的历史责任与未来排放权相结合的分配原则。Rose 等（1998）在已有文献的基础上，从国际公平的角度将配额分配的公平原则分为基于分配公平、基于产出公平、基于过程公平。Jensena 和 Rasmussen（2000）模拟了碳排放权分配并指出，通过配额盈余来降低现行税的方法将最大限度地降低成本，同时也会减少能源密集部门的就业机会。Cazorla 和 Toman（2000）针对气候保护政策中排放权分配的公平性做了综合比较研究。Edwards 和 Hutton（2001）对英国碳排放权分配方式进行了模拟研究，指出排放权拍卖将有可能产生“双重红利”。Cramton 和 Kerr（2002）分析了通过拍卖形式来分配碳排放权的含义所在，认为拍卖式配额原则优于世袭制（Grandfathering）配额原则。WBGU（2003）认为，即使是较为宽松的排放权分配原则，都将对人均排放量较大的发展中国家，如中国、拉丁美洲各国的经济产生负面影响。Klaassen 等（2005）通过对三种配额分配方式，即单一竞标拍卖、Walrasian 拍卖、双边有序贸易进行分析，指出三种分配方式都能节省减排成本。Persson

等（2006）利用能源经济模型分别来模拟2020年、2050年和2100年实现全球人均碳排放趋同目标，并指出人均碳排放趋同可能促成发展中国家接受总量减排，但它取决于趋同年份和趋同排放量，而较晚趋同年和较小趋同排放配额将造成发展中国家净盈利减少或者净损失增加。

国内学者对配额分配问题也展开了多方面的政策模拟研究。徐玉高等（1997）认为气候变化是历史排放累积效果的产物，配额分配原则的研究必须考虑各国的历史排放。陈文颖和吴宗鑫（1998）以公平和效率为出发点，提出两种基于人均碳排放量和GDP碳排放强度的混合分配机制。潘家华（2010）基于福利与发展的视角，分析人文发展权限与发展中国家的基本碳排放需求，并指出限制低收入国家的碳排放将会对其发展权益产生不利影响。陈迎和潘家华（2002）指出即使是在发达国家看来是向发展中国家作出最大让步的“紧缩与趋同”原则，从人际公平的角度来看，对于发展中国家来说仍然是不公平和不能接受的。国务院发展研究中心课题组（2009）根据产权理论和外部性理论，提出在明确界定各国历史排放权和未来排放权的基础上，采用人均相等的原则分配各国排放权建立“国家排放账户”。丁仲礼等（2009）在人均累计原则的基础上，对各国2006~2050年的排放配额进行了测算。吴静等（2010）认为支付能力原则适合我国省（自治区、直辖市）间分配排放权配额。然而，樊杰等（2011）指出，考虑到区域经济发展差异的现状，国内碳排放空间格局变化将更趋复杂，配额分配问题需要更加慎重对待。

可惜的是，由于缺乏一个被普遍认可的、公平的配额分配原则，同时，未来人类可向大气排放的碳总量（全球总配额）仍存在诸多不确定性，将未来全球总配额与配额分配原则相结合的研究相对较少。作为第一个具有法律约束力的国际减排协议，虽然《京都议定书》对主要工业国家的碳排放总量作出了限制，然而即便第一期承诺目标能够实现，其效力也相当有限（Malakoff，1997；Najam and Page，1998）。因此，“后京都”时代的配额分配除了要综合考虑区域公平因素，包括历史责任、缓解行动以及对最易受影响的国家或地区的援助（Rajan，1997；Sagar and Kandlikar，1997），仍需结合全球总配额做进一步的定量研究。

1.6.2　气候融资研究

根据《哥本哈根协议》和《坎昆协议》，发达国家承诺在2010~2012年出资300亿美元作为快速启动资金，在2013~2020年间每年提供1000亿美元的资金，用于解决发展中国家的需求，以应对气候变化。然而，目前在发达国家间的资金募集仍有几点不明确，包括融资资金范围界定和资金的来源（Kato et al., 2014）。虽然2013年华沙峰会（COP19）规定绿色基金的初始补给需要在2014年年底完成，但就现状来看，这项决策没有正常落实，发达国家极力规避相关资金义务的约束，逃避历史责任和现实供资义务。而COP19中关于详细的定量分析，如气候融资的具体责任分担也并未提及。因此，落实1000亿美元气候融资仍任重道远。

目前，国际上对气候融资的定义没有统一的结论，一般而言，气候融资泛指所有催化低碳和抵御气候变化发展的资源，也即所有服务于限制温室气体排放的金融活动，包括直接投融资、碳指标交易和银行贷款等（贾丽虹，2003）。它涵盖气候活动的成本与风险，支持一个有利于减缓和适应能力的环境，鼓励研发和新技术的开展（潘家华和陈迎，2009）。狭义上，气候融资仅为限制温室气体排放的直接投融资情况。当前，国际气候融资的途径主要包括三个方面，即国家财政融资、国际融资以及其他融资方式。

国家财政融资是气候融资活动的主要融资渠道，资金主要来源于国家及各级地方政府的财政拨款和政府信贷。财政拨款主要用于温室气体减排项目之中，包括鼓励节能、积极开发新能源和可再生能源，优化能源结构，引导高效利用能源等（Fujiwara et al., 2008）。政府信贷主要有政府担保贷款和政府贴息贷款两种形式。政府担保贷款，指成立由政府单独出资，或政府与温室气体减排企业协作组织共同出资，以解决温室气体减排企业融资困难问题为目的，为企业提供担保的融资担保公司（潘璐，2010）。商业银行在政府融资担保公司的担保下，一般更放心为温室气体减排企业发放贷款。政府贴息贷款，指温室气体减排企业在贷款过程中，到期仅需偿还本金，而利息由政府支付的一种贷款形式。根据政府支持程度的不同，政府可能支持全部的利息或一部分利息。政府的贴息贷款不仅降低了企业的融资成本，同时也减轻了企业的负担。

国际融资指通过国际金融市场来筹集企业发展所需的流动资金、中长期资金。目的是进入资金成本更优惠的市场，扩大企业发展资金的可获取性，降低资金成本。由于温室气体减排是个全球性问题，国际上很多金融机构在支持温室气体减排方面做了尝试，国内的金融机构可以积极和国际金融机构开展合作，争取国际金融机构的贷款、政府间贷款和国际银行组织的专项贷款。当前，国际融资的主要形式包括多边银行贷款、碳市场、航空税等。

碳市场融资指通过碳市场买卖减排信用额来获得的资金。碳市场起源于《京都议定书》提出的三种市场交易机制，即国际排放贸易机制（IET）、清洁发展机制（CDM）和联合履行（JI）。在 CDM 碳市场中，发达国家通过投资发展中国家企业应对气候变化的减排项目，而以项目所产生的核证减排量（CERs）作为回报，抵消其《京都议定书》下承诺的减排义务。这种方式不仅降低了发达国家的减排成本，同时为发展中国家的技术改进提供了资金、技术支持。

由于国际航空和海运引起的碳排放是全球碳排放的重要组成部分，因此，欧盟宣布自 2012 年 1 月 1 日起对飞经欧盟境内的所有飞机收取航空税。国际航空税收入十分可观，但欧盟单方面征收国际航空碳税却有违市场公平原则，已遭到中国、美国在内的 26 国航企的联合反对。如何在保持国际公平的前提下，合理运用国际融资来促进温室气体减排的发展是各国都应认真对待的问题。

此外，还有商业银行信贷融资、资本融资和私人风险融资等形式。发展温室气体减排需要大量的资金投入，而银行信贷融资是常见的方式之一。但普遍而言，银行为提高借款的经济效益、保证信贷资金的完整性并且减少相应的风险，都有一系列较为严格的贷款审批程序，因此，加大了我国温室气体减排企业在银行融资的复杂程度与难度。具体到我国，由于目前我国中小型温室气体减排企业很大一部分达不到信用贷款的标准，都需要提供担保，但多数温室气体减排企业能提供担保的资产很少，银行普遍不愿意为其发放贷款，造成了温室气体减排企业普遍贷款难的局面。

资本融资主要有上市融资和创业板市场融资两种。一般情况下，温室气体减排企业通过上市发行股票来筹集资金。另外，创业板市场是专门为中小高新技术企业或快速成长的企业而设立的证券融资市场。在资本市场支持作用上，创业板市场对温室气体减排企业，特别是中小温室气体减排企业的发展具有独特的功能，如连续筹资、推荐和优化等，能为上市公司发展提供良好的市场氛围。

此外，企业还可以直接吸收私人风险资本融资来筹集企业发展所需的流动资金和中长期资金。风险投资最明显的特点就是追求高收益，愿意承担相对较高的风险。风险投资看好的是投资对象的高增长性，温室气体减排企业符合国家的长远目标，具有好的发展前景和高增长性，符合风险投资的投资要求。

气候融资的发展，离不开国家的支持与推动。政府有责任也有必要在资金上对其支持。而且，相较于其他融资途径，政府的财政支持无疑是气候融资途径中最为安全而有保障的一种，但是，气候融资不能过度依赖于政府的财政支持。鉴于目前发展中国家经济发展水平普遍不高，而且其财政资金与发达国家相比尚有一定差距，因此，可以预见在近期内，发展中国家内部对碳减排的国家财政资金投入无法大幅提高。另外，国家的财政拨款和资助属于无偿性投入，如若政府支持过多，容易造成企业的依赖心理，不仅缺乏资金运营压力，也容易破坏市场的公平竞争秩序。故气候融资不能过分依赖于国家财政支持。

在此种情况下，其他融资途径则显得尤为重要。对比而言：①发展中国家的资本市场不够发达与完善，因此，通过信贷融资这一途径可以获得的资金量十分有限，远远无法满足节能减排相关企业在各种不同发展阶段的需求。②资本融资市场的发展不够成熟，证券市场相关机制较不完善。③融资担保系统尚未完全建立起来，这使得直接吸收私人风险资本以及信贷融资都变得异常艰难。④因此，越来越多的企业愿意选择国际融资来获得相关的资金支持，希望借助发达国家的资助与支持来实现双赢的局面。

1.6.3　碳交易研究

对未来全球温室气体的排放总量作出限制已经成为一种共识。作为目前唯一一份具有法律约束力的温室气体减排文件，《京都议定书》的重要地位是毋庸置疑的。它为近40个国家设定了强制性的温室气体总量减排目标：从2008~2012年期间，主要工业发达国家的温室气体排放量要在1990年的基础上平均减少5.2%，其中，欧盟将6种温室气体减排8%，美国减排7%，日本减排6%，加拿大减排6%、东欧各国减排5%~8%；新西兰、俄罗斯和乌克兰的温室气体排放量可以稳定在1990年水平上；允许爱尔兰、澳大利亚和挪威的温室气体排放量比1990年分别增加10%、8%和1%（UNFCCC，1997）。由于受到总量减排的约束，温室气体的排放权已然成为一种稀缺性资源，也因此具有了商品的价值以及存在碳排放权交易（本书简称碳交易）的可能。《议定书》将碳交易描述为，以市场机制为基础，将CO_2排放权作为一种商品而形成的交易。为了促进以上工业国家完成其减排任务，《议定书》规定了三大碳交易机制：清洁发展机制（Clean Development Mechanisms，CDM）、联合履行机制（Joint Implementation，JI）和国际排放贸易机制（International Emission Trade，IET）。

1）CDM

CDM 是三大碳交易机制中唯一一项与发展中国家直接相关的机制。其主要内容是指《公约》附件一的缔约方通过向发展中国家提供资金和技术方式，实现项目合作。这种合作以最大限度保证不对发展中国家的社会、环境和经济产生影响为前提，将《公约》附件一的缔约方在发展中国家的项目投资所实现的“经核实的减排额度”（Certified Emission Reductions，CERs）作为资金和技术提供者在《议定书》中的减排承诺。CDM 的优势在于，它在降低发达国家减排费用的同时，可向发展中国家提供有助于可持续发展的资金和技术。

2）JI

与 CDM 一样，JI 也是通过不同国家之间项目合作方式实现附件 B 中缔约方的减排承诺。不同的是，JI 是《议定书》为附件 B 缔约方之间设定的温室气体减排项目交易。它允许附件 B 缔约方通过转让减排单位（Emission Reduction Units，ERUs）来完成减排目标。其中，ERUs 的转让必须保证缔约方分配数量单位（Assigned Amount Units，AAUs）[①]总额不变。

3）IET

IET 允许附件 B 缔约方通过将其超额完成的配额指标，以贸易方式转让给另一附件 B 缔约方。它与 JI 共同构成了《议定书》关于附件 B 缔约方之间的双重碳交易机制。这里的配额是指缔约方在一定时期内分配到的碳排放权份额，如欧盟配额（European Union Allowances，EUAs）是指欧盟排放交易体系下企业分配到的碳排放权份额。由于受到所分配配额的限制，一些企业的实际碳排放量可能低于其配额，而另外一些企业正好相反。此时，那些实际碳排放量低于配额的企业可以将盈余配额出售给存在配额缺口的企业，实现碳排放权的有效配置。一般而言，这种基于配额的市场交易市场机制被认为是实现有效减排的最佳途径。

得益于两大具有重要意义的气候变化国际公约——《公约》和《议定书》的生效，碳交易市场在全球范围内逐步发展起来。由于目前国际上对碳交易市场的定义还没有形成一个统一的共识，参照经济学的市场概念，我们将碳交易市场定义为：所有具有买方和卖方的商品交换场所，其交易对象为碳排放权。据世界银行统计，2005~2008 年，全球碳交易市场年均增长 126.6%。2008 年全球碳交易市场交易额达 1263 亿美元，比 2007 年的 630 亿美元上升了 100.6%（李艳君，2010）。

从交易目的来看，碳交易市场可分为非京都机制市场和京都机制市场。非京都机制市场是指不基于《议定书》交易机制的碳交易市场。非京都机制市场以自愿交易为主，表现为企业通过自愿购买一定数量的减排量，来中和企业生产过程所排放的碳。通常它被用于企业社会责任、品牌建设和社会效益等活动。事实上，由于缺乏统一的市场管理，自愿交易市场的交易数量和交易价格经常出现巨大的波动并无规律可循，市场规模也较小。随着《议定书》的正式生效，以《议定书》中三大碳交易机制为基础而建立的京都

---

① 每个分配数量单位等于 1 t CO_2 当量。

机制市场迅猛发展起来。

从交易类型来看，碳交易市场可分为基于配额的碳交易市场和基于项目的碳交易市场。其中，基于配额的碳交易市场在总量控制和交易的机制下，对管理者制定、分配或拍卖的碳排放权配额进行交易，它以 IET 机制下的 AAUs 或 EUAs 交易为主。基于项目的碳交易市场将可证实降低碳排放的项目进行交易，主要将包括 JI 项目中的 ERUs 合作和 CDM 项目中的 CERs 合作。

目前国际上主要的碳交易体系包括：欧盟排放交易体系、芝加哥气候交易所和澳大利亚新南威尔士温室气体减排计划。

1）欧盟排放交易体系（the EU Emissions Trading System，EU-ETS）

根据《议定书》规定，2008~2012 年欧盟碳排放总量需比 1990 年平均减少 8%。为了实现这个目标，欧盟委员会于 2005 年推出了首个基于配额交易机制（Cap and Trade）的区域性碳交易市场——EU-ETS。EU-ETS 允许将碳排放权作为一种商品在欧盟之间流通，它首先根据《议定书》中各成员国减排目标对 EUAs 进行国家间分配；然后通过国家分配计划（National Allocation Plans，NAPs）确定国家配额分配数量和分配形式，最终发放给相应企业。如果企业通过技术升级或其他途径减少了碳排放，其多余的碳排放权便可在市场上出售给有需求的企业。为了保证参与 EU-ETS 的企业能够按规定参与基于配额的交易机制，欧盟委员每年对这些企业进行一次核查，对超过配额的碳排放量处以 100 欧元的高额罚款（2008~2012 年），且该罚款不能抵消企业的减排指标，需在下一年度予以弥补。EU-ETS 只涉及 CO_2 一种温室气体，配额分配以免费发放形式为主，而在未来，拍卖形式将有可能成为主要方式（EU Commission，2012）。例如，欧盟 EU-ETS 初期根据历史排放量在国家间完成排放权的初始分配，但到 EU-ETS 第二阶段，10%的配额被允许通过拍卖获得，而到第三阶段，这一比例将继续上升至 60%。

从 2006 年开始，EU-ETS 已成为全球最大的碳交易市场。2010 年 EU-ETS 成交额达 1198 亿美元，占全球碳交易成交额的 84%。目前，EU-ETS 已经发展成为一个与国际金融和能源市场有着密切联系的碳交易市场，并形成了包括场外、场内、现货、衍生品在内的多层次市场结构，它为欧盟实现《议定书》第一承诺期的减排目标作出了巨大贡献，给全球碳交易市场的发展提供了重要的借鉴意义。

2）芝加哥气候交易所（Chicago Climate Exchange，CCX）

2003 年成立的 CCX 是全球第一个具有法律约束力的自愿减排交易平台，也是全球唯一一家同时开展《议定书》附件 A 中规定的六种温室气体减排交易的市场。它允许会员自愿参与温室气体排放登记、减排和交易。在 CCX 的减排计划中，要求会员实现两阶段的减排目标是：第一阶段，2003~2006 年，所有会员温室气体排放量比基准线每年减少 1%；第二阶段，2007~2100 年，所有会员温室气体排放量比基准线每年减少 6%以上。为了实现这个目标，会员间可通过购买许可或者碳减排项目产生的信用额度实现。

3）澳大利亚新南威尔士温室气体减排计划（New South Wales Greenhous Gas Reduetion Scheme，NSW GGRS）

NSW GGAS 是全球最早实施碳交易的减排计划之一，它于 2003 年 1 月在澳大利亚新南威尔士州正式启动。NSW GGAS 是一个涉及 6 种温室气体为期 10 年的温室气体减排体系。与欧盟排放交易体系最大的区别是，参加 NSW GGAS 的企业仅包含电力零售商以及其他负有减排义务的电力企业。为了保证交易制度的顺利实施，NSW GGAS 设计了一个以人均 CO_2 排放量为目标的温室气体减排框架，同时设定企业超额排放的罚款制度。NSW GGAS 是全球最大的京都体制外碳交易市场。其运行过程受新南威尔士独立价格和管理法庭（IPART）的监督。

除以上三个主要的碳交易体系外，国际碳交易体系还有区域温室气体行动计划（Regional Greenhouse Gas Initiative，RGGI）、西部气候倡议（The Western Climate Initiative，WCI）、中西部温室气体减排协议（The Midwestern Greenhouse Gas Accord，MGGA）、新西兰排放交易体系（NZ-ETS）、日本排放交易体系（JP-ETS）等。需要指出的是，迄今为止，欧洲已经成为世界上最大的区域性碳交易市场，包括欧洲气候交易所（EXC）、欧洲能源交易所（EEX）、北欧电力交易所（Nordpool）、巴黎碳交易市场（Bluenext）、伦敦能源经济协会（LEBA）、意大利电力交易所（IPEX）、荷兰交易所（Clim ex）和奥地利能源交易所（EXAA）等 8 个交易中心。

1.6.4　气候谈判的地缘政治关系研究

气候谈判是气候变化全球治理的重要舞台。当前各国均普遍发现与承认，气候变化已经并非只是简单的环境问题，作为国际社会应对气候变化的共同行动，其实质更是一个地缘政治经济问题，是各个国家集团在应对气候变化的具体问题上采取的不同立场间的博弈（潘家华，2008）。气候保护名义下的碳排放权限制，正在成为发达国家试图制约新兴发展中国家经济增长的一个重要途径。

随着各国经济、技术、政治、资源等条件的不断变化，一国在全球气候变化谈判中的态度也不是僵化不变的（庄贵阳，2008）。在不同的外部环境下，各国策略均有所改变，这样就促成了全球气候变化谈判中地缘政治经济格局的动态演化；相同的利益驱使不同的国家形成国家集团，而利益分歧又将导致国家集团的不稳定，这种地缘政治经济格局的变动是一个国家利益博弈的问题。

全球气候变化谈判已经地缘政治经济博弈的一个重要战场，气候谈判中的地缘政治经济格局不断演化。当前在国际气候谈判中形成了诸多立场和政策不同的地缘政治集团，如欧盟、以美国为首的伞形集团国家、“G77+中国”等。但随着科学不确定性和区域变化认识的深入以及对“后京都”进程中存在问题的不同理解，气候谈判阵营也不断分化与重组，各国扮演的角色也在发生变化（王毅，2001）。例如，以发展中国家为主的“G77+中国”在哥本哈根气候大会上出现了严重的分裂，小岛屿国家联盟（AOSIS）和最不发达国家正逐渐从“G77+中国”中分离出来（严双伍和肖兰兰，2010）。国际气候变化谈判中的地缘政治经济格局复杂多变，需要剥离外在的格局变化分析深层的导致国家立场变化的驱动力，从而对未来的地缘政治经济格局作出预判和应对策略。

当前，国内外学者总结认为对于地缘政治经济视角下国家气候立场演化的分析主要有两大分析模式（庄贵阳，2008）：①以利益为基础的分析模式，这种模式认为生态脆弱性和减缓成本是决定国家在国际环境谈判中立场与政策的两个关键因素，从而将国家在国际环境谈判中的立场分为推动者、拖后腿者、旁观者和中间者四种类型；②双层博弈模式，这种模式将国际谈判与国内政治结合，既考察国家内部利益集团之间的博弈，也考察国际谈判中国际行为体之间的利益博弈，故称为“双层博弈模式”。除以上的分析模式之外，学者们还提出了环境外交政策分析方法、国内政治模式、国内社会因素综合影响分析模式等（Fisher, 2004；李慧明，2010）。

作为当前全球气候变化谈判的一股重要力量，中国立场对全球气候谈判的地缘政治经济格局影响举足轻重。一方面，从中国的立场演变而言，主要经历了被动却积极参与、谨慎保守参与以及活跃开放参与的三个阶段（严双伍和肖兰兰，2010）。另一方面，从影响中国气候谈判立场的内在因素而言，减缓行动的社会经济成本、受气候变化不利影响的脆弱性、国际转移支付和国际碳市场、与其他问题挂钩、影响中国立场的其他因素（如国际形象等）、公平原则等都被认为是影响中国立场的主要因素（陈迎，2007；张海滨，2007）。而近几年，我国政府也已经在碳交易、排放强度降低等方面作出了有益的尝试，为我国在全球气候谈判中争取了话语权。上述各方面都将成为左右我国气候变化谈判立场的重要因素。

1.7　小　　结

气候变化由于其复杂且空前的负面影响，已经逐渐被认为是引起全球自然灾害的主要因素，成为最突出的全球性问题之一，正引起各国的高度关注，成为全球治理的焦点。但由于气候变化全球治理的交叉边界、多层次和多部门性、益损差异性、长期挑战和不确定性，目前针对全球性具有约束力的减排行动的气候谈判进展缓慢，我们需要对如何实现气候变化的全球治理展开全面的研究。

必须指出，从前面的内容讨论我们可以看出，气候变化的全球治理，远远不是环境治理就可能解决的，他不但是全球环境治理，也是全球经济治理。治理的目标就是要在保护公共物品环境的目标下，平衡各国乃至于每个人的利益，调节各方面的行为范畴，引导世界在气候经济学下按照公平、更正、共赢的原则来实现有序的行动调控。

本书着眼当前全球气候治理问题，特别是气候变化和减排需求，全书分为五篇，第一篇聚焦未来排放配额，分别研究全球配额原则的公平性问题和未来2°C目标下的各国排放空间，这是全球环境治理问题。第二篇聚焦气候融资问题，分别研究基于CDM机制的气候融资和绿色气候基金的分担原则及其气候经济影响，属于应对气候变化的全球经济治理范畴。第三篇聚焦全球碳税和碳交易，构建定量模型来分析碳税碳交易对全球气候治理的影响，也属于应对气候变化的全球经济治理范畴。第四篇聚焦气候谈判问题，在对世界主要国家气候谈判立场回顾的基础上，分析了各国的INDC计划和未来减排路径以及气候谈判中的地缘政治关系，这是应对气候变化的全球政治治理问题。最终第五篇聚焦中国气候治理问题，模拟分析中国未来的排放路径。

参考文献

蔡拓. 2004. 全球治理的中国视角与实践. 中国社会科学，（1）: 96-98.
陈文颖，吴宗鑫. 1998. 碳排放权分配与碳排放权交易. 清华大学学报（自然科学版）, 38（12）: 15-18.

陈迎. 2007. 国际气候制度的演进及对中国谈判立场的分析. 世界经济与政治,（2）: 52-59.
陈迎, 潘家华. 2002. 温室气体排放中的公平问题. 北京：中国社会科学院可持续发展研究中心工作论文.
丁一汇，孙冷. 2012. 全球和中国的气候变化及其影响. http: //www. docin. com/p-534013932. html[2015-11-2].
丁仲礼, 段晓南, 葛全胜, 等. 2009. 2050 年大气 CO_2 浓度控制: 各国排放权计算. 中国科学 D 辑: 地球科学, 39（8）: 1009-1027.
樊杰, 刘卫东, 金凤君, 等. 2011. 中国重大科技计划中人文—经济地理学研究进展. 地理科学进展, 30（12）: 1548-1554.
国务院发展研究中心课题组. 2009. 全球温室气体减排：理论框架和解决方案. 经济研究，（3）：4-13.
贾丽虹. 2003. 外部性理论及其政策边界. 广州: 华南师范大学博士学位论文.
李慧明. 2010. 当代西方学术界对欧盟国际气候谈判立场的研究综述. 欧洲研究,（6）: 74-88.
李艳君. 2010. 世界低碳经济发展趋势和影响. 国际经济合作，（2）：28-33.
刘昌新. 2013. 新型集成评估模型的构建与全球减排合作方案研究. 北京: 中国科学院科技政策与管理科学研究所博士学位论文.
潘家华. 2008. 气候变化: 地缘政治的大国博弈. 绿叶, 47, 77-82.
潘家华, 陈迎. 2009. 碳预算方案: 一个公平、可持续的国际气候制度框架. 中国社会科学,（5）: 83 - 98.
潘璐. 2010. 节能减排项目的融资问题研究. 大连: 东北财经大学硕士论文.
王毅. 2001. 全球气候谈判纷争的原因分析及其展望. 环境保护, 144-47.
吴静, 马晓哲, 王铮. 2010. 我国省市自治区碳排放权配额研究. 第四纪研究, 30（3）: 481-488.
徐玉高, 郭兀, 吴宗鑫. 1997. 碳权分配: 全球碳排放权交易及参与激励. 数量经济技术经济研究,（3）: 101-103.
严双伍, 肖兰兰. 2010. 中国与 G77 在国际气候谈判中的分歧. 现代国际关系,（4）: 21-26.
于宏源. 2009. 整合气候和经济危机的全球治理: 气候谈判新发展研究. 世界经济研究, 7: 10-15.
俞可平. 2002. 全球治理引论. 马克思主义与现实, 1: 20-32.
曾贤刚, 朱留财, 吴雅玲. 2011. 气候谈判国际阵营变化的经济学分析. 环境经济, Z1: 39-48.
张海滨. 2007. 中国与国际气候谈判. 国际政治研究,（1）: 21-36.
朱留财. 2007. 应对气候变化: 环境善治与和谐治理. 环境保护, 11: 62-66.
庄贵阳. 2008. 后京都时代国际气候治理与中国的战略选择. 世界经济与政治, 8: 6-15.
庄贵阳, 朱仙丽, 赵行姝. 2009. 全球环境与气候治理. 浙江: 浙江人民出版社.
Adger W N, Agrawala S, Mirza M Q, et al. 2007. Assessment of adaptation practices, options, constraints and Conceptualising Climate Change Governance 21 capacity. In: Parry M L, Canziani O F, Palutikof J P, et al. (Eds.). Climate change 2007: Impacts, adaptation and vulnerability. Cambridge: Cambridge University Press.
Adger W N, Hughes T P, Folke C, et al. 2005. Social- ecological resilience to coastal disasters. Science, 309（5737）: 1036-1039.
Agarwal A, Narain S. 1991. Global Warming in an Unequal World. New Delhi: Centre for Science and Environment.
Benestad O. 1994. Energy needs and CO_2 emissions: Constructing a formula for just distributions. Energy Policy, 22（9）: 725-734.
Benz A. 2004. Multilevel governance—Governance im Mehrebenensystem. In: Benz A (Eds), Governance—Governance in complex control systems. Wiesbaden: VS, publisher of social sciences.

Benz A. 2007. Multilevel governance. In: Benz A, Lütz S, Simonis G (Eds.), Handbuch governance. Theoretical foundations and empirical application fields. Wiesbaden: VS, publisher of social sciences.

Biermann F. 2007. Earth system governance as a crosscutting theme of global change research. Global Environmental Change, 17（3-4）: 326-337.

Bohm P, Larsen B. 1994. Fairness in a tradable-permit treaty for carbon emission reductions in Europe and the Former Soviet Union. Environmental and resource economics, 4（3）: 219-239.

Brunnengräber A. 2007. Multi-level climate governance. Strategic selectivity in international politics. In: Brunnengräber A, Walk H (Eds.). Multi-level-governance. Climate, environmental and social policies in an interdependent world. Baden-Baden: Nomos Verl.-Ges.

Caparrós A, Péreau J C, Tazdaït T. 2004. North-south climate change negotiations: A sequential game with asymmetric information. Public Choice, 121（3-4）: 455-480.

Cazorla M, Toman M. 2000. International Equity and Climate Change Policy. www. rff. org/rff/Documents/ RFF-CCIB-27. Pdf. [2012-10-25].

Cramton P, Kerr S. 2002. Tradable carbon permit auctions: how and why to auction not grandfather. Energy Policy, 30（4）: 333-345.

DeCanio S J, Fremstad A. 2013. Game theory and climate diplomacy. Ecological Economics, 85 : 177-187.

Edwards T H, Hutton J P. 2001. Allocation of carbon permits within a country: a general equilibrium analysis of the United Kingdom. Energy Eeonomies, 23（4）: 371-386.

EU Commission. 2012. Emissions Trading System. http://ec.europa.eu/clima/policies/ets/index_en.htm. [2013-4-3]

Figueres C, Ivanova M. 2010. Climate Change: National Interests or a Global Regime. Global Environmental Governance. New Haven, CT: Yale School of Forestry & Environmental Studies.

Fisher D. 2004. National governance and global climate change regime. London: Rowman & Littlefield Publishers.

Fröhlich J, Knieling J. 2013. Conceptualising Climate Change Governance. In: Knieling J and Filho W L（Eds）. Climate Change Governance. Berlin Heidelberg: Springer-Verlag.

Fujiwara N, Georgiev A, Egenhofer C. 2008. Financing mitigation and adaptation: where should the funds come from and how should they be delivered . http: //shop. ceps. eu. [2013-3-10].

Heal G, Millner A. 2013. Uncertainty and decision in climate change economics. NBER Working Paper Series, Working Paper 18929. http: //www. nber. org/papers/w18929[2014-5-21]

Hsu S. 2011. A Game-theoretic Model of International Climate Change Negotiations. New York University Environmental Law Journal. http://works.bepress.com/shi_ling_hsu/14. [2015-8-20]

Janssen M, Rotmans J. 1995. Allocation of fossil CO_2 emission rights quantifying cultural perspectives. Ecological Economics, 13（1）: 65-79.

Jensena J, Rasmussen T N. 2000. Allocation of CO_2 Emissions Permits: A General Equilibrium Analysis of Policy Instruments. Journal of Environmental Economics and Management, 29（1）: 111-136.

Jordan A, Wurzel R K W, Zito A R. 2007. New models of environmental governance. Are "new" environmental policy instruments (NEPIs) supplanting or supplementing traditional tools of government? Zeitschrift der Deutschen Vereinigung für Politische Wissenschaft, 39, 283–298.

Kato T, Ellis J, Clapp C. 2014. The Role of the 2015 Agreement in Mobilising Climate Finance. Draft Discussion Document.

Klaassen G, Nentjes A, Smith M. 2005. Testing the theory of emissions trading: Experimental evidence on alternative mechanisms for global carbon trading. Ecological Economies, 53（1）: 47-58.

Kverndokk S. 1995. Tradeable CO_2 emission permits: intial distribution as a justice problem. Environmental Values, 4（2）: 129-148.

Malakoff D. 1997. Thirty Koyotos needed to control warming. Science, 278（5346）: 2048.

Meadowcroft J. 2009. Climate change governance. Background paper to the 2010 World Development Report. Washington, DC: World Bank, Development Economics, World Development Report Team.

Najam A, Page T. 1998. The climate convention: deciphering the kyoto protocol. Environ. Conserv, 25（3）: 187-194.

Nordhaus W D. 2007. A review of the stern review on the economics of climate change. Journal of Economic Literature, 9: 686-702.

Persson T A, Azar C, Lindgren K. 2006. Allocation of CO_2 emission permits-Economic incentives for emission reductions in developing countries. Energy Policy, 34（14）: 1889-1899.

Pierre J. 2002. Introduction: Understanding governance. In: J. Pierre（Eds. ）. Debating governance. Oxford: Oxford University Press.

Rajan M K. 1997. Global Environmental Politics. Delhi: Oxford University Press.

Rao P K. 2011. International trade policies and climate change governance. Berlin: Springer.

Rose A, Steven B, Edmonds J, et al. 1998. International equity and differentiation in global warming policy. Environmental and resource economics, 12: 25-51.

Sagar A, Kandlikar M. 1997. Knowledge, rhetoric and power: international politics of climate change. Economic and Political Weekly, 32（49）: 12-19.

Schneider S H, Kuntz-Duriseti K. 2002. Uncertainty and Climate Change Policy. In: Schneider S H, Rosencranz A, Niles J O (Eds). Climate Change Policy: A Survey. Washington D. C: Island Press.

Schuppert G F. 2008. Governance—auf der Suche nach Konturen eines ''anerkannt uneindeutigen Begriffs''. In: Schuppert G F, Zürn M（Eds. ）. Governance in einer sich wandelnden Welt Wiesbaden: VS. Verl. Für Sozialwiss.

Stern N. 2008. The economics of climate change. American Economic Review, 98: 1-37.

UNEP, WMO. 1992. United Nations Framework Convention on Climate Change. http://unfccc. int/resource/docs/convkp/convchin. pdf. [2011-7-7].

UNFCCC. 1997. Kyoto Protocol. http://unfccc.int/resource/docs/convkp/kpeng.pdf. [2008-8-12]

UNFCCC. 2007. Bali Road Map. http://unfccc. int/meetings/bali_dec_2007/meeting /6319/php/view/reports. php. [2009-11-7].

WBGU(GermanAdvisoryCouneilonGlobalChange). 2003. Climate Proteetion Strategies for the 21st Century: Kyoto and beyond. Berlin, Germany.

第一篇　未来排放配额

第2章　全球减排的公平性配额原则研究

“后京都”时代，基于配额-交易机制的减排治理方式越来越受到青睐。要实施该减排机制的前提是对全球的排放空间进行分配，但由于不同国家在历史排放水平、经济发展水平、人口规模、排放现状等方面存在极大的差距，因此，在配额分配的公平性上存在较大的争议。这就构成了本章的核心问题。本章将对全球减排的公平性配额原则展开讨论。

2.1　引　　言

2012年11月26日联合国气候变化大会在卡塔尔多哈召开，会议就未来全球应对气候变化所涉及的一系列问题进行磋商和谈判。随着《京都议定书》第一承诺期的到期，如何制定“后京都”时代的全球减排方案就成为了此次会议的焦点。遗憾的是，会议最终并未形成一个全球统一的减排方案。不同区域对全球碳排放权的配额分配（或称配额分配）仍缺乏共识。

事实上，自1988年政府间气候变化专门委员会（Intergovernmental Panel on Climate Change，IPCC）成立以来，研究学者就开始关注区域配额分配问题。Morrisette和Plantinga（1991）研究认为，如果政策制定、决策实施以及效果公平的话，区域合作减排是可行的。然而，Agarwal和Narain（1991）研究指出，从区域公平发展的角度来看，发展中国家与发达国家在配额分配问题上存在严重分歧。Benestad（1994）基于能源和碳排放间内在联系提出了一种配额分配原则，并指出一国的减排义务应与其当代经济活动中所需要的能源数量相关，能源消耗量越大，其承担的减排义务也越高。Bohm和Larsen（1994）对欧盟和原苏联地区减排模拟结果显示，净人均减排费用均等化的分配方案有利于形成短期公平，而基于人口规模的分配方案有利于形成长期公平。Kverndokk（1995）则认为按照人口规模来分配区域配额将兼顾公平性和可行性。可以看出，在《京都议定书》通过以前，相关研究主要集中于对配额分配原则的区域公平性分析。

1997年《京都议定书》的通过，使得发达国家在2012年前的减排目标得以明确。此后，配额分配研究开始转向如何量化“后京都”时代的全球减排方案。为防止气候变化可能带来的灾害，国际机构（如气候行动网络、IPCC、世界自然基金会WWF、经济合作与发展组织OECD和联合国开发计划署UNDP等）和国内外研究学者（如Stern，2008；Garnaut，2008；Sørensen，2008；丁仲礼等，2009；何建坤等，2009；潘家华和郑艳，2009；王铮等，2009；Wang et al.，2012）先后就全球中长期减排方案可行性或策略做了独立研究。

在这些方案中，碳配额分配是一种主要的全球治理策略，纵观国际上有关的碳配额分配方案，主要可分为两类：一类是以《京都议定书》通过之前为代表的，可称为单一原则方案，这类方案通过预设目标年份的气候控制目标来计算全球总配额，通过某一特定原则实现全球总配额的区域间分配。另一类是以《京都议定书》通过之后为代表的，可称为排放水平控制方案，这类方案通过预设区域未来的减排目标来计算其总配额，进而得出全球总配额。遗憾的是，迄今为止，"后京都"时代的全球碳配额分配方案仍未达成共识。寻找一个能够被多数国家所接受的较为可行的配额分配方案仍是相关研究的重点。基于此，本章采用自底向上和自顶向下的两种建模方法，通过提取影响以上两类方案的关键因素，分析现有的全球碳配额分配方案无法确定的根本原因，从而提出一种新的较为可行的配额分配方法。在此基础上，构建一个全球配额分配模型（GQAM），来对现有的国际主流配额分配方案进行情景模拟和分析，最后得出相应的结论。

2.2　模型和参数

由于目前全球气候谈判主要以国家为主体，我们以世界银行对区域发展水平的标准将全球划分为四大类区域，高收入国家、中等偏上收入国家、中等偏下收入国家和低收入国家。考虑到中国、美国、日本、欧盟、俄罗斯、印度的碳排放量总和已占到将近全球的 70%，我们将这 6 个国家从以上四大类区域中独立出来，进一步地将全球重新划分为 10 个区域，并假设所有 10 个区域所排放的 CO_2 是同质的，即中国排放 1 单位的 CO_2 与美国排放 1 单位的 CO_2 对全球气候系统的影响是相同的。为方便模拟，我们假设高收入国家、中等偏上收入国家、中等偏下收入国家和低收入国家的内部是同质的，即不因自然、地理等因素不同而差别对待区域内国家配额（朱潜挺等，2015）。

2.2.1　基于排放水平控制的配额分配

采用自底向上的建模方法，GQAM 对排放水平控制方案的建模分为两个步骤：第一，根据区域预设的目标年份减排目标计算其剩余的排放空间（或称区域总配额）[①]。第二，对所有区域的总配额进行加总计算全球总配额。模型示意图如图 2.1 所示。

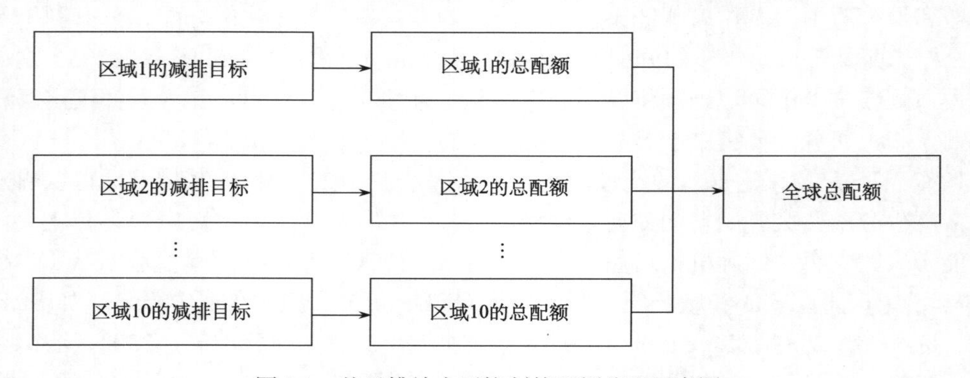

图 2.1　基于排放水平控制的配额分配示意图

① 这里的目标年份减排目标就相当于联合国气候变化大会需要达成的全球中长期减排目标。

1. 从区域减排目标到区域总配额

如果给定目标年份的区域减排目标，并假设所有区域均按照逐年均匀减少的速率进行减排，则 t 时期 i 区域年配额 $Q_{i,t}$ 可表示为

$$Q_{i,t} = Q_{i,t_2} - d_i(t_2 - t) \tag{2.1}$$

式中，Q_{i,t_2} 代表 i 区域目标年份 t_2 的年配额；d_i 是 i 区域年配额逐年均匀减少的速率，它等于目标年份 t_2 的年配额与起始年份 t_1 的年配额差除以间隔年数，用公式表示为

$$d_i = \frac{Q_{i,t_2} - Q_{i,t_1}}{t_2 - t_1} \tag{2.2}$$

式中，Q_{i,t_1} 代表 i 区域起始年份 t_1 的年配额。

于是，i 区域起始年份 t_1 至目标年份 t_2 的区域总配额 Q_i^n 就等于该区域所有年份的年配额之和，用公式表示为

$$Q_i^n = \sum_{t \in [t_1, t_2]} Q_{i,t} \tag{2.3}$$

式中，n 代表起始年份 t_1 至目标年份 t_2 间的年数。

2. 从区域总配到全球总配额

显然，全球总配额 Q^n 就等于所有区域总配额之和，即

$$Q^n = \sum_i Q_i^n \tag{2.4}$$

需要指出的是，全球总配额的大小取决于所有区域的减排目标。然而，在制定减排目标过程中，区域往往仅关注其本身的减排环境，而并不考虑全球减排目标的约束。在这种情况下，根据区域总配额累加得出的全球总配额所带来的气候影响可能会超出预期的气候控制目标。若出现这种情况，需要对各国既定的减排目标进行重新调整。

2.2.2　基于单一原则的配额分配

与基于排放水平控制的配额分配相反，基于单一原则的配额分配采用自顶向下的建模方法。该方法通过预设目标年份的气候控制目标来计算全球总配额，进而对其进行区域间分配，分为两个步骤：第一，根据目标年份的气候控制目标确定全球总配额；第二，根据不同的配额分配原则对全球总配额进行区域间分配。模型示意图如图 2.2 所示。

1. 从气候控制目标到全球总配额

基于单一原则的配额分配首先需要建立气候控制目标与全球总配额之间的联系。参照丁仲礼等（2009），可通过起始年份 t_1 至目标年份 t_2 的大气 CO_2 浓度差 $(D_{t_2} - D_{t_1})$，来

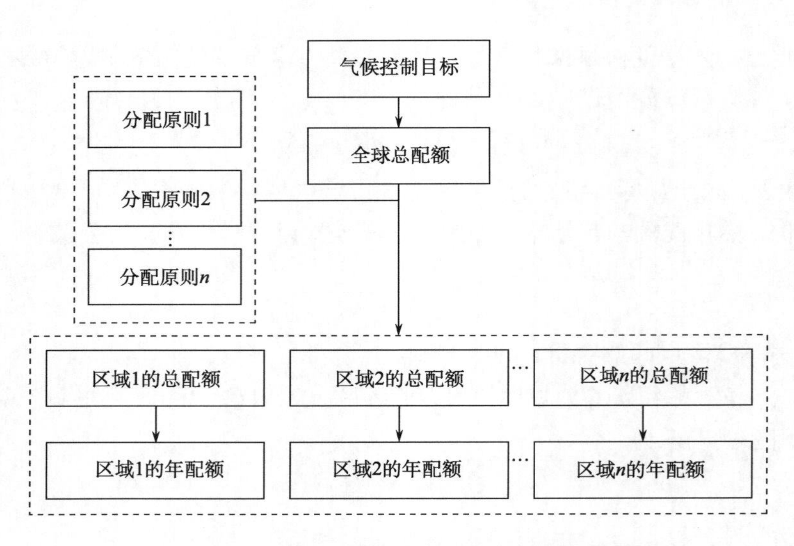

图 2.2　基于单一原则控制的配额分配示意图

计算该时间段的全球总配额 Q^n，用公式表示为①

$$Q^n = \frac{(D_{t_2} - D_{t_1})\varphi_{\mathrm{d}}}{1-\beta_{\mathrm{m}}} - \sum_{t=t_1}^{t_2} \mathrm{Le}_t \tag{2.5}$$

式中，φ_{d} 是大气 CO_2 质量与浓度的转换系数，取 2.12；β_{m} 是 CO_2 在大气中的吸收率，即排放出的一单位 CO_2 中，被陆地、海洋生态系统吸收的比率，参照 Canadell 等（2007）对 2000~2006 年该值的估计，这里取 0.54；Le_t 代表 t 时期土地利用碳排放，参照 Houghton（2008）对近 50 年该值的估计，这里取 1.5GtC。

2. 从全球总配额到区域总配额

如果不考虑区域间的历史排放差距，那么将全球总配额按照某一特定原则进行区域间分配就可计算出区域总配额。当前国际上用于反映不同配额分配原则的指标主要有人口指标、GDP 指标、碳排放量指标、碳排放强度指标、人均 GDP 指标和人均碳排放量指标。如果用 X_i 代表 i 区域在某一配额分配原则下的指标值，则 i 区域从起始年份 t_1 至目标年份 t_2 的总配额 Q_i^n 可用公式表示为

$$Q_i^n = Q^n \times X_i \Big/ \sum_i X_i \tag{2.6}$$

如果考虑区域间的历史排放差距，那么全球总配额的区域分配就不能简单地按照某一特定指标进行同比例划分，还需要考虑因历史排放所带来的责任问题。例如，人均累

① 该公式建立了大气 CO_2 浓度与全球总配额之间的关系。如果以目标年份的升温幅度作为气候控制目标，则需建立温度与大气 CO_2 浓度之间的联系，详见 Nordhaus 和 Yang（1996）。

计碳排放均等原则要求，从历史某一时期至未来某一时期内，全球人均累计碳排放量需相等。用公式表示为

$$\mathrm{ce}^{n'} = \mathrm{ce}_i^{n'} = \sum_{t\in[t_0,t_1)} E_{i,t}/P_{i,t} + \sum_{t\in[t_1,t_2]} Q_{i,t}/P_{i,t} \tag{2.7}$$

式中，n' 代表从历史起始年份 t_0 至目标年份 t_2 间的年数；$\mathrm{ce}^{n'}$ 和 $\mathrm{ce}_i^{n'}$ 分别代表全球和 i 区域从历史排放起始年份 t_0 至目标年份 t_2 的人均累计碳排放量；$E_{i,t}$ 和 $P_{i,t}$ 分别代表 i 区域 t 时期（历史）碳排放量和人口。

可以看出，合理选择分配原则是基于单一原则进行配额分配的关键。可惜的是，单一原则方案很难在全球范围内推广。因为在不同分配原则下，区域所得的总配额差异巨大，区域间难以达成共识。为了克服这个困难，我们在 GQAM 中引入了一种新的配额分配方法——基于加权原则的配额分配。

2.2.3　基于加权原则的配额分配

与单一原则相同，加权原则也需要通过预设气候控制目标来计算全球总配额。所不同的是，加权原则融合了多种原则，通过赋予这些原则权重，实现对全球总配额的区域间分配。

如果用 $Q_{i,j}^n$ 代表在配额分配原则 j 下 i 区域分配到的总配额，用 w_j 代表配额分配原则 j 在多种配额分配原则中所占的权重，那么在加权原则配额分配下，i 区域总配 Q_i^n 可表示为

$$Q_i^n = \sum_j w_j Q_{i,j}^n \tag{2.8}$$

2.3　情景设置和模拟

2.3.1　情景设置

为了对不同配额分配方法下的全球总配额和区域总配额进行模拟分析，我们设置了以下三类情景。

1. 情景 1：排放水平控制方案

从当前的气候谈判结果来看，虽然全球尚未形成一个统一的中长期减排方案，但是多数主要国家已明确提出了其未来减排承诺。根据这些减排承诺，排放水平控制方案被设定为如表 2.1 所示。

2. 情景 2：单一原则方案

从气候控制目标的角度来看，如果能将未来大气温室气体浓度稳定在 450~550ppm CO_2eq，那么气候变化产生最坏影响的风险将大大减少（Stern，2008）。为此，单一原则

表 2.1　排放水平控制方案[①]

区域	至 2020 年	至 2050 年
中国	碳排放强度比 2005 年降低 45%	碳排量比 2005 年减少 50%
美国	碳排量比 1990 年减少 4%	碳排量比 1990 年减少 80%
欧盟	碳排量比 1990 年减少 30%	碳排量比 1990 年减少 80%
日本	碳排量比 1990 年减少 25%	碳排量比 1990 年减少 80%
俄罗斯	碳排量比 1990 年减少 25%	碳排量比 2005 年减少 50%
印度	碳排放强度比 2005 降低 25%	碳排量比 2005 年减少 20%
高收入国家	碳排量比 1990 年减少 20%	碳排量比 1990 年减少 80%
中等偏上收入国家	碳排量比 2005 年减少 20%	碳排量比 2005 年减少 50%
中等偏下收入国家	碳排放强度比 2005 降低 20%	碳排量比 2005 年减少 20%
低收入国家	不减排	不减排

方案，首先以 450ppm CO_2eq 作为至 2050 年的大气温室气体控制目标[②]，然后分别以世袭原则、平等原则、支付能力原则和人均累计碳排放均等原则（以下简称人均累计原则）来对全球总配额进行区域间分配。参照 Rose 等（1998）、丁仲礼等（2009）、吴静等（2010），以上配额分配原则被定义如下。

（1）世袭原则：按照区域历史碳排放量占全球历史碳排放量的比例进行配额分配的原则。

（2）平等原则：按照区域人口占全球人口的比例进行配额分配的原则。

（3）支付能力原则：按照区域支付能力大小进行配额分配的原则，支付能力越小，分配到的配额越多。这里的配额分配指标被设定为与区域人口成正比例关系，而与区域人均 GDP 成反比例关系。

（4）人均累计原则：按照一段时期内所有区域的人均累计碳排放量总和均相等进行配额分配的原则。

3. *情景 3：加权原则方案*

在情景 2 的基础上，加权原则方案给四种单一原则赋予相等的权重。

需要注意的是，情景 1~情景 3 均以 2010 年作为区域配额分配的起始年份。所涉及

① 中期目标（至 2020 年）参照 2009 年哥本哈根气候大会期间，各国做出的减排承诺；长期目标（至 2050 年）设定为，高收入国家比 1990 年减排 80%，中等偏上收入国家比 2005 年减排 50%，中等偏下收入国家比 2005 年减排 20%，低收入国家不减排；2050 年后各国碳排放量保持不变。

② 目前学术界对于大气温室气体浓度与大气 CO_2 浓度之间的联系仍没有一个明确的界定。如考虑到其他温室气体的增温效应，Stern（2008）认为，1ppmCO_2eq 大气温室气体的增温效果相当于 1.1~1.2ppm 大气 CO_2 的增温效果；考虑到大气气溶胶等的制冷效应同 CO_2 以外的温室气体的制暖作用大致相当（IPCC，2007），丁仲礼等（2009）认为，IPCC 报告中所用的 CO_2eq 基本相当于 CO_2。本研究将大气温室气体浓度 450ppm CO_2eq 对应于 470ppm 的大气 CO_2 浓度。需要强调的是，气候控制目标的不同取值仅改变全球总配额和区域总配额的相对大小，并不影响配额分配原则的分析。

的人口、碳排放、GDP 等原始数据均来源于世界银行数据库[①]。

2.3.2　情景分析

1. 情景 1：排放水平控制方案

情景 1 的模拟结果显示，中国、美国和俄罗斯在未来的全球配额分配中将面临较大压力（表 2.2）。其中，中国 2010~2050 年总配额为 81GtC，远大于其他区域，同时，美国和俄罗斯的人均累计碳排放量远高于其他区域，甚至超出中国将近一倍。显然，与其他区域差距悬殊的区域总配额或人均累计碳排放量，将使得这三个国家在未来的全球气候谈判过程中处于相对被动的位置。

表 2.2　情景 1 下各区域的 2010~2050 年配额

区域	2010~2050 年总配额 /GtC	2010~2050 年人均累计配额/tC
中国	81	57
美国	39	112
欧盟	25	49
日本	7	58
俄罗斯	15	105
印度	23	16
高收入国家	11	51
中等偏上收入国家	26	26
中等偏下收入国家	30	18
低收入国家	4	4

事实上，要想通过基于排放水平控制的配额分配方式，达成一个全球统一的减排方案仍面临诸多困难。

首先，处于不同经济发展阶段的区域，在减排方式的选取问题上存在差异。例如，对于已完成工业化进程的区域而言，由于其排放量已趋于稳定，它们将极力主张以目标年份排放量相对于基准年份减少的方式进行减排；而对于正处于工业化进程中的区域而言，由于其未来排放量仍将增加，它们则希望以目标年份排放强度相对于基准年份降低的方式进行减排（详见表 2.1）。这便导致了当前气候谈判过程中应该采用总量减排还是强度减排的争议。

其次，具有不同排放路径的区域，在基准年份的选取上存在差异。在其他条件相同的情况下，基准年份的排放量越大就意味着目标年份的排放空间也越大，则需要减排的数量也就越小。在气候谈判过程中，为了尽量减少减排量，各区域都希望将基准年份设

① http://www.worldbank.org/

定在其排放量较高的年份。因此，多数发达国家将基准年份设定在 1990 年，因为那时它们的排放量已接近历史最高水平；而多数发展中国家则将基准年份设定为 2005 年或者排放量更高的未来（详见表 2.1），因为它们的排放高峰尚未来临。因此，基准年份的设定是气候谈判需要解决的重要议题之一。

最后，如何设定区域减排比例也是制定全球减排方案需克服的难题。区域减排比例的设定，一方面取决于区域减排可能带来的经济压力，包括经济损失、可持续发展能力下降等；另一方面受制于其他非经济压力，包括社会责任、历史排放责任等。因此，表 2.1 中 80%、50%、 20%或者其他减排比例并非一个简单的数字，需要综合考虑多种因素。

正是由于区域在减排方式、基准年份和减排比例上存在差异，导致当前排放水平控制方案难以获得实质性进展。从现有的国际主流的减排方案（如 Stern、OECD，IPCC 等方案）来看，这些方案多是由发达国家提出的，较少考虑发达国家与发展中国家之间的经济发展水平差距、区域历史排放责任等因素。与这些方案相比，情景 1 将发达国家（高收入国家）与发展中国家(中等收入国家)的减排基准年份分别设定为 1990 年和 2005 年，将发展中国家，尤其是中国的长期减排目标提升为总量减排 50%，放弃了对低收入国家的减排约束，这更能体现《联合国气候变化框架公约》所提出的公平原则（共同但有区别责任原则）和可持续发展原则，以及发展中国家，尤其是中国应承担的社会责任。

2. 情景 2：单一原则方案

对情景 2 进行模拟，表 2.3 列出了四种分配原则下各区域的 2010~2050 年总配额。由于人均累计原则涉及区域历史排放问题，需要对该原则下的历史排放起始年份进行设定，考虑到《京都议定书》中发达国家的减排任务均以 1990 年为基年，表 2.3 中人均累计原则一列也以 1990 年作为历史排放起始年份。

表 2.3　情景 2 下各区域的 2010~2050 年总配额　　（单位：GtC）

区域	世袭原则	平等原则	支付能力原则	人均累计原则
中国	79	63	50	69
美国	60	15	3	–12
欧盟	40	24	7	12
日本	12	6	1	2
俄罗斯	17	7	5	1
印度	20	56	76	74
高收入国家	29	9	2	–1
中等偏上收入国家	40	41	23	42
中等偏下收入国家	26	64	73	81
低收入国家	3	41	86	58

表 2.3 显示，不同配额分配原则下的区域配额差别很大。其中，世袭原则保持了基准年份的区域排放比例，其分配结果有利于基准年份排放较大的区域，如中国、美国、

欧盟和中等偏上收入国家；平等原则保持了基准年份的区域人口比例，其分配结果有利于基准年份人口较多的区域，如中等偏下收入国家、中国、印度和中等偏上收入国家；支付能力原则综合考虑了区域人口因素和区域经济发展水平，其分配结果有利于人口众多而经济发展水平较低的区域，如低收入国家、印度、中等偏下收入国家和中国；人均累计原则结合了区域的历史累计排放，其分配结果有利于历史人均累计排放较少而人口众多的区域，如中等偏下收入国家、印度、中国和低收入国家。

需要指出的是，在人均累计原则下，美国的 2010~2050 年总配额出现了负值，即美国的历史排放已经透支了其未来配额。可以看出，该原则下的区域总配额的大小很大程度上取决于历史排放起始年份的选择。选择越早的历史排放起始年份，分配结果越有利于中等偏下收入国家和低收入国家；反之，分配结果越有利于高收入国家。这也是人均累计原则无法在发达国家与发展中国家达成共识的根本原因。

进一步分析，如果将表 2.3 中各区域在不同配额分配原则下分到的总配额进行大小排序，可得到各区域对于配额分配原则的偏好，见表 2.4。

表 2.4　各区域对配额分配原则的偏好

区域	第一偏好	第二偏好	第三偏好	第四偏好
中国	世袭原则	人均累计原则	平等原则	支付能力原则
美国	世袭原则	平等原则	支付能力原则	人均累计原则
欧盟	世袭原则	平等原则	人均累计原则	支付能力原则
日本	世袭原则	平等原则	人均累计原则	支付能力原则
俄罗斯	世袭原则	平等原则	支付能力原则	人均累计原则
印度	支付能力原则	人均累计原则	平等原则	世袭原则
高收入国家	世袭原则	平等原则	支付能力原则	人均累计原则
中等偏上收入国家	人均累计原则	平等原则	世袭原则	支付能力原则
中等偏下收入国家	人均累计原则	支付能力原则	平等原则	世袭原则
低收入国家	支付能力原则	人均累计原则	平等原则	世袭原则

分析表 2.4，中国、美国、欧盟、日本、俄罗斯和高收入国家最为偏好世袭原则；印度和低收入国家最为偏好支付能力原则；中等偏上和中等偏下收入国家最为偏好人均累计原则。可以看出，最有利于中国的配额分配原则并不是多数学者所提出的人均累计原则①，而是世袭原则。显然，这是由于中国近年来经济快速发展而带来排放量增加所致。此外，在配额分配原则的选择上，中国与其他发展中国家并没有明确的一致性利益。

情景 2 的模拟结果表明，不同区域对配额分配原则的偏好差异悬殊，单一原则配额分配难以协调。

① 不同的历史排放起始年份对配额分配结果会产生影响，但要将其设定到 1990 年之前并不现实，因为如表 2.3 所示，即使是将其设定在 1990 年，也已经使得美国和高收入国家的 2010~2050 年总配额为负值。

3. 情景 3：加权原则方案

通过给情景 2 中的四种配额分配原则赋予权重，情景 3 对多种分配原则下的分配结果进行了加权计算。表 2.5 列出了情景 3 下各区域的 2010~2050 年的区域总配额。显然，情景 3 对情景 2 中各种单一原则的分配结果进行了加权折中处理。

表 2.5　情景 3 下各区域的 2010~2050 年总配额　　（单位：GtC）

区域	2010~2050 年总配额	区域	2010~2050 年总配额
中国	65	印度	56
美国	16	高收入国家	10
欧盟	21	中等偏上收入国家	37
日本	5	中等偏下收入国家	61
俄罗斯	7	低收入国家	47

进一步，与排放水平控制方案和单一原则方案相比，加权原则方案具有明显的优势。

从方案的可行性来看，一方面，排放水平控制方案是以区域减排承诺为基础，其可行性受限于区域减排意愿，存在相当的不确定性；而加权原则方案是在既定总量控制目标的前提下，通过赋予多种原则权重，有效避免了排放水平控制方案下区域制定减排目标所面临的困难，如减排方式、基准年份和减排比例的确定等。另一方面，单一原则方案是以某一配额分配原则为指标，其可行性取决于各区域对单一原则的偏好程度，然而，模拟结果显示，不同区域对单一原则的偏好程度差异悬殊，难以统一；而加权原则方案由于对多种原则实施了加权，有效避免了对分配原则的选择困难。总的来说，加权原则方案既不要求区域作出定量的减排承诺也不需要指定某一具体的分配原则，从而克服了由排放水平控制方案带来的不确定性和由单一原则方案带来的分配原则难以统一的困难。相对而言，更具可行性。

从方案的可接受性来看，加权原则方案融合了多种分配原则，在分配结果上体现出相对公平性，易于被多数国家接受。模拟结果显示，无论是排放水平控制方案还是单一原则方案都无法保证其对所有区域公平，其分配结果往往在某一方面体现公平，在其他方面却出现不公。换言之，要提出一个对所有国家都公平的方案并不可行，而寻求相对公平的方案更具现实意义。加权原则方案正是以此为出发点，通过加权多种公平指标，将多个单一原则融合为一个加权原则，以提高分配结果的相对公平性。对于一些区域而言，有可能出现各种方案均不利的情况。然而，这种不利情况如果在加权原则方案中出现，必然也会在其他两类方案中出现，因为加权原则方案是综合各种单一原则的一种加权结果。事实上，也正是这个原因，使得加权原则方案大大缓解了排放水平控制方案和单一原则方案下极端分配结果，如情景 2 中人均累计原则下出现的美国和高收入国家负配额现象，从而提高了区域对加权原则方案的可接受度。

此外，加权原则方案还具备良好的可扩展性和可操作性。在扩展性方面，只要是合理的原则都可纳入到该方案进行加权。例如，现有的分配原则，如世袭原则、平等原则、支付能力原则、人均累计原则，往往忽略高纬度国家用能天然较高的客观需求，而要求寒冷气候中的国家实现与印度这样的温暖气候国家同样的碳配额。在这里，加权分配原则就可引入地理因素指标以反映其对全球碳配额分配的影响，但要指出的是，这需要以相应的单一原则方案为基础。在可操作性方面，由于加权原则方案的确定取决于各区域的投票结果，只要区域参加投票，就被赋予了法律约束力。一旦投票结果确定，参与投票区域必须接受这一投票结果。与通过讨价还价方式确定区域减排目标的排放水平控制方案和难以统一分配原则的单一原则方案相比，投票选择使得参与谈判主体必须作出选择，避免了争议。这种赋予区域投票权力的方式大大提高了加权原则方案的可操作性。

实施加权原则方案也将面临一系列的挑战。其中，配额分配原则的选取及其权重设定尤为关键。在分配原则的选取方面，应尽可能多地涵盖现有的配额分配原则，以确保加权原则方案的公平性。在权重设定方面，应尽量将以讨价还价方式确定的减排目标转换为以投票方式决定的配额分配原则权重。为了使减排方案能够更加有效地得以实施，可以引入碳排放权交易机制允许排放权从配额盈余区域向配额缺口区域转移，建立减排资金、技术转移等机制来协助经济水平较低和减排技术落后的区域减排，以便实现全球减排目标。当然，碳配额分配不仅是一个技术问题，也是一个政治问题。因此，还需要考虑有关各国立场的合理性、立场交集的存在性、在何种条件下这种交集可以存在以及能源技术革命的长期趋势等问题。相关研究可以从碳配额分配的地缘政治角度展开，这里不加细述。

2.4　结　论

通过情景分析，我们得出以下三个结论。

（1）当前全球试图通过气候谈判制定的减排方案是一种排放水平控制方案。由于在减排方式、基准年份和减排比例方面各国仍无法统一，该方案具有相当不确定性。

（2）虽然单一原则方案可在某一指标上体现公平，但各区域对不同原则的偏好程度差异悬殊。例如，中国、美国、欧盟、日本、俄罗斯和高收入国家最为偏好世袭原则；印度和低收入国家最为偏好支付能力原则；中等偏上收入国家和中等偏下收入国家最为偏好人均累计原则。单一原则方案有可能导致极端分配结果出现，如人均累计碳排放均等原则将导致美国和高收入国家负配额。

（3）与前两类方案相比，加权原则方案更具公平性、可行性、可扩展性和可操作性。实施加权原则方案，应尽可能多地涵盖不同原则，并以投票方式决定相关原则的权重。

参考文献

丁仲礼，段晓男，葛全胜，等. 2009. 2050 年大气 CO_2 浓度控制：各国排放权计算. 中国科学：D 辑，39（8）：1009-1027.

丁仲礼，段晓男，葛全胜，等. 2009. 国际温室气体减排方案评估及中国长期排放权讨论. 中国科学：D 辑，39（12）：1659-1671.

何建坤，陈文颖，滕飞，等. 2009. 全球长期减排目标与碳排放权分配原则. 气候变化研究进展，5（6）：

362-368.
潘家华, 郑艳. 2009. 基于人际公平的碳排放概念及其理论含义. 世界经济与政治, 10: 6-16.
王铮, 吴静, 李刚强, 张焕波, 等. 2009. 国际参与下的全球气候保护策略可行性模拟. 生态学报, 29(5): 2407-2417.
吴静, 马晓哲, 王铮. 2010. 我国省市自治区碳排放权配额研究. 第四纪研究, 30（3）: 481-488.
朱潜挺, 吴静, 洪海地, 等. 2015. 后京都时代全球碳排放权配额分配模拟研究. 环境科学学报, 35（1）: 329-336.
Agarwal A, Narain S. 1991. Global Warming in an Unequal World: A Case of Environmental Colonialism. New Delhi: Centre for Science and Environment.
Benestad O. 1994. Energy needs and CO_2 emissions Constructing a formula for just distributions. Energy Policy, 22（9）: 725-734.
Bohm P, Larsen B. 1994. Fairness in a tradeable-permit treaty for carbon emissions reductions in Europe and the former Soviet Union. Environmental and Resource Economics, 4（3）: 219-239.
Canadell J G, Le Quéré C, Raupach M R, et al. 2007. Contributions to accelerating atmospheric CO_2 growth from economic activity, carbon intensity, and efficiency of natural sinks. Proceedings of the National Academy of Sciences, 104（47）: 18866-18870.
Garnaut R. 2008. The Garnaut climate change review. Global Environmental change, 13: 1-5.
Houghton R A. 2008. TRENDS, A Compendium of Data on Global Change（Z）. London: Macmillan Publishers Limited.
IPCC. 2007. Climate change 2007: The physical science basis. Cambridge: Cambridge University.
Kverndokk S. 1995. Tradeable CO_2 Emission Permits: Initial Distribution as a Justice Problem. Environmental Values, 4（2）: 129-148.
Morrisette P, Plantinga A. 1991. The Global Warming Issue: Viewpoints of Different Countries. Resources, 103: 2-6.
Nordhaus W D, Yang Z. 1996. A Regional Dynamic General-Equilibrium Model of Alternative Climate-Change Strategies. American Economic Review, 86（4）: 741-765.
Rose A, Stevens B, Edmonds J, et al. 1998. International equity and differentiation in global warming policy. Environmental and Resource Economics,12（1）: 25-51.
Sørensen B. 2008. Pathways to climate stabilisation. Energy Policy, 36（9）: 3505-3509.
Stern N. 2008. Key elements of a global deal on climate change. London: London School of Economics and Political Science.
Wang Z, Zhang S, Wu J, et al. 2012. A new RICEs model with the global emission reduction schemes. Chinese Science Bulletin, 57（33）: 4373-4380.

第 3 章　2℃目标下未来全球和各国的排放空间

在 2009 年哥本哈根气候变化大会上，各国最终达成了将 21 世纪末温升控制在 2℃以内的共识。基于当前各国已经排放的 CO_2 和温升现状，在 2℃目标下，全球未来的排放空间有多大？在不同配额分配原则下，各国又可以获得多大的排放空间？本章将对以上这两个问题进行回答。研究一方面从大气科学的角度构建了全球碳排放与升温的定量化模型，另一方面结合不同的配额原则对各国可获得的排放空间进行了分配。

3.1　引　　言

21 世纪以来，随着发展中国家工业化进程的推进，以及发达国家在减排行动上的迟缓，全球 CO_2 排放已经从 2000 年的 6556 MtC 增长到了 2012 年的 8925 MtC（EIA，2015），相应地，CO_2 大气浓度从 2000 年的 370×10^{-6} 增加到 2012 年的 394×10^{-6}（ESRL，2015）。全球地表平均温度的线性趋势表明，1880~2012 年升温幅度已经达到 0.85℃（IPCC，2013）。此外，IPCC 第五次评估报告对 4 种典型浓度路径（RCP）情景下的升温趋势进行了预测，认为到 21 世纪末（2081~2100 年），除较低的 RCP2.6 情景以外，全球地表平均温度将比 1850~1900 年升高超过 2℃。在 RCP8.5 情景中，全球地表平均温度比 1986~2005 年将升高 2.6～4.8℃。

为了避免气候变化给人类带来突发的不可逆转的灾难性损失，需将大气中温室气体的浓度稳定在防止气候系统受到危险的人为干扰（dangerous anthropogenic interference）的水平上（Hansen，2005）。随后很多学者从成本收益角度对危险的人为干扰水平进行评估，以确定一个可容忍的升温目标。1996 年，欧盟在回顾已有研究结论基础上首次提出 2℃的最大允许升温目标，即“到 2100 年将全球平均升温相对工业化前水平限制在 2℃以内”。2005 年欧洲议会再次对这一目标进行确认，认为 2℃已被科学验证，可以代表一个风险边界，越界将使很多独一无二的生态系统受到威胁，同时导致极端天气气候事件数量大大增加（Randalls，2010）。2009 年，在欧盟的极力推动下，2℃目标被写入《哥本哈根协议》，正式确立为全球合作减排的总目标。

尽管 2℃升温目标的科学性及经济可行性还存在很大争议（Tol，2007），但经过哥本哈根会议，其已经成为全球合作减排的共识目标。为此，基于当前碳排放和大气浓度的水平与趋势，分析 2℃目标下未来全球和各国的排放空间，即允许的最大排放量具有重要意义：一方面可以明确全球未来的减排形势；另一方面可为各国减排责任的划分提供依据。

传统的集成评估模型（IAM）是将社会经济系统耦合进气候系统中，或者从成本-收益的角度评估特定气候政策的经济影响（GDP 损失等）和气候变化结果（碳排放、大气浓度和升温趋势等）；或者以效用最大或成本最小为目标，在假设减排成本及气候损失已知的基础上，对最优的气候政策进行模拟研究（Nordhaus,1993; Nordhaus and Boyer, 2000; Zhu and Wang, 2013）。然而，对未来气候变化影响的估计具有高度的不确定性，尤其是在气候变化损失、减排成本核算以及效用衡量等方面的不确定性。同时，贴现率的影响也不可忽视（Stern,2007; Nordhaus,2007）。另一类研究回避了对气候变化损失与减排成本的关注，根据碳排放路径计算出大气浓度以及温度变化趋势。例如，IPCC 第三次和第四次评估报告中采用的 SRES 方法，即根据未来人类活动（经济、人口、技术等）的不同假设得到碳排放的各种基准情景路径，进而得到温室气体的大气浓度路径和未来温度变化情况。IPCC 第五次评估报告使用 RCPs 代替了 SRES 方法，给出了 4 种典型的温室气体浓度路径，在此基础上可以直接计算出未来的温度变化，另外可与社会经济发展（SSPs）和气候政策（SPAs）路径对应起来。

但是，SRES 和 RCPs 都遵循“排放—浓度—温度”这一顺序，在假设碳排放或浓度路径已知的前提下，对未来温度变化进行模拟计算。而本章所要研究的恰好相反，是在温度变化目标给定的前提上，反向研究未来的碳排放空间。自适应控制方法可以根据当期目标完成情况调整下一期的控制变量，使状态变量不断逼近目标。其原理是通过定义一系列不同时段的目标来保证长期目标的实现，而且后一阶段目标的制订依赖于上一阶段目标的完成情况（Yohe et al., 2004）。这样，在保证长期目标实现的前提下，避免了最大化长期效用所带来的各种不确定性。以本研究的气候系统为例，每年的排放量将根据上期的温升幅度与温升目标之间的差距进行调整，使温升不断向设定的目标逼近。Scheffran（2008）基于自适应控制方法这一特性，反演模拟了气候系统长期温升目标下的排放路径与能源转型路径。本章将基于该模型对全球和中国未来的排放空间进行分析，这些分析的基础是朱永彬等（2015）。

3.2　模型与参数

不论是 GCM 等大规模专业复杂模型对气候系统的刻画，还是 IAM 模型中对简单气候模块的引入，其温室效应的原理基本可以归结为：温室气体的大量排放导致其在大气中的浓度提高，进而增加了大气的辐射强迫，最终导致温度升高。为简便起见，Scheffran（2008）采用 Hasselmann（1998）和 Petschel-Held 等（1999）提出的三个公式来描述这一机制：

$$\dot{F} = G \tag{3.1}$$

$$\dot{C} = BF + \beta G - \sigma C \tag{3.2}$$

$$\dot{T} = \mu \ln\left(1 + C/C_1\right) - \alpha T \tag{3.3}$$

式中，F 表示累积排放量；G 为每年的碳排放量（排放速率）；C_1 表示工业化前 CO_2 的大气浓度水平；C 为 CO_2 的大气浓度相比工业化前的变化量（浓升）；T 为相比工业化前的全球温度变化（温升）。由式（3.2）可以看出，CO_2 的累积排放量与新增排放量都将引起 CO_2 大气浓度的提高，B 和 β 分别表示两者对大气浓度的贡献；而大气系统具有一定的自净能力，大气中的一部分 CO_2 将被海洋和陆地植被土壤吸收，σ 即为自净率。

同样的，式（3.3）意味着大气浓度的提高将通过辐射强迫的增强带来温度的升高，同时温度也通过热传导和热辐射不断自我衰减，α 即为衰减率。由于大气自净能力和温度衰减的存在，从百年甚至千年尺度来看，温升与温室气体累积排放可以近似为线性关系，但从短期来看，温室气体早期排放对温度的影响要低于等量近期排放带来的影响。与SRES和RCPs等方法给出多条可能的排放路径不同，在接下来的分析中，我们将反演模拟出给定温升目标下全球允许排放（Scheffran, 2008）向该目标自适应逼近的路径。

由式（3.1）可得 $F = F_0 + Gt$，将其代入（3.2）式为

$$\dot{C} = B\left(F_0 + Gt\right) + \beta G - \sigma C \tag{3.2'}$$

若令

$$\bar{C} = \frac{B\left(F_0 + Gt\right) + \beta G}{\sigma} \tag{3.4}$$

$$\bar{T} = \frac{\mu}{\alpha}\ln\left(1 + C/C_1\right) \tag{3.5}$$

则浓升和温升的动态方程式（3.2′）和式（3.3）可写成自适应控制方程的一般形式：$\dot{C} = \sigma\left(\bar{C} - C\right)$，$\dot{T} = \alpha\left(\bar{T} - T\right)$。$\bar{C}$ 和 $\bar{T}$ 为临界值，也即自适应目标的稳态值，σ 和 α 为响应强度。当变量的实际值小于临界值时，该变量的变动量为正，实际值增加；反之，当变量实际值大于临界值时，变量的变动量为负，实际值降低：临界值为变量不断逼近的稳态点，而响应强度则反映了每次变动的步长，即向稳态趋近的速度。

将式（3.4）和式（3.5）对时间求导，得到浓升与温升的长期稳态值的动态方程为

$$\dot{\bar{C}} = \frac{B}{\sigma}G + \frac{\beta}{\sigma}\dot{G} \tag{3.6}$$

$$\dot{\bar{T}} = \frac{\mu}{\alpha}\frac{\dot{C}}{C_1 + C} \tag{3.7}$$

假设浓升稳态值渐进逼近某一浓度变化目标 $\bar{C}^*$，响应强度为 ω，即 $\dot{\bar{C}} = \omega\left(\bar{C}^* - \bar{C}\right)$，则有

$$\bar{C} = \bar{C}_0 + \left(\bar{C}^* - \bar{C}_0\right)\left(1 - \mathrm{e}^{-\omega t}\right) \tag{3.8}$$

式中，$\bar{C}$ 与 $\bar{C}_0$ 分别表示即期和初始时刻的浓升稳态值。将式（3.8）与式（3.6）联立可得 $\beta\dot{G} = -BG + \sigma\omega\left(\bar{C}^* - \bar{C}_0\right)\mathrm{e}^{-\omega t}$，进而积分得到对应浓升目标值 $\bar{C}^*$ 下的允许排放上限为

$$G^*(t) = \left(G_0 + \left(1 - \mathrm{e}^{-(\omega - b)t}\right)Q\right)\mathrm{e}^{-bt}, Q = \frac{\sigma\left(\bar{C}^* - \bar{C}_0\right)}{\beta - B/\omega}, b = \frac{B}{\beta} \tag{3.9}$$

若 T^* 为长期的温升目标，则由式（3.5）可得对应温升目标下的浓升目标为

$$\bar{C}^* = C_1\left(\mathrm{e}^{T^*\alpha/\mu} - 1\right) = C_1\left(2^{\Theta} - 1\right), \Theta = T^*\alpha \Big/ \mu\ln 2 = T^* \Big/ T_{2C} \tag{3.10}$$

至此，在给定全球温升目标 T^* 的前提下，我们根据式（3.10）可以计算出大气碳浓度的目标稳态值，进而根据式（3.9）计算出达到该稳态浓度的年度碳排放上限。在具体的计算之前，我们给出模型中各参数的估计值（表 3.1）。其中，气候系统参数值来自

Petschel-Held 等（1999）的估计，变量初值根据近几年的数据更新至 2012 年。

表 3.1　模型参数值及相关变量初值

参数	变量值	单位	初值	变量值	单位	描述
B	1.51×10^{-3}	10^{-6}/（GtC/a）	G_0	8.92	GtC	2012 年全球碳排放
β	0.47×10^{-3}	10^{-6}/（GtC）	F_0	550.86	GtC	2012 年全球累计排放
σ	2.15×10^{-2}	1/a	C_0	113.82	10^{-6}	2012 年与工业化前浓度差
μ	8.70×10^{-2}	℃/a	T_0	1.497	℃	2012 年与工业化前温度差
α	1.70×10^{-2}	1/a	C_1	280	10^{-6}	工业化前大气碳浓度
ω	0.060		T_1	14.6	℃	工业化前全球平均气温
T_{2C}	3.55		$\bar{C}_0$	234	10^{-6}	2012 年浓度目标稳态值

注：T_{2C} 由公式（3.10）计算而来，$\bar{C}_0$ 由公式（3.4）计算而来

3.3　全球与中国未来排放空间

如前所述，欧盟最先提出并被写入《哥本哈根协议》中的温升目标为到 21 世纪末将温升控制在较工业化前水平 2℃以内。然而，IPCC 第五次评估报告在评估当前气候变化程度以及对未来温升进行情景预测时采用了多个不同的参照年份的平均温度，如 1850~1900 年、1861~1880 年、1961~1990 年、1980~1999 年和 1986~2005 年等①。为了与 IPCC 的研究一致以便进行对比分析，本研究在评估 2℃目标下的排放空间时也将选取多个不同参照基准年，利用自适应控制模型，计算出以不同参照时间段为基准的 2℃升温目标下的未来各年允许排放上限，即排放空间路径。

3.3.1　全球允许排放路径

根据式（3.9）与式（3.10）以及表 3.1 中给出的参数值，我们计算得到了基于不同参照基准年温升 2℃目标下全球未来各年的最大允许排放路径（图 3.1）。

从图 3.1 中可以看出，以工业化前水平为基准温升 2℃目标下，全球面临十分严峻的减排形势。全球允许排放量必须立即开始下降，而且前期的减排幅度更为明显：从 2012 年的 8.92 GtC 迅速降低到 2020 年的 7.13 GtC、2030 年的 5.76 GtC 和 2050 年的 4.45 GtC，随后排放的变化幅度趋于平缓，到 2100 年全球允许排放基本限定在 3.43 GtC 左右。也就是说，相比 2012 年，全球排放要实现 2020 年 20%的减排目标、2030 年 35%的减排目标和 2050 年 50%的减排目标，以及 2100 年 62%的减排目标。然而事实上全球碳排放总

① 据 IPCC AR5，1986~2005 年平均温度比 1850~1900 年高出 0.61℃，比 1980~1999 年高出 0.11℃。该结论与 NOAA（1880~2012 年）和 HadCRUT4（1850~2013 年）数据一致，结合 NOAA 和 HadCRUT4 这两个数据源，可以计算出 1850~1900 年均温为 15.32℃，1861~1880 年均温为 15.35℃，1961~1990 年均温为 15.63℃，1980~1999 年均温为 15.82℃，1986~2005 年均温为 15.93℃。

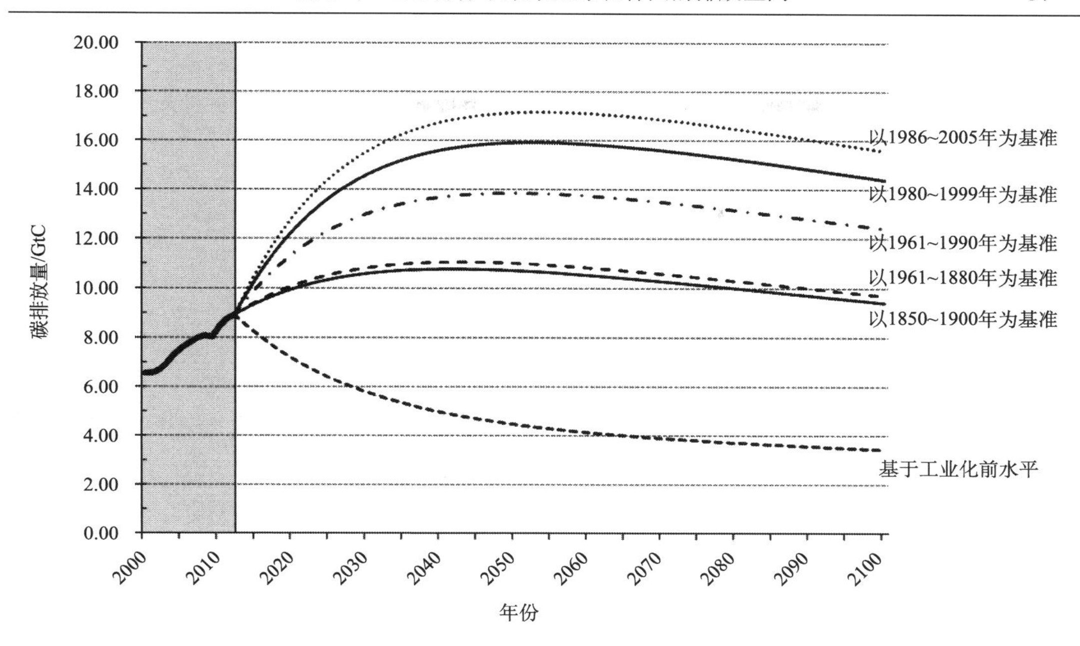

图 3.1　基于不同参照基准年至 2100 年升温 2℃目标下全球允许碳排放路径

2000~2012 年为历史数据

量仍在不断上升，在可预见的未来如果没有低碳能源技术的突破，那么实现较工业化前水平温升 2℃的目标，即《哥本哈根协议》目标的完成将十分困难。即使各国在现有减排承诺基础上制订更为激进的减排目标，实现该升温目标所付出的经济成本也是巨大的。IPCC 第五次评估报告自始至终没有对该参考基准下的 2℃目标进行评价，这可能与该目标的可行性有关。很多现有的关于减排的成本收益分析均认为，除非出现大规模的廉价无碳能源，否则实现该目标并不是经济可行的。

以 1850~1900 年均温和 1861~1880 年均温为参照基准实现 2℃目标的全球允许排放路径较为接近。短期内全球允许排放还可以进一步增加，基本延续历史排放趋势，在 2040~2045 年左右增长到最高点，此后便需开始下降。计算结果显示，在相对 1861~1880 年温升 2℃目标下，2012~2100 年的累积排放空间为 931 GtC。IPCC 第五次评估报告的结论是，若以>33%的概率实现同样参照基准下的 2℃温升目标，2012~2100 年的累积排放量上限为 1055GtC[985～1125 GtC]。由此可以看出，本研究不仅得到的累积排放总量上限与 IPCC 报告基本一致，还进一步计算了考虑大气自净能力与温度衰减特征后的历年排放上限。

IPCC 第五次评估报告采用 RCP 情景方法对未来的温升幅度进行评价，具体引入了 4 个典型浓度路径：积极减排的 RCP2.6 路径、趋于稳定的 RCP4.5 路径和 RCP6.0 路径、高排放的 RCP8.5 路径。针对这 4 种路径，IPCC 指出：相对于 1850~1900 年，RCP4.5、RCP6.0 和 RCP8.5 路径下到 21 世纪末的全球升温预计将超过 1.5℃，且超过 2℃的可能性较高，在 RCP6.0 和 RCP8.5 情景下更有可能超过 2℃，在 RCP2.6 路径下不大可能超过 2℃。与本研究相对 1850~1900 年温升 2℃的允许排放路径相比，IPCC 给出的 RCP4.5

和 RCP6.0 趋于稳定路径与本研究图 3.1 的曲线基本对应。说明在 1850~1900 年基础上升温 2℃并不需要立即减排，未来的排放空间可以满足按照历史排放趋势演变所需的排放量。

由于全球平均温度在不断升高，在同样升温 2℃目标下，参考基准年越靠后，意味着更大的升温幅度和更多的排放空间。从图 3.1 中可以看出，以 1961~1990 年、1980~1999 年和 1986~2005 年均温为参照基准，未来的排放空间路径将有显著的提升，而且远远高于按照历史排放增长速度演变所需的排放量。在此目标下，不仅不需减排，还有很大的增排空间。IPCC 第五次评估报告认为，对应给定的 4 个典型浓度路径，到 21 世纪末的升温幅度相对于 1986~2005 期间分别为 0.3～1.7℃、1.1～2.6℃、1.4～3.1℃和 2.6～4.8℃。升温 2℃基本对应 IPCC 的 RCP4.5 和 RCP6.0 两个情景，更接近 RCP6.0 情景。同样意味着在 RCP4.5、RCP6.0 和 RCP8.5 情景路径中，全球的允许排放量还有进一步提升的空间，并不需要减排。因此，在这些参考基准下探讨升温 2℃下的减排路径毫无意义。

鉴于以 1850~1900 年为基准和以 1861~1880 年为基准减排力度不足，以工业化前水平为基准减排力度过重的情况，我们需要找到一个较为适当的温升目标。图 3.2 给出了 3 种中间情景：相对工业化前水平升温 2.5℃、相对 1986~2005 年均温升高 1℃、相对 1850~1900 年均温升高 1.5℃，分别命名为轻度减排情景、中度减排情景和高度减排情景。

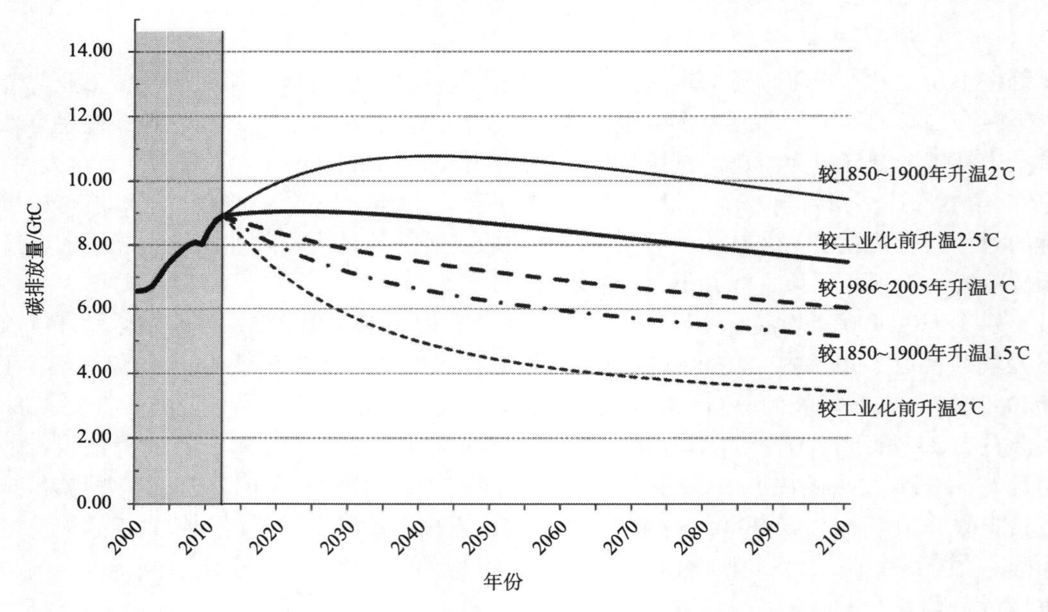

图 3.2　轻度、中度和高度减排情景下至 2100 年全球允许排放路径

2000~2012 年为历史数据

轻度减排情景（较工业化前水平升温 2.5℃）要求全球排放立即停止快速增长趋势，并于 2020 年之后使绝对排放量逐步降低，但允许排放的下降速度较为平缓，仅要求到 2100 年的排放量略低于 2005 年水平。考虑到各国当前承诺的减排目标：美国 2025 年排放量较 2005 年下降 26%～28%；欧盟 2020 年排放量较 1990 年减少 20%以上；加拿大

2020 年排放量在 2006 年基础上减少 20%；中国到 2030 年前达到排放峰值等，发达国家较为显著的绝对减排大体可以抵消发展中国家短期还将继续增长的排放，直到发展中国家达到峰值，使全球绝对排放在此后开始下降。因此，我们认为该减排情景与当前各国的减排承诺相适应，是一个可行的升温目标。

中度减排情景（较 1986~2005 年水平升温 1℃）要求全球排放量立即开始下降，但是下降速率较为平缓，低于 2000~2012 年碳排放增长速率。IPCC 第五次评估报告指出，相对于 1986~2005 年，在 RCP2.6 情景路径下到 21 世纪末的升温可能为 0.3~1.7℃，因此，本情景对应 RCP2.6 的升温平均期望（1℃）。在 IPCC 报告中，RCP2.6 情景指的是一种减排情景，而与之对应的本研究中的中等减排情景再次证明，该目标是一种略高于当前各国减排承诺的目标，可以作为各国作出更进一步减排承诺的参考。

高度减排情景（较 1850~1900 年水平升温 1.5℃）同样要求全球排放量立即开始下降，而且下降速率与 2000~2012 年碳排放增长速率相当。在此目标下，全球排放量到 2023 年要降至 2005 年的水平，到 2040 年降至 2000 年的水平。IPCC 第五次评估报告指出，相对于 1850~1900 年，全球温升预计将超过 1.5℃，因此，要使温升控制在 1.5℃以内，需要作出比 RCP2.6 情景更大的努力。

3.3.2　各国配额比例

为了保证全球排放量限定在允许排放量以内，需要所有国家共同参与到减排行动中来。但由于各个国家和地区在发展水平和历史排放上存在很大差异，因此，各自的减排能力和减排责任也各不相同。为此，各国需要在“共同但有区别的责任”原则下，根据某种分配准则（Rose et al., 1998; Cazorla and Toman, 2000; 吴静等，2010）来确定各自的排放路径。本研究选取了 3 种常用的分配准则：主权原则、平等主义原则和支付能力原则，来确定给定全球允许排放路径下的中国未来排放空间。

其中，主权原则是按照各国的排放现状进行分配；平等主义原则是按照各国人口在全球总人口中的比例进行分配；支付能力原则反映了各国经济发展水平和承担减排成本的能力，能力越强，所分配的排放配额越少，本研究采用吴静等（2010）的分配方法：

$$Q_{cn} = \frac{POP_{cn}\left(GDP_{cn} / POP_{cn}\right)^{\alpha}}{\sum_{i} POP_{i}\left(GDP_{i} / POP_{i}\right)^{\alpha}} Q \tag{3.11}$$

式（3.11）利用了人口与人均 GDP 两个指标的组合来反映支付能力，根据可获得的最近 5 年（2007~2011 年）的 GDP、人口和排放量数据，我们计算出 3 种分配原则下各主要国家和地区所获得的比例（图 3.3）。

从图 3.3 中可以看出，除其他国家以外，主权原则下中国、美国和欧盟获得的排放比例较高；平等主义原则下中国和印度获得的比例较高；支付能力原则下印度和中国的配额比例较高。由此可见，主权原则有利于美国、欧盟和日本等发达国家；平等主义原则有利于中国、印度以及其他国家等人口较多的国家和地区；支付能力原则将更多的排放配额分配给印度、中国以及世界其他国家等经济发展水平较低的发展中国家。而俄罗斯、巴西、南非等金砖国家在所有原则下均获得非常少的配额比例。中国在 3 种原则下获得的配额比例基本在 1/5 左右，主权原则略高，支付能力原则次之，平等主义原则相对最少。

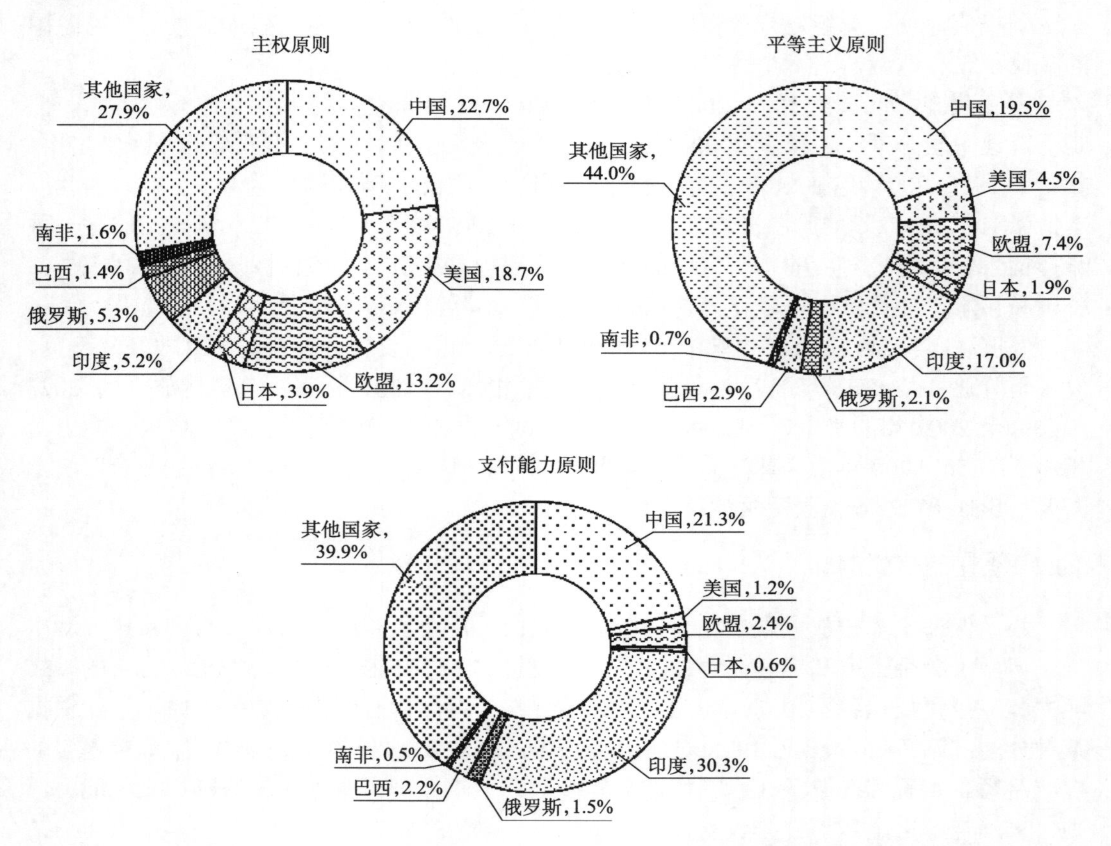

图 3.3 三种分配原则下各主要国家和地区所获得的排放配额比例

3.3.3 中国未来排放空间

基于 3.3.1 节提出的 3 种减排目标情景和哥本哈根 2℃温升（重度减排）情景，我们计算出不同分配原则下中国未来可获得的排放空间（图 3.4）。

从图 3.4 中可以看出，同样减排目标下，中国未来排放空间在主权原则、支付能力原则和平等主义原则下依次减少，与 2012 年实际排放量（2.33 GtC）之间的缺口依次加大。而且随着时间推移，排放空间会进一步减少，排放缺口将继续增大。因此，一旦实行配额分配制度，中国未来的排放供给将低于排放需求，意味着中国要在减排和购买排放权之间进行选择。接下来我们对不同升温目标下中国未来的排放缺口进行比较分析。

在轻度减排情景中，相对于 2012 年的排放水平，中国 2020 年的排放缺口约为 0.28~0.40 GtC（不同分配原则略有差别），2050 年的排放缺口为 0.36~0.49 GtC，2100 年的排放缺口为 0.64~0.74 GtC。若采取减排行动，中国在 2020 年、2050 年和 2100 年的减排率需达到 12%~17%、16%~21%和 27%~32%。2030 年的排放空间与 2020 年非常接

近，因此，近期的减排任务并不繁重。

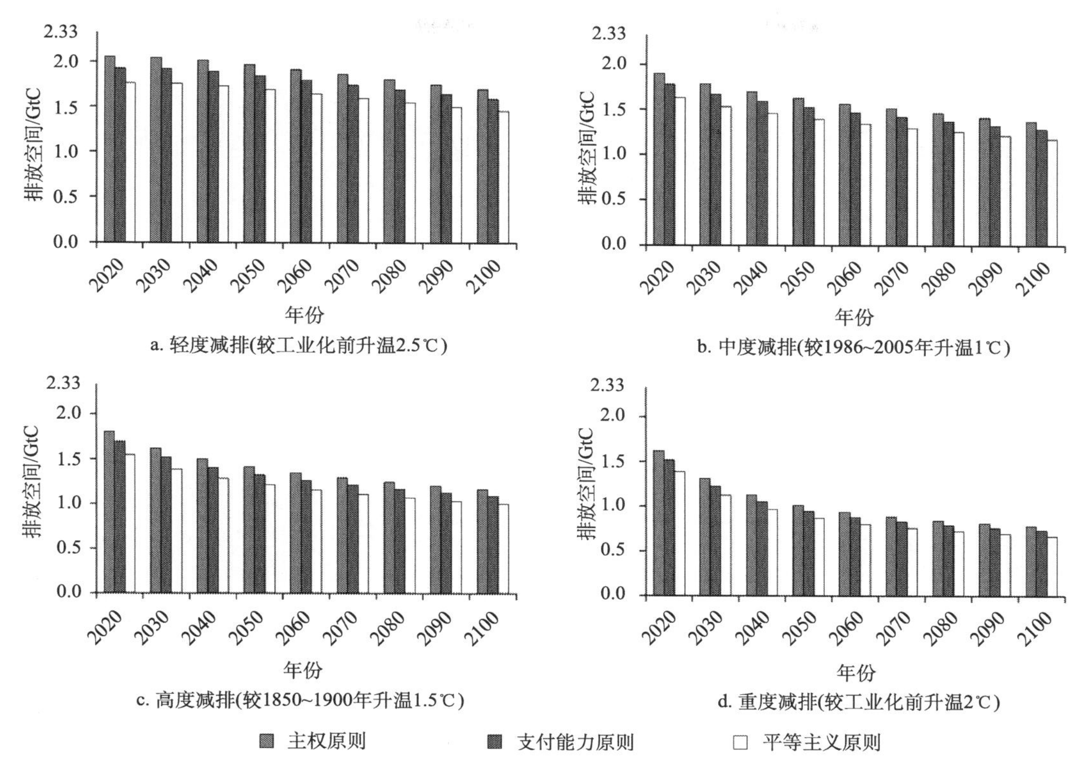

a. 轻度减排(较工业化前升温2.5℃)

b. 中度减排(较1986~2005年升温1℃)

c. 高度减排(较1850~1900年升温1.5℃)

d. 重度减排(较工业化前升温2℃)

图 3.4　中国基于 3 种分配原则的不同减排目标下排放空间路径

在中度减排情景中，中国 2020 年的排放缺口增加到 0.43~0.55 GtC，中长期进一步扩大到 0.55~0.66 GtC，2050 年的排放缺口为 0.70~0.81 GtC，2100 年的排放缺口为 0.96~1.05 GtC。由此意味着，中国在 2020 年、2050 年和 2100 年需实现 18%~24%、30%~35%和 41%~45%的减排目标。

在高度减排情景中，中国 2020 年的排放缺口提高到 0.53~0.64 GtC，中长期进一步扩大到 0.71~0.81 GtC，2050 年的排放缺口为 0.92~1.01 GtC，2100 年的排放缺口为 1.17~1.24 GtC 之间。2020 年、2050 年和 2100 年中国需要设定 23%~27%、39%~43%和 50%~53%的减排目标。

而为实现较工业化前升温 2℃的重度减排目标，中国在 2020 年的减排率就要达到 30%~35%，到 2050 年实现减排 57%~59%的目标，2100 年实现 67%~69%的减排任务，这对还处于发展中阶段的中国来说几乎是不可能完成的目标，在全球经济增长还更多地依靠中国作出贡献的当今，要求中国实现如此大的减排对世界经济也是灾难性的。

3.4　敏感性分析

本研究关注的是大气碳循环以及温室效应过程，有效地回避了成本-收益分析中减排成本和气候损失带来的不确定性。因此，本研究模型中的不确定性主要来自气候敏感性参数 T_{2C}，即大气碳浓度增加一倍所带来的升温幅度。该参数是气候系统非常重要的属性，它不是模型的某个参数，而是模型与参数结合所隐含的结果。IPCC 第五次评估报告指出，气候敏感性可能为 1.5～4.5℃，低于 1℃和高于 6℃的可能性极小，本研究所采用的 3.55 是处于该区间内的。接下来我们以相对工业化前升温 2℃情景为例，分析气候敏感性对全球允许排放路径的影响。

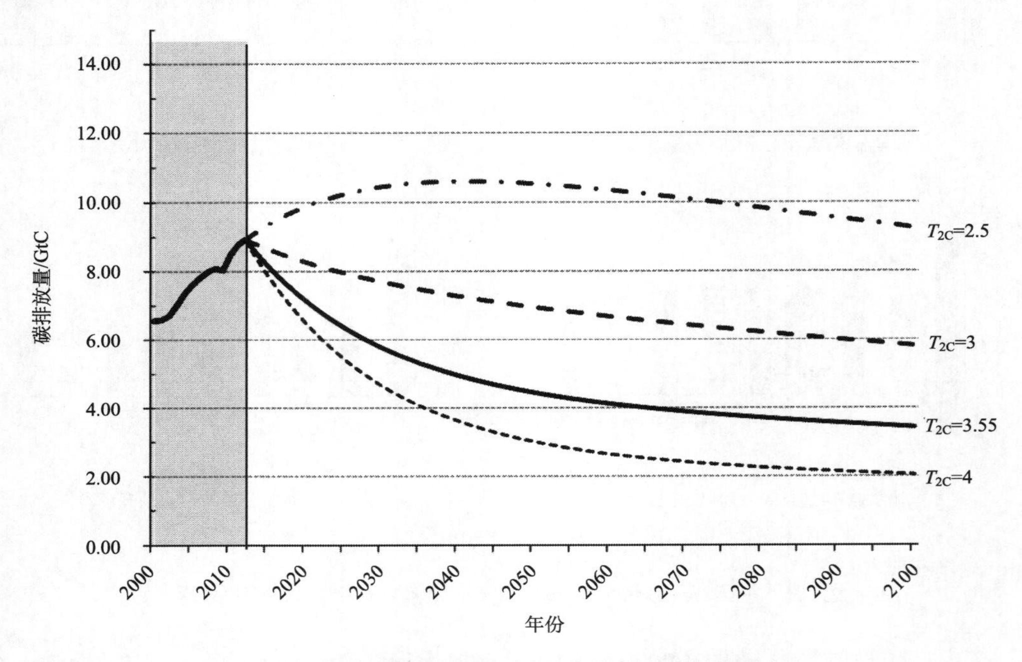

图 3.5　气候敏感性参数对全球允许排放路径的影响

从图 3.5 中可以看出，气候敏感性参数越高，意味着大气碳浓度倍增后的升温幅度越高，即气候系统越敏感。因此，在相同升温目标下的排放空间越小。反之，气候敏感性参数越低，未来的排放空间越大。当气候敏感度升高至 4，全球允许排放路径较 3.3.1 节给出的较工业化前升温 2℃目标下的路径下移，因此，哥本哈根协议达成的 2℃共识越不可能实现。当气候敏感度下降至 3，甚至达到 2.5 时，全球允许排放曲线将明显上移，较工业化前升温 2℃的目标越易于实现。尤其是当气候敏感度为 2.5 时，全球允许排放量还可以进一步上升，绝对减排可推迟至 2040 年开始，且 2100 年的排放空间比 2012 年的初期实际排放量还要高，在此情况下将不存在任何减排压力。

在气候敏感度为 3 时（IPCC AR4 最佳估计值），全球允许排放路径与前面我们提出的中度减排情景较为一致：2020 年（相对于 2012 年水平）减排 7.5%，2030 年减排 14%，2050 年减排 22%，2100 年减排 35%。因此，在这种情况下，较工业化前将升温限制在 2℃以内是有望实现的。

3.5　结论与讨论

本研究基于自适应控制系统模型，对比了相对不同基准年全球升温 2℃的允许排放路径，并与 IPCC 报告中的结论进行了比较分析。提出了轻度、中度和高度减排下的升温目标方案。在不同责任分担原则下计算了不同升温目标下中国未来排放空间曲线，最后对气候敏感参数进行了敏感性分析。

（1）较工业化前升温 2℃意味着全球允许排放相比 2012 年要实现 2020 年减排 20%，2030 年减排 35%，2050 年减排 50%和 2100 年减排 62%的目标。因此，在全球排放总量不断增长的趋势下，若没有低碳能源技术的突破，《哥本哈根协议》达成的 2℃升温目标将很难实现。较 1850~1900 年和 1861~1880 年升温 2℃目标与 IPCC 趋于稳定路径 RCP4.5 和 RCP6.0 的情景较为一致，实现可能性较大；以 1961~1990 年、1980~1999 年和 1986~2005 年均温为基准参照，未来的允许排放路径将显著提高，大于排放需求量，不需减排。

（2）鉴于以 1850~1900 和 1861~1880 年为基准减排力度不足，以工业化前水平为基准减排力度过重的情况，提出了 3 个可行的中间目标，分别为轻度减排情景，较工业化前升温 2.5℃；中度减排情景，较 1986~2005 年升温 1℃；高度减排情景，较 1850~1900 年升温 1.5℃。轻度减排要求全球排放立即停止快速增长趋势，并从 2020 年开始缓慢下降，到 2100 年略低于 2005 年水平，与当前各国的减排承诺相适应。中度减排要求全球排放立即开始下降，但下降速率较为平缓，与 IPCC 的 RCP2.6 情景下的升温平均期望对应，可作为各国作出更进一步承诺的参考。高度减排要求全球排放以 2000~2012 年增长速率类似的速度立即开始下降，意味着全球要作出比 RCP2.6 情景更大的减排努力。

（3）不同分配原则对各个国家所获得的配额比例有显著影响，减排责任划分也是谈判中各国争论的焦点。主权原则有利于美国、欧盟和日本等发达国家；平等主义原则有利于中国、印度以及其他国家等人口较多的国家和地区；支付能力原则将更多的排放配额分配给印度、中国以及世界其他国家等经济发展水平较低的发展中国家。中国在三种原则下获得的配额比例基本在 1/5 左右，主权原则略高，支付能力原则次之，平等主义原则相对最低。

（4）同样减排目标下，中国未来排放空间在主权原则、支付能力原则和平等主义原则下依次减少，与 2012 年实际排放量之间的缺口依次加大。而且随着时间推移，排放空间会进一步减少，排放缺口将继续增大。轻度减排情景，中国在 2020 年、2050 年和 2100 年的减排率需达到 12%~17%、16%~21%和 27%~32%；中度减排情景，中国在 2020 年、2050 年和 2100 年需实现 18%~24%、30%~35%和 41%~45%的减排目标；高度减排情景，中国在 2020 年、2050 年和 2100 年需要设定 23%~27%、39%~43%和 50%~53%的减排目标。

（5）气候敏感性参数是气候系统非常重要的属性，目前还没有对它的准确估计，因此存在很大的不确定性。该参数越高，意味着气候系统越敏感，在相同升温目标下的排放空间越小。当其升高至 4 时，较工业化前升温 2℃目标下的全球允许排放路径进一步下移，使其实现的可能性变得更加渺茫；当其下降至 3 时，全球允许排放路径与中度减排情景较为一致；若其达到 2.5 时，全球允许排放曲线将明显上移，绝对减排可推迟至 2040 年之后。

本研究利用自适应控制方法，在较工业化前升温 2℃目标下模拟得到的允许排放路径意味着需要立即采取减排行动，使全球平均气温向目标逼近，这种趋于稳定（stabilization）的减排情景保证了 2100 年之前的温度均不超过该升温目标。

从实际减排来看，根据气候物理方程，早期 CO_2 排放会滞留在大气中带来持续的温室效应，若前期不采取明显的减排行动，将给后期带来更大的减排压力。IPCC 的 RCP2.6 情景中 CO_2 排放量从 2020 年左右才开始降低，其初期减排幅度更大，甚至要求 2080 年以后的排放量为负值，这种剧烈波动给经济系统带来的负面影响可想而知。因此，推迟减排带来的更大减排努力将使升温目标更难以实现。同时，随着减排的深入，减排潜力会不断下降。因此，在高排放水平上进行减排比低排放水平上减排相对容易。

参 考 文 献

吴静，马晓哲，王铮. 2010. 我国省市自治区碳排放权配额研究. 第四纪研究, 30（3）: 481-488.

朱永彬，顾恒，王铮. 2015. 不同升温目标下全球与中国未来排放空间分析. 气候变化研究进展, 11（3）: 195-204.

Cazorla M, Toman M. 2000. International equity and climate change policy. www. rff. org/rff/Documents/RFF-CCIB-27. pdf[2014-10-11].

Earth System Research Laboratory（ESRL）. 2015. Mauna Loa CO_2 annual mean data. http://www. esrl. noaa. gov/gmd/ccgg/trends/[2015-01-02].

Hansen J E. 2005. A slippery slope: how much global warming constitutes ‘dangerous anthropogenic interference’? Climate Change, 68: 269-279.

Hasselmann K. 1998. Conventional and Bayesian approach to climate-change detection and attribution . Quarterly Journal of the Royal Meteorological Society, 124（552）: 2541-2565.

IPCC. 2013. Climate change 2013: the physical science basis. Cambridge: Cambridge University Press.

Nordhaus W D. 1993. Rolling the DICE: an optimal transition path for controlling greenhouse gases . Resource and Energy Economics, 15: 27-50.

Nordhaus W D. 2007. A review of the stern review on the economics of global warming . Journal of Economic Literature, XLV: 686-702.

Nordhaus W D, Boyer J. 2000. Warming the world: economics models of global warming. Cambridge: MIT Press.

Petschel-Held G, Schellnhuber H J, Bruckner T, et al. 1999. The tolerable windows approach. Climate Change,（41）: 303-331.

Randalls S. 2010. History of the 2℃ climate target . Wiley Interdisciplinary Reviews: Climate Change, 1（4）: 598-605.

Rose A, Stevens S B, Edmonds J, et al. 1998. International equity and differentiation in global warming policy. Environmental and Resource Economics, 12: 25-51.

Scheffran J. 2008. Adaptive management of energy transitionsin long-term climate change . Computational Management Science, 5（3）: 259-286.

Stern N. 2007. Stern review on the economics of climate change. Cambridge: Cambridge University Press.

Tol R S J. 2007. Europe’s long-term climate target: a criticalevaluation . Energy Policy, 35: 424-432.

U. S. Energy Information Administration（EIA）. 2015. International energy statistics. http://www. eia. gov/cfapps/ipdbproject/IEDIndex3. cfm?tid=90&pid=44&aid=8, [2015-01-02].

Yohe G, Andronova N, Schlesinger M. 2004. To hedge or not to hedge against an uncertain future climate . Science, 306: 416-417.

Zhu Y B, Wang Z. 2013. An optimal balanced economic growth and abatement pathway for China under the carbon emissions budget . Computational Economics, 44（2）: 253-268.

第二篇　气 候 融 资

第 4 章　基于 CDM 机制的全球气候融资现状

《京都议定书》规定允许附件一国家通过三种灵活履约机制来实现全球碳减排治理，达到减排目标，即国际排放贸易机制（IET）、清洁发展机制（CDM）和联合履行（JI）。CDM 作为三种辅助机制之一，使得发达国家可以通过购买减排信用额来减轻本国的减排压力，同时发展中国家通过落实减排项目获得的资金，成为全球气候融资的重要途径。本章将对 CDM 机制下的主要全球经济治理手段——全球气候融资现状，展开分析（韩钰等，2014）。

4.1　引　　言

全球气候变暖如今已成为世界各国关注的焦点问题。2007 年，政府间气候变化专门委员会（IPCC）发布的第四次科学评估报告指出，近 100 年来，地球的平均气温已经升高 0.74℃，造成气候变暖的原因是温室气体在大气中浓度增加，而人类无节制的大规模工业化活动是造成全球气候变暖的主要因素（IPCC，2007）。因此，世界各国都在为缓解气候变化而作出努力。气候变化在未来相当长时间内将是各国外交和国内发展的最重要议题之一。

减缓、适应、资金和技术是国际气候谈判中的四大主要领域（Pittel and Rubbelke，2011）。而其中资金问题得不到突破，其他三大领域的问题也难以取得重大进展。从客观发展的角度看，气候融资始于对气候变化的研究。根据《联合国气候变化框架公约》（UNFCCC）的规定，依据“共同但有区别责任”的原则，发达国家应在赠款或优惠的基础上，向发展中国家提供一些“新的、额外的”公共资金援助来支持发展中国家采取有效应对气候变化的行动。国外学者主要针对如此“新的、额外的”公共资金的来源及其援助形式进行了探讨。针对减缓和适应气候变化的资金机制，Fujiwara 等（2008）介绍了拍卖、信贷交易、航空税等新的资金来源形式，以及赠款、基金或私人投资、碳市场融资等援助方式。Li（2011）对发展中国家现有的资金机制进行了综合分析。Michaelowa 和 Michaelowa（2011）针对气候融资中世界银行的角色进行了探讨，随后 Weaver（2011）针对此探讨进行了评论研究。而 Tatrallyay 和 Stadelmann（2013）则具体对两种公共资金来源——CDM 和 GEF 进行了对比。

国内研究大多数主要是针对气候融资的当前全球形势及其中的资金机制进行的讨论。朱留财和吴恩涛（2010）对应对气候变化资金机制的现状和国际资金谈判动态进行了梳理。王遥和刘倩（2012）分析了全球气候谈判的目前形势和中国气候融资的主要问题。邹骥和许光清（2009）尝试构建基于资金流的资金机制的总体框架，并从资金设计、来源和筹措方式、资助重点领域、主要政策手段和资金的管理几个角度讨论如何为多边技术获取资金。王江和陈曦（2009）分析了中国 CDM 市场的市场供给，提出了各种不足，并从市场选择和可持续发展两点提出了相关建议。陈欢等（2009）对国际气候谈判中资金议题的背景和发展情况、公约内气候基金谈判焦点和进展进行了梳理，并对未来国际资金机制的提议方案进行了比较分析。

据 UNFCCC（2008）报告估计，到 2030 年，发展中国家在适应领域和减缓领域所需要的额外投资和资金流分别将达到每年 280 亿～670 亿美元和 920 亿～970 亿美元。就目前的融资情况来看，其额度远远低于报告的评估值。虽然发达国家和发展中国家对此提出了多种新的气候融资方案。但要在该问题上达成一致，需要各国在国际气候谈判上进行长期的博弈和适当的让步。可以预见，这一过程是较为漫长的。在国际气候变化资金议题短期内难以取得突破性进展的背景下，本章对发展中国家气候融资现状进行研究，对比分析发展中国家气候融资的区域差异，这对于发展中国家减缓和适应气候变化政策与措施的规划、发达国家投资方向与力度的调整，以及更好地建立发达国家和发展中国家之间的信任感，从而促进世界各国更好地共同为缓解气候变化作出努力，具有重要的现实意义。

鉴于气候融资仍处于初级阶段，碳市场、多边发展银行等融资途径的机制尚不完备。目前，采取 CDM 项目与发达国家合作获取融资和向国际银行组织申请优惠性贷款是发展中国家气候融资中较普遍的方式。本研究即以 CDM 项目融资情况和世界银行贷款情况为例，分析发展中国家气候融资现状。所选数据均取自联合国环境规划署（UNEP）统计的全球 CDM 项目申报数据库与世界银行（WDB）贷款项目数据库。

4.2　CDM 项目分析

4.2.1　CDM 项目总体发展状况

CDM 是 UNFCCC 第三次缔约方大会提出的《京都议定书》中引入的一种灵活履约机制。它允许附件一国家在非附件一发展中国家投资促进温室气体减排的项目，并据此获得所产生的 CER，以助其遵守在议定书中所承担的约束性温室气体减排义务，同时 CDM 项目活动为作为项目东道主的发展中国家的可持续发展作出贡献。从这个角度看，CDM 是一种基于项目的双赢合作机制。

CDM 项目开发早在 2005 年《京都议定书》正式生效之前就已经开始，截至 2004 年年底，提交指定经营实体（DOE）审核的项目为 53 个（图 4.1）。正式生效后，CDM 进入了一个快速发展的阶段。2005 年达到 426 个，年增长率高达 700%，而后年增长率趋于平缓，维持在 50%左右。虽然 2008 年的金融危机使得 2009 年的项目数量略有下降，但之后很快得以恢复，到 2011 年，提交 DOE 审核的项目达到了 2046 个。而 2012 年仅第一季度的项目数就达到了 700 个，说明各国企业参与 CDM 项目的积极性高，CDM 市场发展速度较快。

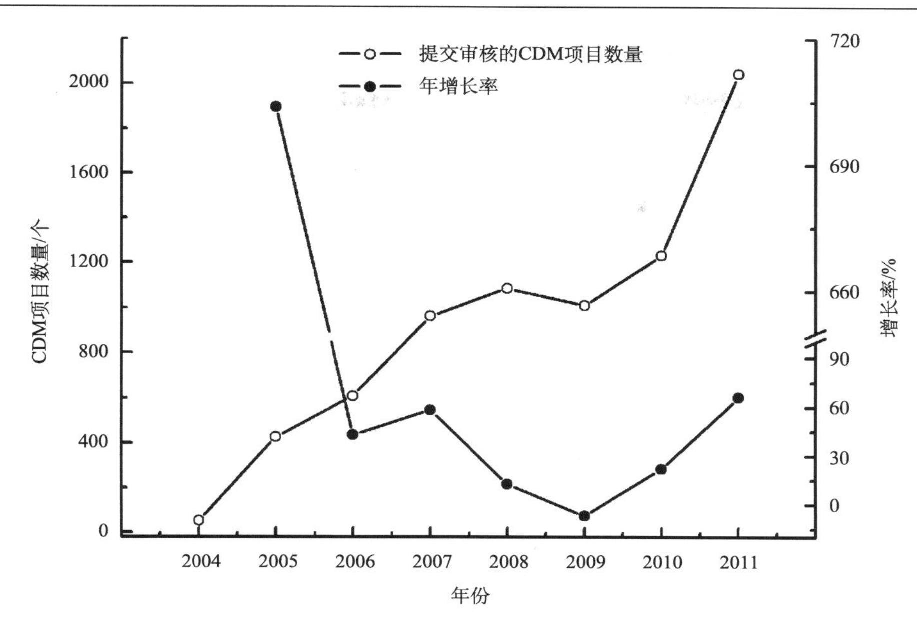

图 4.1　全球 2004~2011 年提交审核的 CDM 项目数量增长状况

资料来源：UNEP Risoe Centre CDM/JI Database①

4.2.2　CDM 项目的区域分布现状

由于 CDM 项目的审核批准要经历提交审核、审定中、批准注册三个主要阶段，而其必须在成功注册后才可进行实际的融资，因此，对国际 CDM 项目的区域分布均选用已注册项目数据进行分析。

通过对数据的整理，我们获得了当前 CDM 项目的分布图，见图 4.2。不难发现，亚洲太平洋地区的已注册 CDM 项目数量处于遥遥领先地位。其次是拉丁美洲地区，这两大地区包揽了全球 95.8%的项目数量。不仅如此，亚太地区和拉丁美洲的 CDM 项目所带来的预计年减排量占全球总量的 94%。但与此同时，CDM 在非洲、中东及中亚地区的实施情况却不甚理想，无论是项目数量还是预计年减排量，均不及全球总量的 2%。因此，虽然近些年 CDM 项目数量增长迅速，但 CDM 项目在地区的分布十分不平衡。

CDM 项目不仅在地区间存在不平衡，国家之间的项目差异也十分显著。而从 CDM 市场形成至今，中国、印度、巴西、墨西哥作为 CDM 市场的主要供应国，一直占据全球 CDM 市场份额的 70%以上，尤以中国和印度突出。截至 2012 年 3 月 31 日，中国已注册 CDM 项目累积总数为 1879 个，占全球项目总数的 47.4%，预计年减排量达 3.7 亿 tCO_2e；印度为 805 个，占全球项目总数的 20.3%，预计年减排量为 0.64 亿 tCO_2e。而从已签发的 CERs 来看，中国已签发量相当于 5.35 亿 tCO_2e，占全球 59.8%的份额，印度的已签发量为 1.38 亿 tCO_2e，占全球的 15.4%，两国的签发量超过全球累计签发 CO_2 减

① http://www.cdmpipeline.org/publications/CDMPipeline.xlsx, 2012-04-01.

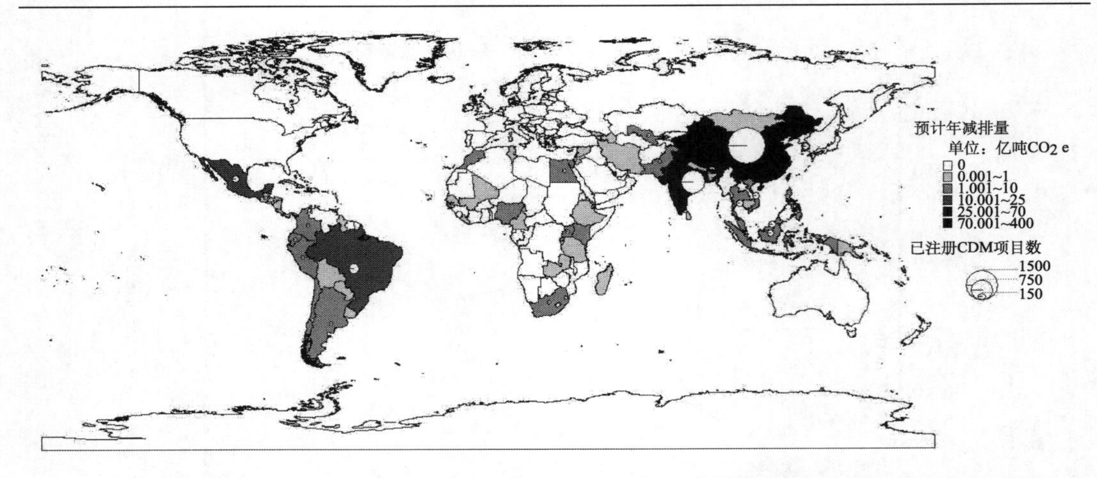

图 4.2　截至 2012 年 3 月 31 日全球各国已注册 CDM 项目数量和预计年减排量

资料来源：UNEP Risoe Centre CDM/JI Database①

排总量的 75%。可见，在 CDM 项目的支持下，中国和印度为全球减排行动作出了重要的贡献。

从 CDM 项目的投资金额看，由于 CDM 机制主要针对附件一国家（发达国家）向发展中国家投资减缓温室气体排放项目来换取产生的核证减排量以抵消减排任务，因此，区域分布差异也十分明显，欧洲和北美区域几乎无 CDM 项目的资金流入。印度和巴西是 CDM 项目发展最早的国家，在 2004 年已经有资金流入。整体来看，CDM 项目投资额超过 500 亿美元的仅有中国，累计总投资额为 1233.4 亿美元，占全球的 64.8%（图 4.3）。

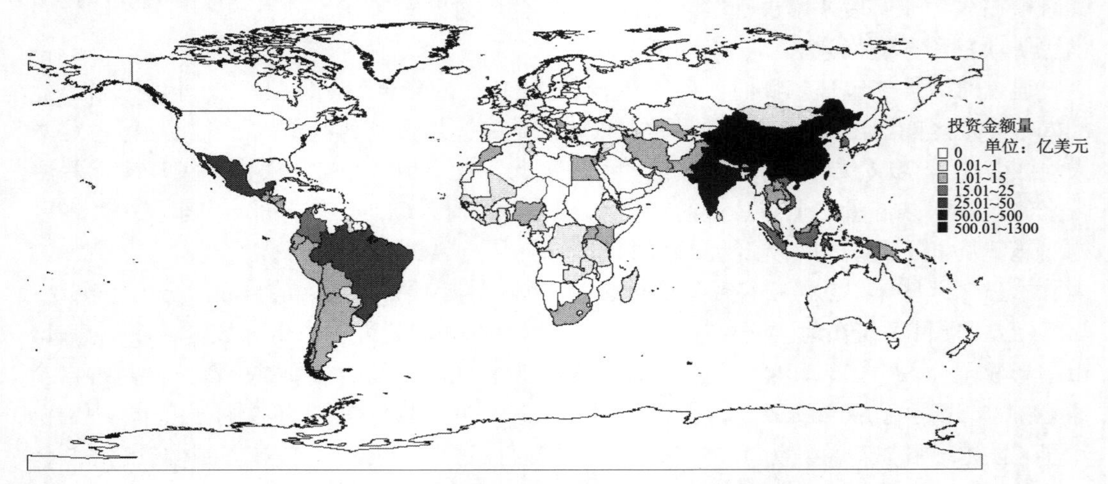

图 4.3　全球各国已注册 CDM 项目总投资额分布情况

资料来源：UNEP Risoe Centre CDM/JI Database

① http://www.cdmpipeline.org/publications/CDMPipeline.xlsx, 2012-04-01.

其次是印度，获得投资额总量为 365.3 亿美元，占 19.2%，这两国占据了全球 84%的投资份额，领先优势明显。再次为墨西哥和巴西，投资额为 25 亿～50 亿，属投资额较多的国家，但其占全球投资份额已不到 2%。而中东和欧洲与中亚地区，融资金额普遍较低，两地区合计投资额仅与墨西哥一国相当。

4.2.3　CDM 项目减排的成本和效率差异分析

对全球CDM项目的主要东道主国和各地区已注册的CDM项目预计年减排量和平均年投资金额进行分析，见表 4.1。我们发现，CDM 项目数量最多的是中国，预计年减排量贡献最大的也是中国，3.70 亿 tCO_2e 占全球总共预计年减排量的 64%，而中国每减少一吨 CO_2 的平均成本约为全球平均水平。印度每减排一吨 CO_2 当量需要的资金投入为 69.75 美元，是中国和世界平均成本的 1.7 倍。墨西哥和中国相似，平均成本 40.85 美元/t，为全球平均水平。巴西和南非的平均成本很低，巴西每减排一吨 CO_2 获得的投资金额仅有 14.14 美元，是 CDM 项目世界平均成本的三分之一左右，仅为印度的五分之一。南非更低，只有世界平均成本水平的 22%。因此，目前而言，在南非、巴西等国进行投资对降低全球减排成本的效果更为显著。

表 4.1　全球各地区和国家已注册 CDM 项目投入产出概况

东道主国家和地区	已注册 CMD 项目数量	预计年减排量/亿 tCO_2e	平均投资金额/（亿美元/年）	平均成本/（美元/t）	平均效率/（t/美元）
中国	1879	3.70	153.2	41.46	0.024
印度	805	0.64	44.8	69.75	0.014
巴西	201	0.23	3.3	14.14	0.071
墨西哥	136	0.11	4.5	40.85	0.024
南非	20	0.03	0.3	9.18	0.109
其他拉丁美洲	247	0.26	8.1	31.50	0.032
其他非洲	63	0.14	5.3	38.22	0.026
其他亚太地区	529	0.5	11.5	22.78	0.044
中东	42	0.07	2.6	37.87	0.026
欧洲和中亚	40	0.10	1.4	14.08	0.071
总计	3962	5.78	235.0	40.65	0.025

从平均效率来看更是如此，虽然南非目前的项目数量较少，金额较低，但南非的减排平均效率很高，每投资一美元可得到 0.109 tCO_2e 的减排量，为世界减排平均效率的 4.36 倍。其次为巴西，平均效率为 0.071t/美元，中国由于项目众多、资金量大，已逐渐趋向饱和，故减排平均效率仅为世界平均水平。从地区来看，中亚地区和其他亚太地区国家的平均效率较高，即投资到这些地区对全球减排最为高效，而中东地区和其他非洲国家的平均效率较低。由此来看，目前国际的 CDM 资金分布十分不均衡，并未投到最合适的单位减排量产生最大的国家和地区。具体来说，CDM 项目在中亚地区和南非、巴

西进行投资所获得的减排量更多，温室气体的实际减排效果更理想。

由此发现，目前清洁发展机制下诞生的CDM项目在国家间差异主要表现如下。

（1）中国是对世界 CO_2 减排贡献最大的发展中国家，虽然其看似发展势头最佳，但实际其获得的单位投资量却仅为全球平均水平。

（2）在印度投资CDM项目的平均成本最高，获得每单位CER需要投资69.75美元，是中国和世界平均成本的1.7倍。

（3）巴西虽然项目数量较多，但实际投资金额很少，预计年减排量也不高，因此，投资平均成本较低。

（4）墨西哥虽然项目数量和金额均较有限，但其单位CER的收益达到世界平均水平。

（5）南非目前的项目数量较少，金额较低，同时南非的减排平均效率很高，每投资一美元可减少0.109 tCO_2e，为世界减排平均效率的4.36倍。

4.2.4　CDM项目分布不均的内因分析

CDM项目和金额的地区分布不平衡是CDM这种机制饱受批评的原因之一，然而，深入分析发现，这种不平衡是有其内在的必然性的。首先，CDM在各国、各地区实施的潜力是由该国家或地区的温室气体减排的潜力决定的，而减排潜力则与人口和经济规模、发展阶段、能源利用状况等因素密切相关。CDM项目大国，如中国、印度和巴西都是人口大国，经济规模较大，进入工业化初期或中期阶段，近年来经济增长迅速，能源利用效率相对较低，能源消费以化石能源为主。因而，温室气体减排总体潜力较大，潜在的CDM项目较多，适宜大规模开发。而非洲许多国家，经济规模较小，尚未进入工业化阶段，工业项目较少，能源利用多以传统生物质能为主，能源替代所产生的减排量较小，适宜CDM开发的项目较少。

其次，CDM的实施状况与各国的配套政策和能力建设密切相关。无论可再生能源项目，还是提高能源效率项目，都需要大量的投资。而CDM的收益相对有限，仅仅依靠CERs收益，难以吸引私人投资者介入，需要东道国制定相关政策予以推动。以中国为例，中国为了实施CDM，专门制定了CDM管理办法，并将可再生能源、提高能效和甲烷煤层气利用作为优先领域。同时，中国也制定了针对可再生能源开发和提高能源效率的优惠政策，激励企业对这些领域的投资。另外，中国政府通过开展能力建设，使各个利益相关方认识、了解和掌握CDM相关知识，提高CDM项目开发能力，也促进了CDM的实施。

4.2.5　CDM项目投资国分布

对CDM项目发展较好的东道主国家的投资国（即发达国家）做进一步分析，发现在CDM市场上最为活跃的为美国、英国、瑞典、荷兰、瑞士和日本6个国家。各东道主国家得到的主要资金来源国有所不同。由于CDM项目可由一国独立投资或多国共同集资完成，故所有发达国家参与项目总数大于实际该国已注册项目数。由表4.2可知，主要6个投资CDM项目的发达国家所参与的项目总数均已超过发展中国家已注册项目数。具体来说，中国 CDM 项目的主要投资方为英国、瑞士、荷兰、日本和瑞典 5 个国家，英国参与 729 个 CDM 项目，占中国已注册项目总数的 38.8%，而其余 4 国项目数均达 250 个以上，各达 15%左右。美国在中国的投资参与度很低。印度、巴西、墨西哥和南非的投资国则更为集中。印度的主要投资国为美国、英国和瑞士，且美国参与了印度逾 50%的 CDM 项目。而巴西、墨西哥和南非均主要由英国和瑞士参与投资。

表 4.2　已注册 CDM 项目中主要投资国参与投资项目数　　（单位：个）

东道主国家	已注册项目数	主要发达国家参与投资 CDM 项目数						
		美国	英国	瑞士	荷兰	瑞典	日本	合计
中国	1879	81	729	340	283	263	277	1973
印度	805	438	164	164	23	34	25	848
巴西	201	47	94	91	22	8	23	285
墨西哥	136	12	105	99	1	2	4	223
南非	20	5	8	5	5	1	2	26

资料来源：UNEP Risoe Centre CDM/JI Database①

从投资方看，不同发达国家所针对的市场也有所差别。英国和瑞士是 CDM 市场中参与度最高的两国，且常常“绑定”共同出现，它们无论在哪个国家的参与项目数均为前两名，说明这两国对 CO_2 减排量的需求最大，这与它们均是典型的工业国家密不可分。它们的工业均为本国支柱产业，强大的工业发展使得 CO_2 大量产生而与环境保护背道而驰，因此，通过在发展中国家投资 CDM 项目以获得的 CERs 抵消减排义务比在本国直接限制 CO_2 的成本要低很多。其余 4 国的投资侧重国则有所差别。美国参与的 CDM 项目均为独立出资，且资金流向较单一，主要选择投资给印度，在其他发展中国家参与度均不高。而荷兰、瑞典和日本则主要选择投资给中国，在其他国参与 CDM 数量很少。尽管不同发达国家的选择有所不同，但统一的是，这些发达国家的经济实力均很强，人均 GDP 很高。因此，选择在发展中国家进行 CDM 项目投资换取 CERs 的减排成本更低，对维持本国经济发展更好。

4.3　世界银行贷款项目分析

世界银行（WBG）是世界银行集团的俗称，“世界银行”这个名称一直是用于指国际复兴开发银行（IBRD）和国际开发协会（IDA）。这些机构联合向发展中国家提供低息贷款、无息信贷和赠款。针对发展中国家而言，由于政府的财政支持通常有限，因此，向国际银行组织申请优惠性贷款是较普遍的方式之一。

① http://www.cdmpipeline.org/publications/CDMPipeline.xlsx, 2012-04-01.

4.3.1　世界银行贷款区域分布现状

在世界银行贷款项目数据库中进行筛选，选取与“减缓温室气体排放”相关的贷款项目，数据库显示截至 2011 年 12 月 31 日，与气候融资相关的项目中，已经完成的项目 13 个，正在进行的项目 91 个，准备中的项目 1 个，已取消的项目 9 个。对正在进行的和已经完成的 104 个项目进行分类整理。在这 104 个项目中，有 1 个减缓气候变化项目的对象为全世界非附件一国家，其余 103 个项目贷款均是针对不同地区不同国家发放，具体分布情况见图 4.4。其中，亚太地区总共 37 个项目，承诺金额为 31.69 亿美元，占世界银行承诺贷款总数的 39.34%；拉丁美洲有 32 个项目，承诺总金额为 29.84 亿美元，占比 37.05%。非洲 21 个项目的承诺总金额为 16.99 亿美元，相较于 CDM 项目融资情况，非洲国家在世界银行的贷款势头较好。中东与欧洲和中亚地区的项目数不足非洲的 50%，而金额却不及非洲的 10%。

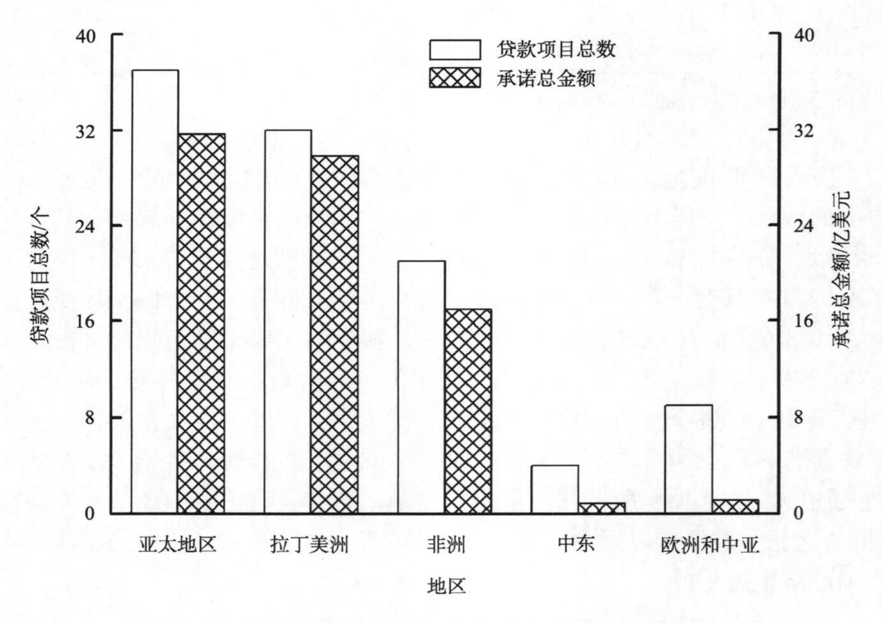

图 4.4　全球各地区世界银行贷款项目总数和承诺总金额

资料来源：World Bank Projects & Operations[①]

具体到国家而言：世界银行承诺贷款总金额最多的国家为拉丁美洲的墨西哥，有 28.13 亿美元，占全球承诺总金额的 34.92%，平均每个项目的承诺金额数达 2.81 亿美元，见图 4.5。其次为亚太地区的印度，8 个项目承诺贷款 12.36 亿美元，占比 20.3%，平均承诺金额为 2.04 亿美元。这两国的平均承诺金额是世界平均承诺金额的三倍左右。亚太地区的贷款项目分布较均匀，资金流主要集中在印度和中国。虽然中国 12 个项目融资

① http://web.worldbank.org, 2012-04-01.

8.69亿美元，位列全球第三，但平均每个项目的金额数仅为0.72亿美元，略低于世界平均水平，其余国家的贷款承诺额普遍较低。而拉丁美洲资金投入极不均衡，近95%的融资额来源于墨西哥，该国项目数量与金额均较多，巴西虽然项目数有6个，但金额量很小，仅有1.32亿美元，不足全球承诺总金额的2%。其他中东地区和中亚地区国家的贷款项目与贷款金额则普遍处于世界低水平。

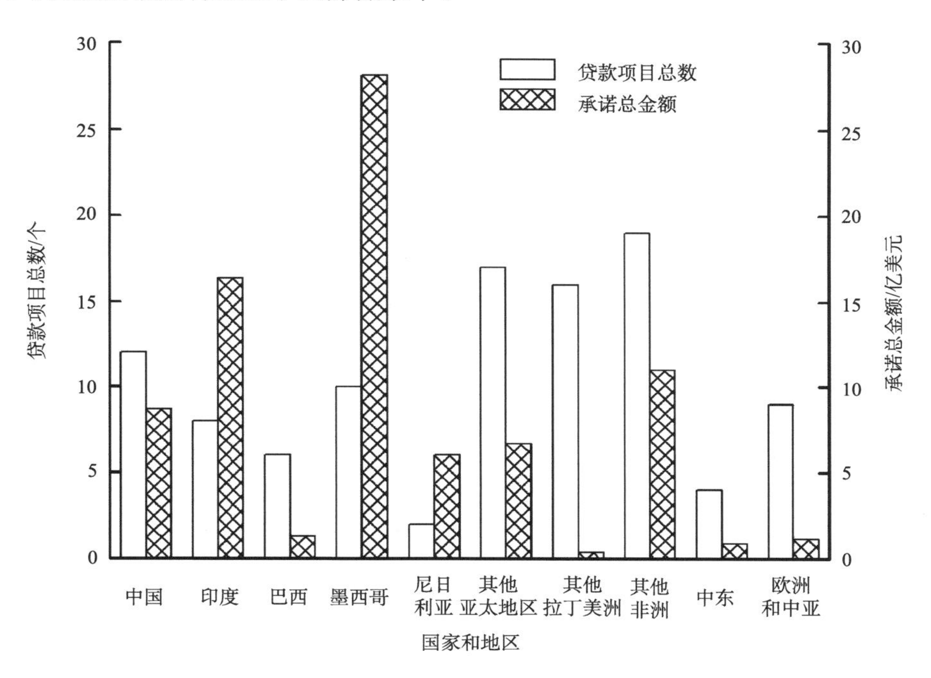

图4.5 全球各地区和国家世界银行贷款项目数和承诺总金额

资料来源：World Bank Projects & Operations[①]

综上，世界银行贷款的气候融资中，项目主要分布在亚太地区、拉美地区和非洲；具体到国家而言，贷款项目主要集中在墨西哥、印度。区域差异和国家差异十分显著。

4.3.2 世界银行贷款区域差异的内因分析

世界银行贷款之所以存在如此显著的差异，主要原因包括以下几个方面。

墨西哥的贷款金额高达世界银行对气候融资发放贷款金额总量的34.9%，主要原因有两点：首先，与墨西哥近年来国家大力倡导节能减排有关，2008年以前，墨西哥所有项目的贷款金额均不到0.3亿美元，但从2008年开始，墨西哥政府进行了一系列的气候融资政策贷款，旨在建立一个管制、监测能源及交通部门减排发展的机制，同时希望在2012年成立一个当地的限制-贸易（cap-and-trade）系统。因此，该国在近3年来，在世界银行融资金额较大，分别获得1501.75亿美元、501.25亿美元、401亿美元和300.75

① http://web.worldbank.org, 2012-04-01.

亿美元的优惠性贷款，跃居世界第一。其次，也与金融危机密不可分。据世界银行驻墨西哥代表克劳蒂亚表示，墨西哥一直以来都是世界银行的主要贷款国之一，经济危机爆发前（2000～2007 年）该行年均对墨西哥贷款不到 10 亿美元，随着经济危机对墨西哥影响的逐渐加深，世界银行向墨西哥贷款数也显著增大，帮助其摆脱危机影响。

同时，中国并不如表面上的发展势头那么俱佳，虽然项目数量众多，贷款金额也为世界第三位，但实际每个项目的平均贷款金额数仅为世界平均水平而已。这与 CDM 项目中得出的结果类似。即中国虽然项目总量大，金额也大，但实际平均收益却并不理想。巴西在世界银行贷款的融资情况较不理想，平均融资金额数很低。仅为世界承诺融资额的三分之一左右。相反，印度近年来发展较好，世界银行贷款的平均金额量很高，反映出印度近年来在温室气体减排方面工作开展较好，在气候融资方面的优势逐渐凸显，高于中国。

4.4　CDM 项目融资与世界银行贷款的归纳比较

通过两种融资方式，我们对目前发展中国家的融资现状进行了分析。进而可以归纳得出表 4.3。

表 4.3　CDM 项目融资现状与世界银行贷款现状对比

	CDM 项目	世界银行贷款
项目数主要分布地区	亚太地区占 80.95%，拉丁美洲占 14 %	亚太地区占 35.58%，拉丁美洲占 30.77%，非洲占 20.19%
项目数主要分布国家	中国占 47.4%，印度占 20.3%，	墨西哥占 10.01%，印度占 7.69%，中国占 11.53%
投资额主要分布地区	亚太地区占 88.95%，拉丁美洲占 6.70%	亚太地区占 39.34%，拉丁美洲占 37.05%，非洲占 21.10%
投资额主要分布国家	中国占 64.8%，印度占 19.2%，两国投资额占 84%	墨西哥占 34.92%，印度占 20.3%，中国占 10.79%，三国投资额占 66.01%
总结	主要集中于亚太地区和拉丁美洲，尤其集中于亚太地区，国家分布主要在中国、印度	主要集中于亚太地区、拉丁美洲和非洲，国家分布主要在墨西哥、印度和中国

4.5　结　　论

应对气候变化资金问题作为国际气候变化谈判的关键议题，对于发展中国家减缓和适应气候变化，建立发达国家和发展中国家之间的信任，从而促进世界各国更好地共同为气候安全作出努力具有重要意义。本研究主要着力于目前发展中国家气候融资方式的研究，以 CDM 项目融资和世界银行贷款的国际融资途径为例，总结发展中国家气候融资现状，分析目前国际融资中区域分布的差异。基于此，本研究对目前发展中国家气候融资发展进行了初步的研究，主要得出以下结论。

（1）目前，世界各国气候融资主要来源于国家财政融资、信贷融资、国际融资、资本市场融资和私人融资等。具体到发展中国家而言，由于国家财政融资十分有限，融资企业实力小，通常难以达到商业银行信贷要求或进行上市融资，因此，通过 CDM 市场和国际银行组织融资是发展中国家主要的融资选择，融资渠道存在较大局限性。

（2）虽然发展中国家气候融资总体发展趋势向好，但区域分布的差异较大。无论是 CDM 市场还是世界银行贷款，其项目数和资金流均集中分布在少数国家。

（3）CDM 市场整体发展速度较快，年增长率维持在 50%左右，但区域发展十分不均衡。亚太地区和拉丁美洲的项目数量多、资金流入大，而中东和中亚地区的项目数和金额量则十分有限。中国、印度、巴西、墨西哥作为 CDM 市场的主要供应国，一直占据全球 CDM 市场份额的 70%以上。CDM 项目数量、预计年减排量和金额最大的均为中国。目前 CDM 市场中投资平均成本最高的是印度，平均成本达世界平均水平的 1.7 倍。而 CDM 项目在中亚地区和南非、巴西进行投资平均效率更高，所获得的减排量更多，温室气体的实际减排效果更理想。

（4）来源于世界银行贷款的气候融资中，90%的项目分布在亚太地区、拉丁美洲和非洲。其中，在亚太地区的贷款项目分布较均匀，资金流主要集中在印度和中国。拉丁美洲的墨西哥一国的贷款量达全球贷款总额的三分之一。其他中东地区和中亚地区国家的贷款项目与贷款金额则普遍处于世界低水平。

（5）由于资金额和项目数量分布极不均衡，对于大多数发展中国家，尤其是最不发达国家，目前国际融资所起到的作用其实微乎其微，在今后还需要加大改进的力度，才可能对发展中国家有着较为实质性的帮助。

参 考 文 献

陈欢, 温刚, 吴凡, 等. 2009. 应对气候变化的资金机制问题及谈判进展. 见: 王伟光, 郑国光. 应对气候变化报告（2009）通向哥本哈根. 北京: 社会科学文献出版社.

韩钰, 吴静, 王铮. 2014. 发展中国家气候融资发展现状及区域差异研究. 世界地理研究, 23（2）: 14-25.

贾丽虹. 2003. 外部性理论及其政策边界. 广州: 华南师范大学博士学位论文.

潘家华, 陈迎. 2009. 碳预算方案: 一个公平、可持续的国际气候制度框架. 中国社会科学, （5）: 83-98.

潘璐. 2010. 节能减排项目的融资问题研究. 大连: 东北财经大学硕士学位论文.

王江, 陈曦. 2009. 中国 CDM 碳金融市场供需两旺背景下的市场供给空洞. 经济论坛, 5（10）: 4 -7.

王遥, 刘倩. 2012. 气候融资: 全球形势及中国问题研究. 国际金融研究, 9: 34 -42.

张杰. 2010. 我国清洁发展机制项目融资方式研究. 哈尔滨: 哈尔滨工业大学硕士学位论文.

朱留财, 吴恩涛. 2010. 应对气候变化新资金机制现状、动态及展望. 见: 王伟光. 郑国光, 2010. 应对气候变化报告: 坎昆的挑战与中国的行动（2010）. 北京: 社会科学文献出版社.

邹骥, 许光清. 2009. 环境友善技术开发与转让问题及相应机制. 见: 王伟光, 郑国光. 应对气候变化报告（2009）通向哥本哈根. 北京: 社会科学文献出版社.

Fujiwara N, Georgiev A, Egenhofer C. 2008. Financing mitigation and adaptation: where should the funds come from and how should they be delivered. http://shop. ceps. eu[2013-8-20].

IPCC. 2007. Climate change 2007: The physical science basis-summary for policymakers. http://www. ipcc. ch[2007-02-06].

Labatt S, White R R. 2010. Carbon Finance: the financial implications of Climate Change. 北京: 石油工业

出版社.

Li J. 2011. Supporting greenhouse gas mitigation in developingcities: a synthesis of financial instruments. Mitigation and Adaptation Strategic of Global Change, 16: 677-698.

Michaelowa A, Michaelowa K. 2011. Climate business for poverty reduction? The role of the WorldBank. Review of International Organizations, 6:259-286.

Pittel K, Rubbelke D. 2011. International Climate Finance and its Influence on Fairness and Policy. In: Markandya A. BC3 Working Paper Series, Bilbao: Basque Centre for Climate Change.

Tatrallyay N, Stadelmann M. 2013. Climate change mitigation and international finance:the effectiveness of the Clean Development Mechanismand the Global Environment Facility in India and Brazil. Mitigation and Adaptation Strategic of Global Change, 18（7）: 903-919.

UNFCCC. 2008. Investment and financial flows to address climate change: an update technical paper. Poznan: United Nations.

Weaver C. 2011. Comment on Michaelowa and Michaelowa:Climate business for poverty reduction:The role of the World Bank. Review of International Organizations, 6: 457-460.

第 5 章　绿色气候基金的责任分担研究

2009 年和 2010 年，在哥本哈根气候大会和坎昆气候大会上发达国家向发展中国家转移的气候融资是大会的主要议题之一，会议承诺发达国家在 2010~2012 年向发展中国家提供 300 亿美元的快速启动资金，并至 2020 年每年提供 1000 亿美元的长期资金。在 2011 年举行的德班气候大会上，正式启动了绿色气候基金，作为应对气候变化全球治理的重要手段。国际气候融资迈出了重要的一步。但各国对于绿色气候基金的出资比重却未明确，导致该项资金迟迟未能落实。为此，本章将着重探讨气候融资中的多种责任分担原则。

5.1　引　　言

根据《哥本哈根协议》和《坎昆协议》，发达国家承诺在 2010~2012 年出资 300 亿美元作为快速启动资金，在 2013~2020 年每年提供 1000 亿美元的资金，用于解决发展中国家的需求，以应对气候变化（UNFCCC,2010）。2013 年华沙峰会（COP19）规定“绿色气候基金”的初始补给需要在 2014 年年底完成，但这项决策没有正常落实，发达国家极力规避相关资金义务的约束，逃避历史责任和现实供资义务。虽然在 2014 年利马峰会（COP20）上宣布“绿色气候基金”完成了其启动资金的目标，但是由于长期资金未到位，这一筹资目标其实已缩水至 100 亿美元。2015 年中美发表《中美元首气候变化联合声明》，美国重申将向绿色气候基金捐资 30 亿美元的许诺；中国宣布拿出 200 亿人民币建立“中国气候变化南南合作基金”，支持其他发展中国家应对气候变化，包括增强其使用绿色气候基金资金的能力，中美这种“接力型”对外援助合作模式，有望使一些发展中国家的绿色低碳发展转型和气候适应力建设更具可操作性。

虽然国际组织对绿色气候基金做了诸多努力，但关于详细的定量分析，如气候融资的具体责任分担均未被提及。目前，国际气候融资研究主要关注融资资金的界定及其来源的具体途径，而对于资金的规模关注较少。世界银行 2010 年的发展报告认为：至 2030 年，发展中国家用于气候变化适应和减排的资金需求分别为 300 亿~1000 亿美元和 1400 亿~1750 亿美元。但是目前“绿色气候基金”的来源主要依靠发达国家的自愿认捐，而与快速启动资金相比，附件一国家提供的气候融资的资金数量全面下降（Fenton, 2014）。长期来看，“绿色气候基金”难以弥补发展中国家巨大的资金缺口。因此，落实 1000 亿美元气候融资的首要任务就是，需要明确如何在各发达国家间分担融资的责任。77 国集团和中国提出附件一国家需要提供本国国民生产总值的 0.5%~1%用于国际气候融资（UNFCCC，2008）。Houser 和 Selfe（2011）依据国家 GDP 及各国年排放量计算了附件一、二及扩展的附件一、二各国的责任分担情况。

责任分担需要考虑国家间的“公平”，但是在建立完整的解决气候变化问题的国际协议中，公平问题是争议最大的（Heyward，2007）。不同国家、国家组织或非政府组织由于立场不同，通常会根据自身的利益，主张不同的基本公平原则。Dellink 等（2009）建立了国际融资关于分配责任的概念框架，区分了结果主义和非结果主义的伦理原则主导的基于公平的气候变化国际责任分担机制。并由此得到两种政策原则，即历史责任原则和支付能力原则，并依据这一政策原则将适应气候变化的责任分担到各国。王铮等（2014）基于气候伦理视角，讨论了气候伦理评估的标准——公平、公正与价值，由此进一步分析了公正与价值的伦理内涵，并以此为基础讨论了气候谈判公正问题。郑艳和梁帆（2011）对国内外的气候公平原则进行了梳理，提议为了实现气候公平目标，应该从结果公平和程序公平两方面改进和完善现有国际气候制度。崔连标等（2015）对五种潜在融资机制下 GCF 融资责任的分摊效果进行了系统研究，利用偏好得分妥协法进行融资责任分摊。虽然国际气候融资研究取得了一定的进展，但大多停留在理论阶段，而目前气候融资的责任分担也涉及了多种公平原则，却没有国际社会一致认同并付诸实践的原则。

因此，本研究在 Dellink 等的概念框架基础上，引入了几种符合现实意义及易于操作的气候融资的责任分担原则，比较各公平原则在气候融资责任分担问题中的利弊，并提出了综合考虑经济水平和责任的综合原则来划分融资额度。

5.2 责任分担原则分析

5.2.1 责任分担的原则

由于各国历史排放贡献和工业化发展的程度不同，气候融资也同样需要均衡公平和效率，以最终实现减缓气候变化及提高气候适应性的目标。在《公约》中关于原则的明确认识是“共同但有区别的责任和各自能力”。它包括 “共同但有区别的责任”原则和“各自能力”原则两个方面。前者的责任分担以温室气体排放量为依据，后者以应对气候变化的能力为依据。本研究依据 Dellink 等（2009）提出的概念框架，基于结果主义和非结果主义的伦理原则将公平原则分成两类，即“责任”和“支付能力”，如图 5.1 所示。结果主义方法在结果中权衡公平，更关注行为的结果，认为道德上正确的行为应该产生好的结果，这意味着人们（或国家）需要对其行为造成的结果负责，污染者自负原则是从经济学的角度和运用预防原则来定义避免对他人造成不可逆伤害的国家责任；而非结果主义方法更看重公平的原则和意图，其评价行为是从其本身在道德上是否正确出发的，而不是引发的结果（Kamm，2007）。因此，针对气候变化责任分担的问题应该基于国家的支付能力，即无论是否有直接或间接的证据证明国家造成了伤害，富裕国家应该基于互助原则承担更多。

在非结果主义的视角下，支付能力应该以一个国家的相对财富水平为起点，即每个国家为减排和适应所做的贡献应与其财富水平成正比。减排在一定程度上会减少消费，增加碳和能源价格，从而增加经济成本。大多数公平理论认为，随着成本的增加，收入高的国家应该承担更多义务，因为根据边际效用递减理论，如果穷人承担成本少，那么世界福利将会增加。Winkler 等（2006）认为支付能力可以作为衡量减排潜力或者能力的特征。因此，本章我们将采用支付能力原则对全球气候融资进行责任分担。

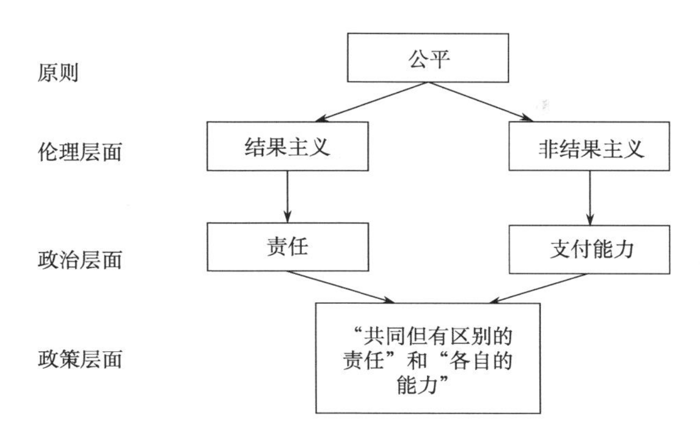

图 5.1　公平的一般原则转化为政策原则（Dellink et al., 2009）

而结果主义视角下，强调各发达国家应该对目前发生的气候问题负责。化石燃料的燃烧造成大气中 CO_2 排放量快速增长，是各种环境问题的主要诱因（Huijbregts et al., 2006）。2000~2008 年，全球的 CO_2 排放量的年平均增长率为 3.4%，和 20 世纪 90 年代的年增速 1.0%相比，有显著的增长（Le Quéré C et al., 2009）。关于"责任"，主要以温室气体的排放量作为分担的依据，《京都议定书》中规定国家应该对在主权领土上产生的碳排放负责。

那么问题在于，如何界定主权领土上的排放量呢？最简单直接的方法是以当前各国的排放量作为衡量的标准，当前排放越多的国家将承担越多的融资责任；我们将基于当前排放水平的责任分担原则称为主权原则。但是，鉴于目前的气候变化不仅是近现代的排放造成的，更是史前时期到现在的漫长持续的累计碳排放造成的（Change, 2007; Miguez 2002; Shukla, 1999），而主权原则和消费型碳排放原则只考虑了现在、未来的碳排放，而已经累积在大气中的温室气体则类似沉默成本，但从公平的角度讲，储存在大气中的温室气体也不能被忽略。因此，需要基于历史排放量来衡量发达国家承担的责任，这最早由巴西代表团提出，即基于自 1840 年开始累积的温室气体的历史排放量对平均地表温度的影响，在经合组织国家和转型经济体（附录一国家）间分配温室气体减排任务（UNFCCC, 1997）。发达国家已经发展滥用全球共同利益却没有或少有惩罚。如果忽略过去累积的排放或只是关注现在排放的减排要求，其实就是间接阻碍发展中国家的发展，因此，秉着污染者自付原则，即假设导致环境破坏的国家需要支付修复成本（UNFCCC, 1997; Ringius et al., 2002; Höhne and Blok, 2005），有必要在国际气候融资责任分担中考虑各国历史累计碳排放量的责任。

上述基于主权原则和历史责任原则强调了生产者的责任，却忽略了消费者在活动中的责任。但随着日益繁荣的全球贸易，进口国家通过购买商品来消耗出口国家的资源，却把环境压力留给出口国，这令消费成为一种国际而非国家的问题。因此，在全球气候融资责任分担中，除了主权原则的责任分担，国家还应该为国际交易中受益的过程承担相应的排放责任（Shue, 1999）。生产和消费的空间分离使排放负责者的界定、气候融资的分配等问题变得复杂（Caney，2009）。而发达国家扩张的工业化，如碳泄漏等现象，破坏了全球控制碳排放的努力（Weber and Peters, 2009; Rothman, 1998; Peters et al., 2009）。研究表明，2004 年全球生产过程中化石燃料燃烧排放的 CO_2 的 23%（即 6.2Gt CO_2）最后用于国际交易，生产的商品最终被进口国家消费（Davis and Caldeira, 2010）。Wiedmann（2009）曾系统论述过以消费为基础进行碳排放核算（Consumption-based accounting，CBA）的优势，因此，我们有必要基于消费型碳排放量来对各国的责任进行界定。

综合考虑气候融资的特点，本章将基于支付能力原则、历史责任原则、主权原则和消费型碳排放原则来讨论国际气候融资的责任分担。考虑到气候融资主要是针对发达国家向发展中国家的资金援助，因此，本章将《公约》附录一所包括的发达国家和经济转型国家作为主要的出资国家，比较不同责任分担原则下各个国家的出资份额，从而分析较为合理的国际气候融资责任分担原则。

5.2.2　融资责任分担原则计算方法与数据来源

1. 融资责任分担原则

支付能力原则是基于各个发达国家的支付能力，对绿色气候基金的贡献额度进行划分的原则，其意义在于督促富裕的国家为全球气候融资提供更多的资金。其中，支付能力与人均 GDP 和人口数相关（Rose and Kverndokk, 2002），具体分配如方程：

$$\text{Allocat}_i^{(1)} = \frac{\overline{\text{GDP}_i}^{\gamma} \cdot \text{Pop}_i{}^{\eta}}{\sum_j \overline{\text{GDP}_j}^{\gamma} \cdot \text{Pop}_j{}^{\eta}}, \tag{5.1}$$

式中 Allocat_i 为国家 i 的融资额度；$\overline{\text{GDP}_i}$ 为国家 i 的人均 GDP，本研究选取了 2010 年的各国人均 GDP；Pop_i 为国家 i 的人口数；$\gamma \geqslant 1$ 为人均 GDP 的权重参数；$\eta = 0,1$，为人口的权重参数。人均 GDP 反映了国家的经济水平，关于 GDP 的生产活动大多与 CO_2 排放密切相关，当 $\eta = 0$ 时，表示该原则仅考虑经济发展水平；当 $\eta = 1$ 时，说明该原则兼顾了人口和经济发展水平因素。由于支付能力较强的发达国家建立在大量历史排放的基础上，因此支付能力高的国家理应承担更多的融资责任。

主权原则即指所有国家拥有的平等的污染权和免受污染的权利，将其扩展到附录一国家的融资额度分配中也适用，即按国家年度碳排放量比例划分融资额度。具体分配见方程（5.2）：

$$\text{Allocat}_i^{(2)} = \frac{F_i}{\sum_j F_j}, \tag{5.2}$$

式中，F_i 是 2010 年 i 国在其主权领土上排放的 CO_2 总量，直观来说，在现阶段排放的越多，其融资额度也应该越高。

消费型碳排放量的分配原则是根据各国消费者的最终消费品所隐含的碳排放量比重，将全球 CO_2 排放分配到各个国家。本研究选取了 Steven 和 Ken 对 2004 年各国消费型碳排放量的测算（Davis and Caldeira, 2010），将附件一国家消费型碳排放量作为融资责任分担的标准，来分配 1000 亿美元的绿色资金。

$$\text{Allocat}_i^{(3)} = \frac{F_i'}{\sum_j F_j'} \tag{5.3}$$

式中，F_i' 是 2004 年 i 国消费型碳排放量，因此，本国消费的碳密集型商品越多，其融资额度也应该越高。

历史责任原则将各国历史时间段的总排放作为融资责任分担的衡量标准，由于目前对于历史排放责任追溯到哪一年仍存在争议，因此，我们选取了一些时间节点作为历史排放的起点：1850 年为第二次工业革命开端，1900 年 CO_2 排放明显增加，1950 年是二战后全球经济重新开始发展，1990 年签署《联合国气候变化框架公约》标志着人类开始关注碳排放，另外，数据集结束时间是 2010 年。基于此，我们选取附件一国家历年的 CO_2 排放量，数据来源是美国橡树岭国家实验室，对于历史中主权有变动的国家和地区，利用主权变动当年的 GDP 进行划分。

$$\text{Allocat}_i^{(4)} = \frac{\sum_t F_{it}}{\sum_j \sum_t F_{jt}}, \tag{5.4}$$

式中，F_{it} 代表 i 国第 t 年的碳排放量，因此，i 国的融资额度不仅与 t 年的碳排放量有关，也与选取的时间跨度相关。

我们以附件一国家作为研究对象，共涉及 42 个发达国家和经济转型国家。为比较支付能力原则、历史责任原则、主权原则以及消费型碳排放原则下附件二国家间的融资责任分担，我们涉及的数据包括各国 GDP、CO_2 排放量等，具体数据构成和来源为：①2010 年附件一国家的 GDP 数据（以 2005 年美元不变价计算），源自世界银行数据库；②附件二国家自 1850 年的历年 CO_2 排放数据，来自美国橡树岭国家实验室 CO_2 信息分析中心（CDIAC）（Boden et al., 2009），主要包括固体燃料、液体燃料、气体燃料消耗以及废气燃烧排放的 CO_2 排放水泥生产的 CO_2 排放数据；③附件一国家基于消费的 CO_2 排放量（2010），主要考虑了化石燃料燃烧所产生的 CO_2。

5.3　不同原则下的融资责任分担比较

5.3.1　支付能力原则下的融资责任分担

考虑支付能力原则时，由于参数 γ,η 不同，附件一国家的融资额度也会不同。因此，分别取 γ 等于 1、1.5、2 和 3，η 等于 0 和 1，研究各国融资额度的变化。当仅考虑国家的经济发展水平，不考虑国家的人口，即 $\eta=0$ 时，主要融资国的融资额度如图 5.2 所示。结果显示摩纳哥、列支敦士登所占的融资额度最多，且随着 γ 的增加，其融资额度显著增加。而卢森堡、挪威、瑞士及冰岛的融资额度均随着 γ 的增加先增加后减小。其余各国的融资额度随着参数的增加在减小。

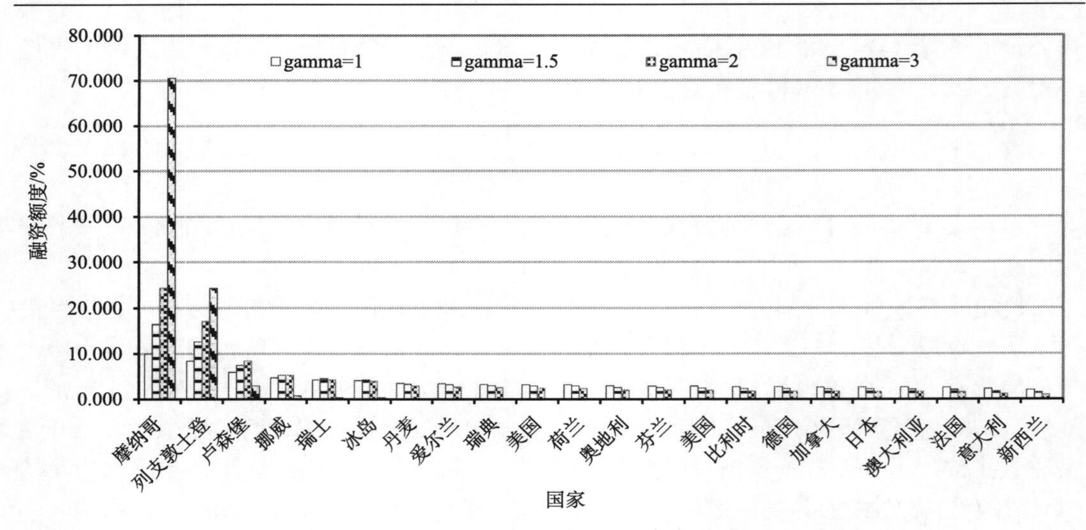

图 5.2　主要发达国家在不同权重下的责任分担对比（$\eta=0$）

当考虑人口因素，即$\eta=1$时，主要的融资国家有美国、日本、德国、英国、法国、意大利、加拿大、西班牙、荷兰、澳大利亚、瑞士、瑞典和比利时（图 5.3），这些国家的融资总额占了总融资金额的 88%以上。随着参数γ取值变大，按照各国融资的责任分担份额的变化，整体可分为三种类型的国家，即份额逐渐上升、份额先增加后减小、份额逐渐下降。究其原因，不同国家在γ变化时所表现出来的份额差异主要由各国人均 GDP 的差异所导致，其中也存在人口的调节因素：对于人均 GDP 较小的国家，人口作用不明显，随着人均 GDP 权重的增加，其融资的责任分担将逐渐减小，如俄罗斯、乌克兰、白俄罗斯、保加利亚等；对于人均 GDP 较大的国家来说，如摩纳哥、列支敦士登、卢森堡、挪威、瑞士及冰岛，随着人均 GDP 权重的增加，其融资的责任分担将逐渐增加；对于人均 GDP 处于中等的国家来说，若其人口足够大，如美国、荷兰、瑞士等，随着人均 GDP 权重的增加，其融资的责任分担也将逐渐增加。而比利时、英国、芬兰等国则与$\eta=0$情景不同，其责任分担的额度先增加后减小，这主要由于各国的人口数对结果的调节作用。

鉴于在 CO_2 排放中对人口规模和经济能力的双重考量，我们认为取 $\gamma=2$，$\eta=1$是较为合理的选择（具体责任分担结果如表 5.S1）。此时美国的融资份额最高，为 42.167%。其他国家的总融资额度远小于美国，日本的份额为 11.901%，位列第二。其他融资额度大于 1%的国家是德国、英国、法国、意大利、加拿大、西班牙、荷兰、澳大利亚、瑞士、挪威、瑞典和比利时，这其中大多是欧洲国家，如果将欧盟当做一个整体，欧盟的整体融资份额为 36.267%。

5.3.2　历史责任原则下的融资额度

根据不同的历史排放起点年份，我们计算得到附件一国家在不同起始年份下的累计碳排放总量，并根据各国的累计碳排放量得到各国的融资额度（图 5.4）。虽然起始时间不同，历史排放原则下各国的融资额度总体趋势不变。融资责任较高的是美国和俄罗斯，占了总融资金额的近 50%。而融资额度一直稳定在 1%以上的国家有 13 个，其融资总额

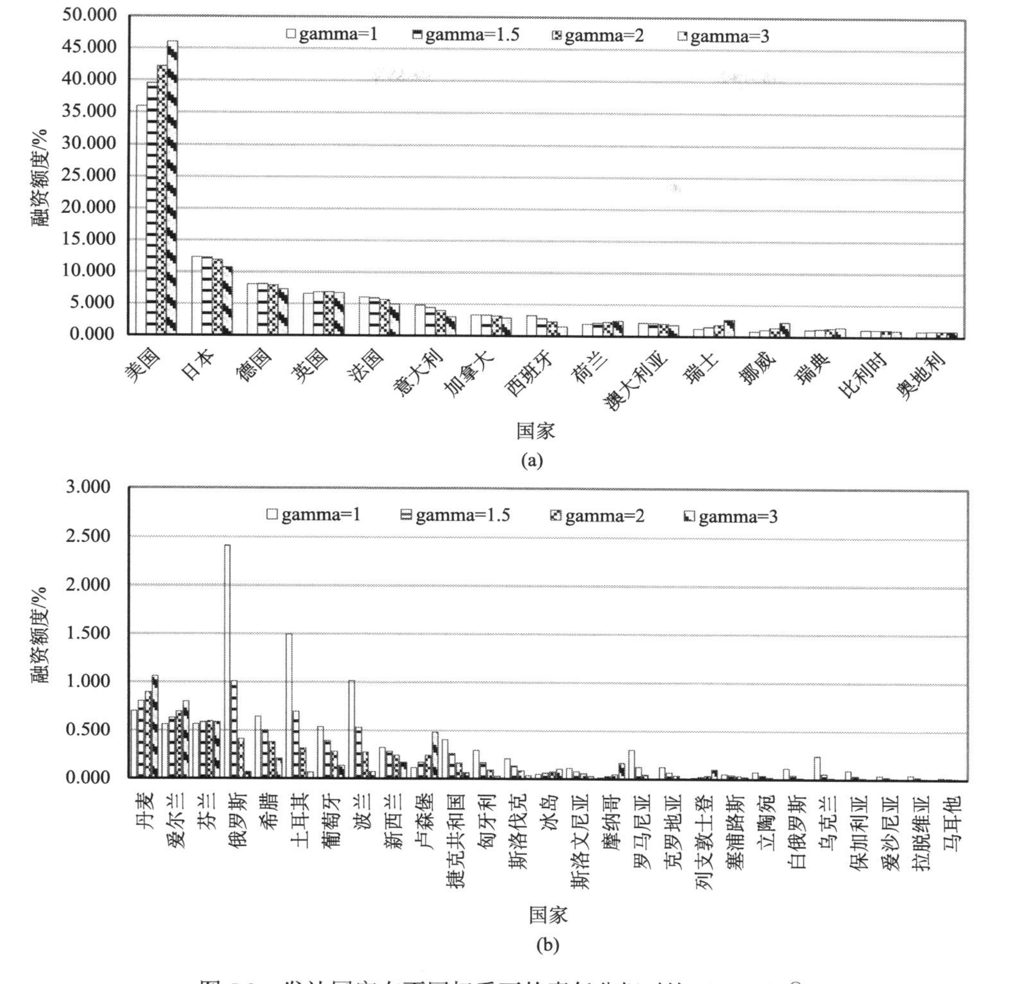

图 5.3　发达国家在不同权重下的责任分担对比（$\eta=1$）[①]

占了总融资金额的90%以上，分别为美国、俄罗斯、德国、英国、日本、法国、加拿大、波兰、意大利、乌克兰、澳大利亚、西班牙和荷兰。比较分析这 13 国总的融资资金，发现随着选取的历史碳排放起始时间的后推，这些国家承担的融资额度在降低，说明其碳排放量总体相对有下降趋势，这一现象在欧盟尤为明显，虽然其在历史责任原则中一直位列第二，但其融资额度随着起始年份的后推在降低。

无论选取哪个年份作为起始时间，美国所占的融资份额总是最高的，稳定在 37%以上。但是根据图 5.4，随着选取的起始年份的后推，美国的份额也有所变化，呈现先上升再下降又上升的趋势。观察美国历年的碳排放量及其人均碳排放量，发现其在 20 世纪 10 年代以前，处于经济高速发展阶段，其碳排放增速呈现指数级增长。因此,选取 1900

① 图 5.3（a）表示责任分担额度相对较多的国家，图 5.3（b）表示责任分担额度相对较少的国家，两图采用了不同的纵坐标轴范围，分别为 0~50%与 0~3%。

年比选取 1850 年作为起始年份的融资额度高 1.4%。但是二战后，一方面，美国利用第三次科技革命的先进成果，提高劳动生产率，发展新兴产业，使其碳排放强度大幅下降，另一方面，各发达国家的碳排放量在这一时期高速上升，这一综合因素导致美国在 1950 为起始年份时的碳融资额度下降，仅为 37.056%。20 世纪 90 年代以来，美国经济繁荣，人口数急剧增长，导致其碳排放量增长迅猛，其融资额度又上升至 38.764%。

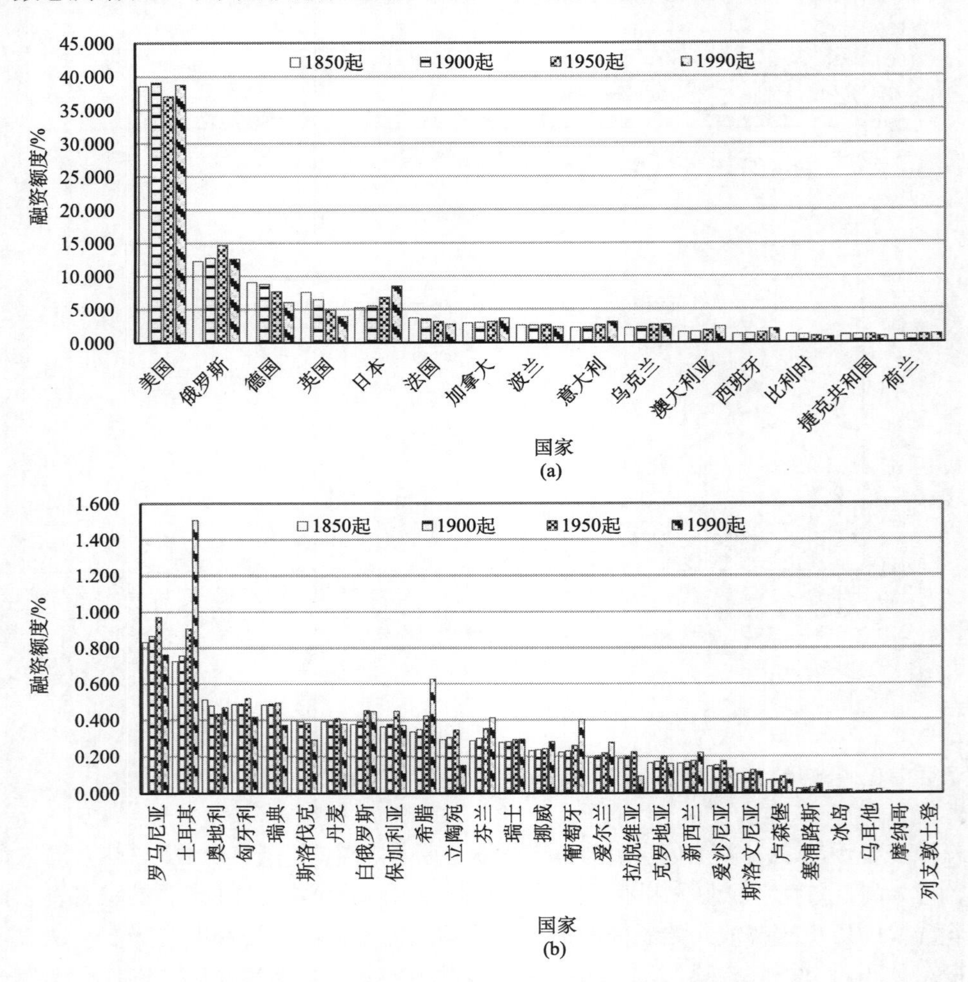

图 5.4　各起始年份下碳排放国责任分担对比①

除美国之外，其他国家在不同历史起点年份的历史责任原则下，各国的份额变化可分为三类。

第一类是选取的起始时间越早则所需承担的融资份额越高的国家，如德国、英国、法国、比利时等欧洲国家，由于其工业化开始时间较早，大多集中在 19 世纪 50~60 年代，

① 图 5.4（a）表示责任分担额度相对较多的国家，图 5.4（b）表示责任分担额度相对较少的国家，两图采用了不同的纵坐标轴范围，分别为 0~45%与 0~1.6%。

且发展较为稳定，碳排放量随着时间呈现缓慢而稳定的增长。

第二类国家以日本、加拿大、乌克兰、意大利等国为代表，其工业化一般开始较早，但是其主要发展集中在二战结束后，因此选取历史排放开始时间越晚，其所需承担的融资额度就会越高。其中，澳大利亚、西班牙、土耳其、希腊、葡萄牙、爱尔兰和新西兰在选取 1990 年作为开始时间时，其融资额度的上升较为明显，这主要因为 20 世纪 90 年代左右，在这一类的大部分发达国家的碳排放量的增速有所减缓的时候，这 7 个国家的碳排放量增速还是较高。

第三类国家随着起始年份选取的后推，融资额度先增长后下降，主要包括俄罗斯、罗马尼亚、瑞典、匈牙利、丹麦等，这些国家的碳排放量的迅速发展也集中在二战结束的 20 世纪 50 年代以后，但是像瑞典和丹麦自 20 世纪 70 年代以后，碳排放量就趋于稳定，因此，选取 1990 年作为起始时间时，其融资份额有所减少。而 20 世纪 90 年代东欧剧变、原苏联的解体使得一些国家的碳排放量发生突变，如俄罗斯、罗马尼亚、匈牙利、白俄罗斯等，在 1990 年以后的碳排放量有明显的下降，因此，选取 1990 作为起始时间时，其融资份额也有所减少。

5.3.3　主权原则下的融资额度

主权原则强调的是各国目前的碳排放量对气候变化的影响，现在的碳排放与过去的累积的发展与碳排放过程相关。主权原则下计算的各国责任分担额度与历史责任原则下各国额度的变化率很小，说明其与历史原则有较强的一致性。如图 5.5 所示，附件一国家中，美国和俄罗斯的融资额度最高，分别为 39.596%和 12.687%，占据了一半的融资额度。如果将欧盟作为整体，则在主权原则下，欧盟的融资额度位列第二，但是与支付能力原则、历史责任原则相比，其融资额度是最低的。其他融资额度高于 1%以上的国家有 12 个，如表 5.S1，分别是日本、德国、加拿大、英国、意大利、澳大利亚、法国、波兰、乌克兰、土耳其、西班牙和荷兰，占据了总融资额度的 39.517%。

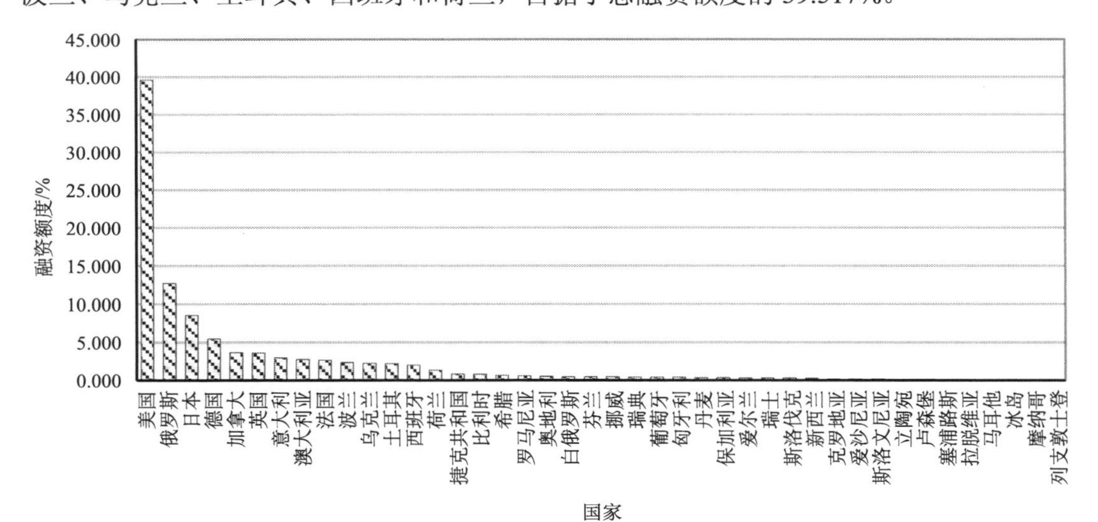

图 5.5　主权原则下碳排放国责任分担对比

5.3.4　消费型碳排放的分配原则

分析发现，在消费型碳排放的原则下，美国的比例份额最多，为 40.534%，日本次之，为 9.978%，在主权原则下融资额度排名第二的俄罗斯则降至第三，为 7.546%，如图 5.6 所示。而融资额度超过 1%的还有 12 个国家，分别是德国、英国、意大利、法国、加拿大、西班牙、澳大利亚、波兰、土耳其、荷兰、乌克兰和比利时，其融资额度占了总额度的 33.942%。

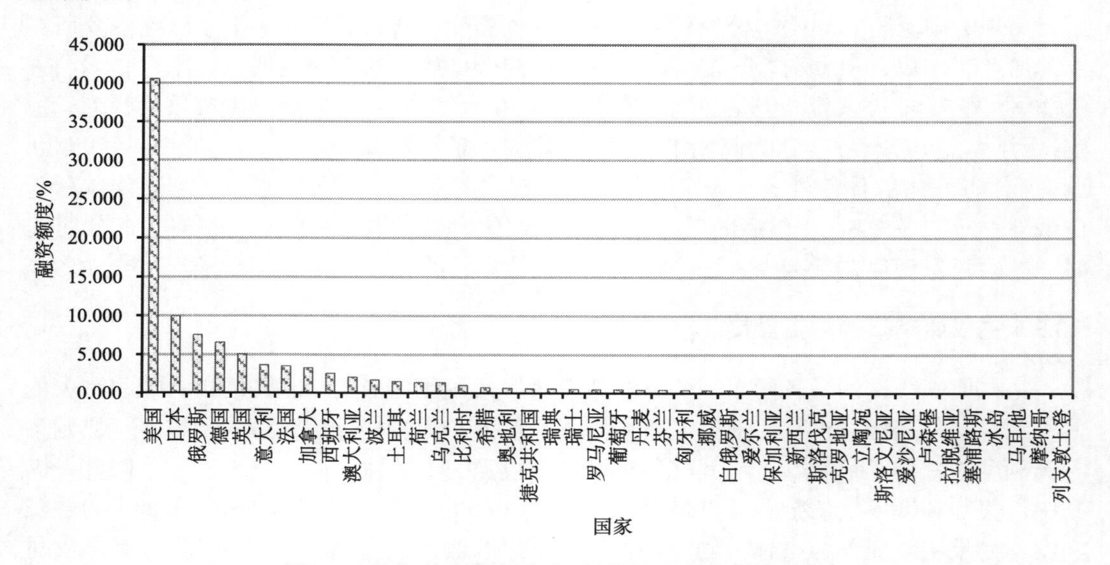

图 5.6　消费型碳排放原则下碳排放国责任分担对比

由于数据的可获得性，我们基于 2004 年的基于生产和基于消费的碳排放，将 42 个发达国家分为两类，即碳排放净出口国和碳排放净进口国。如图 5.7（a）所示，碳排放净进口国指基于生产的碳排放量小于消费型碳排放量的国家，共有 31 个，主要的国家包括美国、日本、英国、德国、法国和意大利。反之，碳排放净出口国[图 5.7（b）]，指基于生产的碳排放量大于消费型碳排放量的国家，共有 11 个，主要的国家有俄罗斯、乌克兰、波兰、捷克共和国、加拿大、澳大利亚等，主要位于欧洲的中东部、北美北部和南美洲。这充分说明在发达国家中净进口国所占的比例较大。

对于大部分碳排放净进口国，在消费型碳排放原则下的融资额度将会增加（本章末附录表 5.S1），这类发达国家国内的经济发展主要依靠高科技和第三产业服务业，而资源密集型的产品多从国外进口，以此来减少碳排放对本国经济和环境的影响。但其中土耳其、挪威和斯洛文尼亚在基于消费型碳排放原则下的融资额度要低于主权原则下的融资额度，这主要由于这些国家 2010 年的生产型碳排放量增加幅度小于 42 国总碳排放量的变化。而对于大部分碳排放净出口国，资源和能源密集型产业占主导地位，而其生产的高耗能产品大多数出口，满足世界经济的需求，因此，以消费型碳排放作为基准时，其责任分担会减少。

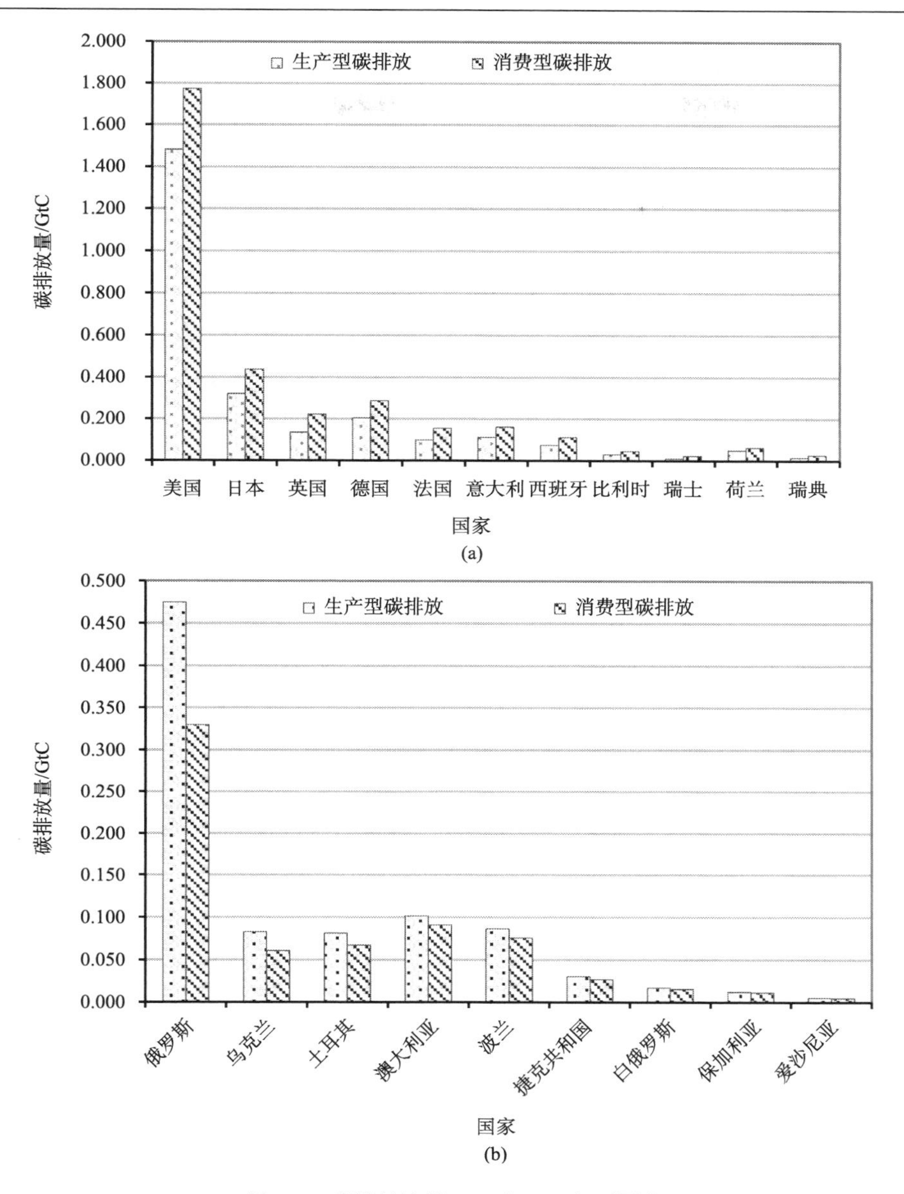

图 5.7　碳排放净进口（出口）主要国家

在主权原则和消费型碳排放原则下，融资额度在 1%以上的碳排放净进口国有美国、日本、德国、英国、意大利、澳大利亚、法国、西班牙和荷兰（本章末附录表 5.S1）。作为最大的碳排放净进口国，美国在主权原则和消费型碳排放原则下的融资额度都是最高的，分别为 39.596%和 40.534%，远高于其他的发达国家，其进口商品隐含的碳排放较高的包括机械、电子、车辆及零件和化学制品。而西欧、日本与美国进口商品结构较为相似，进口商品中隐含的碳排放量较大的有服装、电子、化学制品和机械。其中，英国、法国和西班牙在两种原则下的融资额度的相对变化幅度均在 30%以上，说明原则的选取对这些国家的影响很大，消费型碳排放原则使得这些国家的融资责任份额有显著上升。

而碳排放净出口大国中，东欧各国，如俄罗斯、乌克兰和波兰，在消费型碳排放原则下的融资额度的相对减少幅度均在 25%以上。澳大利亚和加拿大作为重要的矿产资源生产国和出口国，在消费型碳排放原则下融资责任份额也有所降低。

5.3.5 综合支付能力及责任的分配原则

对比支付能力原则与“责任”各原则，支付能力原则充分考虑各国的经济水平及发展状况，但是其忽略了碳排放水平。美国、日本，以及北欧、西欧各国，其在支付能力原则下的融资额度较高，但基于碳排放原则，其融资额度有不同程度的降低。如果单纯按照支付能力原则来分配融资额度，则忽略了各国在降低碳强度和能源强度中所做的努力，对经济实力较强，但排放量较小的国家会相对不公平，一定程度上阻碍低碳技术在各国的发展。而对于东欧、南欧各国，如俄罗斯、乌克兰，其在支付能力原则下的融资额度很低，但是在基于碳排放的各原则下融资额度显著上升，这说明支付能力原则对于经济发展相对缓慢，但是碳排放量较高的发达国家的责任体现得就没有那么明显。

而体现“责任”的几大原则中，对比历史责任原则与主权原则，各国的融资额度具有较强的一致性，出现额度分配的不同主要是因为其在历史各阶段经济发展水平以及碳排放量有差别。主权原则更侧重各国目前排放水平下的责任分担，容易忽略历史各阶段上经济发展水平以及碳排放量的差别。对比主权原则和消费型碳排放原则，总体来看，净出口国在基于消费型碳排放分配原则下较占优势，净进口国在主权原则下较占优势。为进一步比较，我们计算了人均消费型碳排放与人均 GDP 之间的相关系数 ρ_1 为 0.87，人均 GDP 与人均生产型碳排放间的相关系数 ρ_2 为 0.57。由于 ρ_1 远高于 ρ_2，说明相较于主权原则，消费型碳排放原则能够一定程度上反映一国的经济水平。

虽然各原则有其各自的优势，但是各原则只能反映支付能力或者责任，有其局限性，因此，假设在融资额度分担中赋予“能力”和 “责任”相同的比例来衡量发达国家在“共同但有区别的责任和各自的能力”原则中的贡献（Kartha et al., 2010）。即有

$$c = \varpi a + (1 - \varpi) b \tag{5.5}$$

式中，c 代表综合的责任原则下的融资额度；a,b 分别代表各国在“能力”和“责任”两类原则下的融资额度，本研究中 a 代表支付能力下各国的融资额度，b 代表历史责任原则、主权原则和消费型碳排放原则下的各国融资额度；ϖ 为赋予支付能力原则的权重。

我们假设每个国家偏好融资额度最低的原则，则得到了三类偏好的国家（表 5.1）。这些国家的分布具有一定的地理特征，偏好综合历史责任原则的国家最多，也分布最广，主要有欧洲的西南部、北美洲和大洋洲，除了加拿大和澳大利亚外，均为碳排放净进口国，支付能力普遍较高，且偏好综合历史责任原则的国家的历史碳排放量呈现逐年上升的趋势，因此，选择历史责任原则可以有效规避近几年高排放量带来的融资额度的过度增长；偏好综合主权原则的国家多集中在欧洲的西北部，均为碳排放净进口国，这些国家的历史碳排放量呈现下降或者增速减缓的趋势，即为历史责任原则中的第一类和第三类国家。由于这些国家当前碳排放量下降，导致主权原则下较历史责任原则下的融资额度有不同程度的下降，因此，综合主权原则下的融资额度小于综合历史责任原则下的融

资额度；偏好综合消费型碳排放原则的国家多为中、东欧各国，这些国家以俄罗斯、乌克兰为首，均为碳排放净出口国，且支付能力较低，资源和能源密集型产业占主导地位，资源多为出口。

表 5.1　偏好不同原则的国家分类

偏好原则	国家分类
综合历史责任原则（1850 年起）	美国、日本、意大利、加拿大、澳大利亚、西班牙、荷兰、瑞士、挪威、土耳其、爱尔兰、芬兰、希腊、葡萄牙、新西兰、卢森堡、斯洛文尼亚、冰岛、塞浦路斯、列支敦士登、马耳他
综合主权原则	德国、英国、法国、比利时、瑞典、奥地利、丹麦、匈牙利、立陶宛、拉脱维亚、克罗地亚、摩纳哥
综合消费型碳排放原则	俄罗斯、波兰、乌克兰、捷克共和国、罗马尼亚、斯洛伐克、白俄罗斯、保加利亚、爱沙尼亚

5.3.6　中国对各原则分担的影响

快速增长的中等收入国家在气候融资的提供者和接受者之间扮演着特殊的角色，他们可以通过国内的融资来支持气候变化的一部分行动，也可以融资帮助其他急需资金来应对气候变化的国家（Kato et al., 2014）。2015 年 9 月，中国宣布拿出 200 亿人民币建立“中国气候变化南南合作基金”，主要为支持其他发展中国家应对气候变化，包括增强其使用绿色气候基金资金的能力。

因此，作为世界排放大国的中国，虽然其不属于发达国家，但如果在融资额度划分时予以考虑，将对各国的融资额度变化产生很大的影响。基于此，本研究将中国作为融资国家之一予以考虑，以作为绿色基金分配的参考依据。

当中国作为融资国家之一时，各国的融资份额分配如图 5.8 所示，其在主权原则下需要融资的额度最高为 37.654%，支付能力原则下的融资额度最低仅为 0.77%。而在历

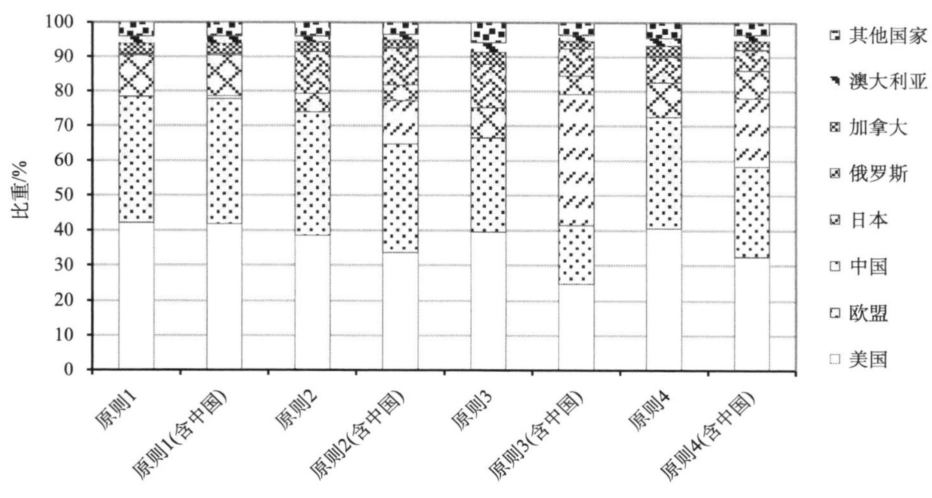

图 5.8　中国参与融资责任分担的各原则结果比较

原则 1 表示支付能力原则，原则 2 表示历史责任原则（1850 年始），原则 3 代表主权原则，原则 4 代表消费型碳排放原则

史责任原则下，随着选取的起始年份的后推，其融资额度在逐渐增长，且其在选取 1990 年为起始年份时，其融资额度增长显著，充分说明中国的碳排放增长主要集中在 20 世纪 90 年代以后。在消费型碳排放原则下，中国的融资额度为 19.764%，作为碳排放净出口国，与主权原则比较，中国在消费型碳排放原则下，融资份额下降幅度约 10%。说明中国的进出口碳排放是极不均衡的。相对的，其他各国的融资额度在加入中国后都有不同程度的下降。

而若考虑综合“能力”和“责任”的原则时，中国的融资额度在各原则下会有大幅度的下降，而各发达国家的融资额度则会上升，这主要是由于中国的支付能力较弱，因此，虽然中国的碳排放量很大，但是其很大一部分碳排放是隐含在出口商品中，且其支付能力远低于发达国家的水平，因此，中国是否作为融资成员还有待商榷，但在后期进行融资分配时，这些因素都应该予以考虑。

5.4　结论与讨论

本研究依据《公约》中“共同但有区别的责任和各自能力”的原则，基于结果主义和非结果主义的伦理原则将公平原则分成两类，即“责任”和“支付能力”。责任分担原则以温室气体排放量为依据，本研究主要考虑历史责任原则、主权原则和消费型碳排放原则；支付能力以应对气候变化的能力为依据，本研究主要考虑支付能力原则。并根据选取的公平原则，将《公约》附件一包括的发达国家和经济转型国家作为主要的出资国家，对不同分担原则下各国的出资份额展开了计算分析，研究发现以下几方面。

（1）各原则下，美国、日本、加拿大、德国、英国、法国和俄罗斯是主要的出资国。如果将欧盟看作整体，则美国、欧盟、日本、加拿大和俄罗斯是主要的责任分担国家（或地区），占据了大约 90%的融资额度，其中，美国、欧盟分别是第一大和第二大出资国（或地区）。

（2）虽然各原则有其各自的优势，但是由于各原则只能反映支付能力或者责任，有其局限性，因此，综合考虑了经济水平和责任，通过综合的公平原则来划分融资额度。在综合原则下，可将发达国家分为三类偏好国家，这些国家的分布具有一定的地理特征，偏好综合历史责任原则的国家最多，也分布最广，主要有欧洲的西南部、北美洲和大洋洲；偏好综合主权原则的国家多集中在欧洲的西北部，均为碳排放净进口国；偏好综合消费型碳排放原则的国家多为中、东欧各国，均为碳排放净出口国，且支付能力较低，资源和能源密集型产业占主导地位，资源多为出口。

（3）而中国作为世界排放大国，虽然其不属于发达国家之列，但如果在融资额度划分时予以考虑，将对各国的融资额度变化产生很大的影响。但是中国的支付能力远低于发达国家平均水平，而且中国的碳排放量虽很大，但是其很大一部分碳排放隐含在出口商品中，中国的进出口碳排放极不均衡。因此，中国是否作为融资成员还有待商榷，但在后期进行融资分配时，这些因素都应该予以考虑[①]。

① 关于本章的更多技术内容可见杨源，王铮，吴静（2015）。

参 考 文 献

崔连标, 宋马林, 朱磊, 等. 2015. 全球绿色气候基金融资责任分摊机制研究——一种兼顾责任与能力的视角. 财经研究, 3: 006.

王铮, 刘筱, 刘昌新, 等. 2014. 气候变化伦理的若干问题探讨. 中国科学: 地球科学（中文版）, 44（7）: 1600-1608.

杨源, 王铮, 吴静. 2016. 国际气候融资中的责任分担原则研究. 中国科学院院刊审稿中.

郑艳, 梁帆. 2011. 气候公平原则与国际气候制度构建. 世界经济与政治,（6）: 69-90.

Boden T A, Marland G, Andres R J. 2009. Global, regional, and national fossil-fuel CO_2 emissions. Carbon Dioxide Information Analysis Center, Oak Ridge National Laboratory, US Department of Energy, Oak Ridge, Tenn. , USA doi, 10.

Caney S. 2009. Justice and the distribution of greenhouse gas emissions 1. Journal of global ethics, 5（2）: 125-146.

Change I P O C. 2007. Climate change 2007: The physical science basis. Agenda, 6（07）: 333.

Davis S J, Caldeira K. 2010. Consumption-based accounting of CO_2 emissions. Proceedings of the National Academy of Sciences, 107（12）: 5687-5692.

Dellink R, Den Elzen M, Aiking H, et al. 2009. Sharing the burden of financing adaptation to climate change. Global Environmental Change, 19（4）: 411-421.

Fenton A, Wright H, Afionis S, et al. 2014. Debt relief and financing climate change action. Nature Climate Change. Commentary, 4: 650-653

Heyward M. 2007. Equity and international climate change negotiations: a matter of perspective. Climate Policy, 7（6）: 518-534.

Höhne N, Blok K. 2005. Calculating historical contributions to climate change–discussing the ‘Brazilian Proposal’. Climatic change, 71（1-2）: 141-173.

Houser T, Selfe J. 2011. Delivering on US Climate Finance Commitments. Peterson Institute for International Economics Working Paper, 11-19.

Huijbregts M A J, Rombouts L J A, Hellweg S, et al. 2006. Is cumulative fossil energy demand a useful indicator for the environmental performance of products. Environmental Science & Technology, 40（3）: 641-648.

Kamm F M. 2007. Towards the essence of nonconsequentialist constraints on harming. In: Kamm F M (Eds.), Intricate Ethics: Rights, Responsibilities and Permissible Harm. Oxford: Oxford University Press.

Kartha S, Baer P, Athanasiou T, et al. 2010. The right to development in a climate constrained world: The Greenhouse Development Rights framework. http://gdrights.org/wp-content/uploads/2009/01/gdrs_execsummary.pdf. [2015-9-13]

Kato T, Ellis J, Clapp C. 2014. The Role of the 2015 Agreement in Mobilising Climate Finance. Draft Discussion Document.

Le Quéré C, Raupach M R, Canadell J G, et al. 2009. Trends in the sources and sinks of carbon dioxide. Nature Geoscience, 2（12）: 831-836.

Miguez J D G. 2002. Equity, responsibility and climate change. In: Pinguelli-Rosa L, Munasinghe M(Eds.), Ethics, Equity and International Negotiations on Climate Change. Northampton: Edward Elgar.

Peters G P, Marland G, Hertwich E G, et al. 2009. Trade, transport, and sinks extend the carbon dioxide responsibility of countries: An editorial essay. Climatic Change, 97（3-4）: 379-388.

Ringius L, Torvanger A, Underdal A. 2002. Burden sharing and fairness principles in international climate policy. International Environmental Agreements, 2（1）: 1-22.

Rose A, Kverndokk S. 2002. Equity in environmental policy with an application to global warming. In: Jeroen C.J.M. van den Bergh (Eds.). Handbook of environmental and resource economics. Amsterdam: Edward Elgar.

Rothman D S. 1998. Environmental Kuznets curves—real progress or passing the buck: A case for consumption-based approaches. Ecological economics, 25（2）: 177-194.

Shue H. 1999. Global environment and international inequality. International affairs, 75（3）: 531-545.

Shukla P R. 1999. Justice, equity and efficiency in climate change: a developing country perspective. In: Tóth F L (Eds.), Fair Weather? Equity Concerns in Climate Change. London: Earthscan.

UNFCCC-United Nations Framework Convention on Climate Change. China's view on enabling the full, effective and sustained implementation of the Convention through long-term cooperative action now, up to and beyond 2012. Poznan, 2008.

United Nations Framework Convention on Climate Change(UNFCCC). 1997. Paper no. 1: Brazil; proposed elements of a protocol to the United Nations Framework Convention on Climate Change, UNFCCC/AGBM/1997/MISC. 1/Add. 3 GE. 97. Germany: UNFCCC

United Nations Framework Convention on Climate Change（UNFCCC）. 2010. Report of the Conference of the Parties on its sixteenth session; Addendum: Part Two: Action taken by the Conference of the Parties at its sixteenth session, FCCC/CP/2010/7/Add. 1. Cancun: UNFCCC.

United Nations Framework Convention on Climate Change. 1997. Proposed Elements of a Protocol to UNFCCC, FCCC/AGBM/1997/MISC. 1/Add. 3. Brazil: UNFCCC.

Weber C L, Peters G P. 2009. Climate change policy and international trade: Policy considerations in the US. Energy Policy, 37（2）: 432-440.

Wiedmann T. 2009. A review of recent multi-region input–output models used for consumption-based emission and resource accounting. Ecological Economics, 69（2）: 211-222.

Winkler H, Brouns B, Kartha S. 2006. Future mitigation commitments: Differentiating among non-Annex I countries. Climate Policy, 5（5）: 469-486.

附　　录

表 5.S1　发达国家在各原则下承担的融资份额（%）

国家 Countries	支付能力原则（γ=2） The principle of ability-to-pay（γ=2）	历史责任原则 （1850 年起） Historical responsibilities principle （Start from 1850）	主权原则 Sovereignty principle	消费型 碳排放原则 Consumption-based emission principle
美国	42.167	38.527	39.596	40.534
俄罗斯	0.410	12.257	12.687	7.546
日本	11.901	5.267	8.532	9.978
德国	7.959	9.031	5.432	6.548
加拿大	3.190	2.946	3.638	3.305
英国	6.898	7.586	3.597	5.039
意大利	3.963	2.245	2.961	3.654
澳大利亚	2.034	1.554	2.719	2.083
法国	5.688	3.711	2.628	3.505
波兰	0.271	2.633	2.312	1.740
乌克兰	0.013	2.196	2.221	1.391
土耳其	0.312	0.726	2.172	1.547
西班牙	2.254	1.294	1.965	2.563
荷兰	2.236	1.091	1.327	1.416
捷克共和国	0.158	1.156	0.814	0.614
比利时	1.097	1.212	0.794	1.035
希腊	0.377	0.335	0.632	0.730
罗马尼亚	0.045	0.832	0.574	0.525
奥地利	0.949	0.514	0.488	0.673
白俄罗斯	0.014	0.375	0.453	0.353
芬兰	0.596	0.287	0.451	0.467
挪威	1.439	0.233	0.417	0.360
瑞典	1.332	0.484	0.383	0.592
葡萄牙	0.276	0.224	0.382	0.488
匈牙利	0.087	0.486	0.369	0.432
丹麦	0.894	0.391	0.337	0.469
保加利亚	0.011	0.362	0.326	0.257
爱尔兰	0.693	0.194	0.292	0.345

续表

国家 Countries	支付能力原则（γ=2） The principle of ability-to-pay（γ=2）	历史责任原则 （1850 年起） Historical responsibilities principle （Start from 1850）	主权原则 Sovereignty principle	消费型 碳排放原则 Consumption-based emission principle
瑞士	1.866	0.278	0.282	0.541
斯洛伐克	0.081	0.397	0.263	0.224
新西兰	0.238	0.162	0.230	0.240
克罗地亚	0.035	0.163	0.152	0.172
爱沙尼亚	0.010	0.145	0.134	0.107
斯洛文尼亚	0.054	0.102	0.112	0.112
立陶宛	0.017	0.293	0.099	0.117
卢森堡	0.238	0.069	0.079	0.098
塞浦路斯	0.031	0.023	0.056	0.059
拉脱维亚	0.008	0.190	0.056	0.086
马耳他	0.008	0.009	0.019	0.020
冰岛	0.071	0.011	0.014	0.024
摩纳哥	0.047	0.007	0.005	0.007
列支敦士登	0.033	0.002	0.002	0.005

第6章　绿色气候基金的经济气候效益评估

气候融资是国际气候谈判的主要议题之一，其目的是通过发达国家向发展中国家提供资金援助，来提高发展中国家应对和适应气候变化的能力。国际气候融资的成功部署能让发展中国家适应气候变化并能更快步入低碳发展之路。本章将分析绿色气候基金在应对未来全球气候变化中的贡献，及其对各国经济所产生的影响。

6.1　引　　言

所谓气候融资，主要是指以低碳或气候适应力的建设为目标的资金流动（Buchner et al., 2011）。其关键是提高技术改进和生态建设，要促成发展中国家努力加强气候适应能力，减少温室气体排放及温室气体吸收，并支持可持续发展（UN, 2010）。

目前，关于国际气候融资还存在很多不确定性，包括资金规模、资金来源等。从资金规模看，发达国家目前承诺的资金量与发展中国家的需求存在较大缺口。世界银行2010年发展报告认为：至2030年，发展中国家用于气候变化适应和减排的资金需求分别为300亿~1000亿美元和1400亿~1750亿美元（World bank, 2012）。相比较当前发展中国家每年能融资得到的资金大约为100亿美元的水平，资金缺口相当大。77国集团和中国提出附件 I 国家需要提供本国国民生产总值的0.5%~1%用于国际气候融资（UNFCCC，2008）。从资金来源看，Fujiwara 等（2008）认为除绿色投资计划、多边银行外，基于配额交易的拍卖、信贷交易、航空税、托宾税等政策措施都是增加国际气候资金的可考虑来源。UN（2010）把气候融资的来源分为四大类，即公共资金、发展银行、碳市场金融、私人资本。Zhang 和 Maruyama（2001）评价了全球环境基金（Global Environment Facility，GEF）、清洁发展机制（Clean Development Mechanism，CDM）、多边银行等融资机制的局限性，认为这几种融资机制不足以影响发展中国家未来的排放趋势，因此，必须建立更大规模的私人部门的参与。另外，全球统一的碳价格和碳税也被提出作为主要的气候资金来源（Silverstein, 2012; Silverstein, 2010）。在国内，关于气候融资的研究处于萌芽阶段，徐薇（2011）探讨了气候融资相关背景问题和国际上常见的融资途径；荆珍（2011）从考察森林碳汇的国际法律规定入手，分析了气候融资需要对森林碳汇市场进行改革。

虽然国际气候融资研究已经取得了一定的进展，但是，对于气候融资将对发达国家和发展中国家经济和全球气候变化产生的定量化影响分析，却甚少被关注，这个问题的瓶颈是缺少合适的模型，特别是气候融资结合到气候保护的综合评价中的模型，未见研究成果。因此，气候融资分析的建模和计算分析问题成了一个科学热点。本研究试图基于王铮等（2009）建立的 MRICES 模型（Multi-regional integrated model of climate and economy with GDP spillovers，GDP 溢出作用下的多区域气候经济综合模型，扩展构建一个气候融资的模块，以分析、评价气候融资在全球气候保护中所发挥的气候、经济效益问题。显然，融资结构是复杂的、多元化的，本研究的意义在于，给出一个合适的模型，作为一个新型的集成评估模型（Integrated Assessment Model, IAM）的开始。这个评估是一般生态经济学意义上的，而不是直接的生态效应和经济增长效应。

朱潜挺等（2013）对气候融资的问题做了一个较完整的分析，基于这个分析，本章研究将把它落实到应对气候变化的全球治理的具体行动上。

6.2　气候融资的模型构建

自 20 世纪 90 年代以来，用于气候保护政策评价的 IAM 得到了广泛发展（Tol, 1997；Leimbach, 1998；Pizer, 1999；Tol, 2002；Wang et al., 2010），MRICES 模型是在 Nordhaus 和 Yang（1996）、Nordhaus 和 Boyer（2000）的基础发展起来的一个包含了 GDP 溢出机制和干中学技术进步机制的多区域气候保护政策模拟系统（王铮等，2010），该模型将全球划分为 6 个国家（地区），分别为中国、美国、日本、欧盟、原苏联、世界其他地区。由于当前全球范围内的气候融资主要指发达国家向发展中国家的资金转移，那么结合 MRICES 模型的 6 个国家（地区），本研究在建模中将发达国家集团的美国、日本、欧盟作为资金转移输出国，中国、世界其他地区作为资金转移的输入国，而原苏联地区由于其作为一个高度发达的发展中国家（地区），经济水平高于一般的发展中国家，故不将其考虑在资金转移的输入国范畴内。

为确保未来气候变化行动中气候融资机制的高效运行，需要从两方面着手：一方面是保障发达国家集团的资金来源；另一方面是保证流入发展中国家的气候资金被落实到应对气候保护的应对中去。如此，本研究所构建的气候融资模型的内在经济机制为：发达国家建立用于支持发展中国家减排的专项资金，该资金独立于发达国家本国的减排投资，仅供向发展中国家的资金转移；而对于发展中国家而言，在获得发达国家的资金转移资金后，必须有效地将这部分资金用于碳排放量的减少中去，而不是做其他之用。需要说明的是，虽然气候融资的用途包括减排和适应两个方面，但 Damodaran（2009）研究认为对于中国、印度等发展中国家而言，由于对碳减排的投入引起的气候变化减缓降低了气候变化的风险，减少了气候适应的支出，故碳减排与气候适宜在资金上并不冲突，因此，研究中假设资金将全都用于减排的支出，这也可使资金抑制气候变化的作用最大化。

因此，基于模型的建模机制得到每年资金输出方用于气候融资的总资金流为

$$F_t = \sum_{i=1}^{n} F_{i,t} \tag{6.1}$$

式中，i 为资金转移输出各国，即包括美国、日本、欧盟，n 为资金转移输出方的国家个数，这里取值为 3；F_t 为 t 年全球总的资金输出流；$F_{i,t}$ 为 t 年 i 地区的资金输出流。对于资金输出国而言，气候融资的资金流来源于 GDP，故 MRICES 模型中资金输出各国的 GDP 支出方程需由式（6.2）变为式（6.2′）：

$$Y_{i,t} = C_{i,t} + I_{i,t} + En_{i,t} \tag{6.2}$$

$$Y_{i,t} = C_{i,t} + I_{i,t} + En_{i,t} + F_{i,t} \tag{6.2'}$$

式中，$C_{i,t}$，$I_{i,t}$，$En_{i,t}$ 分别为各国家（地区）的消费、投资以及用于化石燃料和非化石燃料的投资维护成本。而作为资金转移的输入方，各国每年所获得的资金流为

$$F'_{j,t} = \lambda_{j,t} F_t \tag{6.3}$$

$$\sum_{j=1}^{m} \lambda_{j,t} = 1 \tag{6.4}$$

式中，j 为资金转移输入各国，即包括中国和世界其他地区；$F'_{j,t}$ 为 j 国在 t 年所获得的转移资金；$\lambda_{j,t}$ 为 j 国在 t 年所获得的资金占当年全球总资金的份额，且各资金转移输入国的份额之和等于 1。

由于气候融资的最终目标是提高发展中国家减排的能力或减排的力度，因此，当资金输入国在得到 $F'_{j,t}$ 的转移资金后，需要计算出这部分的资金所能产生的减排量。考虑到减排资金投入与其对应的减排量并不是简单的正比例关系，即减排量并不会随着减排资金的增加幅度而等比例增加，其中的关键问题就在于减排边际成本的递增。通常而言，随着减排投资量的增加，减排量的增加幅度会迅速下降。因此，在资金转移输入方在获得资金转移后，需要在考虑边际减排成本的作用下计算出资金转移所产生的额外的减排量。具体建模过程如下。

在 MRICES 模型继承的 RICE（Nordhaus and Yang, 1996）模型结构中，各国的 GDP 和排放量分别如式（6.5），式（6.6）所示

$$Y_{j,t} = A^*_{j,t} K^{\alpha}_{j,t} L^{1-\alpha}_{j,t} \tag{6.5}$$

$$E_{j,t} = \sigma_{j,t}\left(1-\mu_{j,t}\right) Y_{j,t} \frac{A_{j,t}}{A^*_{j,t}} \tag{6.6}$$

式中，$Y_{j,t}$ 表示各国 GDP；$K_{j,t}$，$L_{j,t}$ 分别为物质资本和劳动力；α 为资本弹性；$E_{j,t}$ 为排放量；$\sigma_{j,t}$ 为碳排放强度；$\mu_{j,t}$ 为减排率；$A_{j,t}$ 为社会劳动生产率；$A^*_{j,t}$ 为有效社会劳动生产率，$A_{j,t}$ 与 $A^*_{j,t}$ 存在式（6.7）的作用关系：

$$A^*_{j,t} = \left(\frac{1 - b_{j,1}\mu^{b_{j,2}}}{1+\left(D_0 / 9\right) T_t^2}\right) A_{j,t} \tag{6.7}$$

式中，$b_{j,1}$，$b_{j,2}$ 为减排成本参数；D_0 为温度上升 3℃所导致的 GDP 损失；T_t 为当年的全球温度上升幅度，实际上，式（6.7）表征了由于减排措施和温度上升对 GDP 造成的损失。结合式（6.5）、式（6.6）、式（6.7），可以获得每增加一单位减排量所增加的减排成本，即一定减排率下的边际减排成本 $\mathrm{Mac}_{j,t}$（Pizer, 1999）为

$$\mathrm{Mac}_{j,t} = \frac{\partial Y_{j,t}}{\partial \mu_{j,t}} \bigg/ \frac{\partial E_{j,t}}{\partial \mu_{j,t}} \tag{6.8}$$

$$=\frac{b_{j,1}b_{j,2}}{\sigma_{j,t}\left(1+\left(D_0/9\right)T_t^2\right)}\mu_{j,t}^{b_{j,2}-1}$$

由于需要获得减排投资量与边际减排量之间的关系，因此，对式（6.8）做进一步变换，得到式（6.9）：

$$\begin{aligned}\text{Mac}_{j,t}&=\frac{b_{j,1}b_{j,2}}{\sigma_{j,t}\left(1+\left(D_0/9\right)T_t^2\right)}\mu_{j,t}^{b_{j,2}-1}\frac{E_{j,t}^{b_{j,2}-1}}{E_{j,t}^{b_{j,2}-1}}\\&=\frac{b_{j,1}b_{j,2}}{\sigma_{j,t}\left(1+\left(D_0/9\right)T_t^2\right)E_{j,t}^{b_{j,2}-1}}D_{j,t}^{b_{j,2}-1}\end{aligned}\tag{6.9}$$

式中，$D_{j,t}$ 为 j 国在 t 年的减排量。考虑到除资金转移所产生的减排之外，发展中国家本国可能已采取一定幅度的减排，故发达国家对发展中国家转移资金所产生的额外减排量可通过对式（6.9）中的减排量求定积分获得

$$F_{j,t}^{'}=\int_{D_{j,t}^{(1)}}^{D_{j,t}^{(2)}}\frac{b_{j,1}b_{j,2}}{\sigma_{j,t}\left(1+\left(D_0/9\right)T_t^2\right)E_{j,t}^{b_{j,2}-1}}D_{j,t}^{b_{j,2}-1}\mathrm{d}D_{j,t}\tag{6.10}$$

式中，$D_{j,t}^{(1)}$ 为 j 国在 t 年的国内减排量；$D_{j,t}^{(2)}$ 为获得资金转移后的总减排量，基于式(6.10)可解得资金转移所产生的边际减排量 $\Delta D_{j,t}$ 为

$$\Delta D_{j,t}=D_{j,t}^{(2)}-D_{j,t}^{(1)}=\left(\frac{F_{j,t}^{'}\sigma_{j,t}\left(1+(D_0/9)T^2\right)E_{j,t}^{b_{j,2}-1}}{b_{j,1}}+D_{j,1}^{b_{j,2}}\right)^{\frac{1}{b_{j,2}}}-D_{j,t}^{(1)}\tag{6.11}$$

因此，MRICES 模型中关于碳排放量的计算由式（6.6）变换为式（6.12）：

$$E_{j,t}=\sigma_{j,t}\left(1-\mu_{j,t}\right)Y_{j,t}\frac{A_{j,t}}{A_{j,t}^{*}}-\Delta D_{j,t}\tag{6.12}$$

由式（6.12）可以看出，当发达国家向发展中国家实施资金转移后，这部分资金流将在发展中国家产生额外的减排量，从而提高全球整体减排水平。

本研究所构建的气候融资模块与 MRICES 模型其他模块之间的整合关系如图 6.1 所示。限于篇幅，这里不再详细介绍 MRICES 模型的内部结构，有兴趣的读者可参考王铮等（2010）。

对于气候融资模块的参数取值，主要是要确定式（6.11）中的 $b_{j,1}$，$b_{j,2}$，这是涉及技术扩散影响与区域生态建设水平的参数，参考 Eyckmans 和 Tulkens（2003），以上两个参数的取值见表 6.1。模型中涉及的资金转移输出国的资金总额 F_t，资金转移输入国所获得的资金占当年全球总资金的份额 $\lambda_{j,t}$，均为政策控制变量，用户可通过这些变量的调整，模拟不同的资金转移情景。

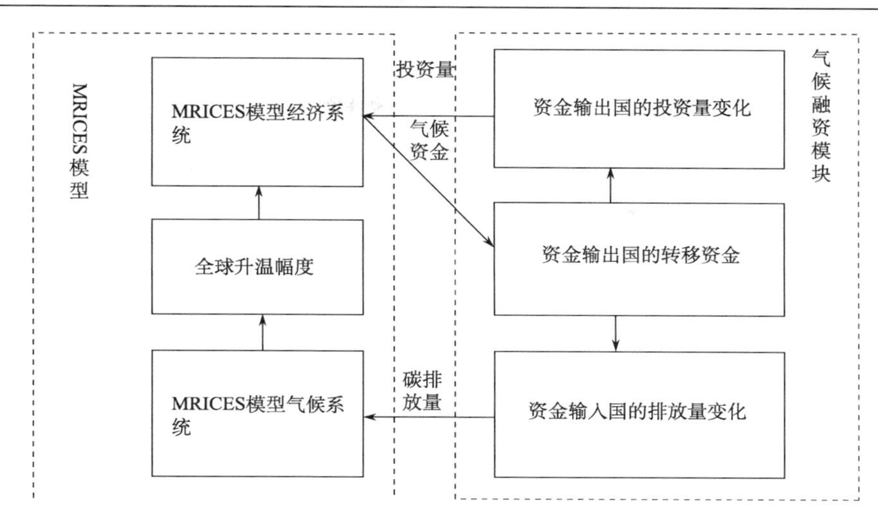

图 6.1　气候融资模块与 MRICES 模型的整合

表 6.1　资金转移模块的主要参数取值

地区	$b_{j,1}$	$b_{j,2}$
中国	0.15	2.887
世界其他地区	0.1	2.887

注：$b_{j,1}$，$b_{j,2}$ 分别为式（6.7）中的减排成本参数

6.3　气候融资模型的应用：融资对全球减排作用的模拟

在《坎昆协议》中，明确了发达国家对发展中国家的资金转移额度，即"至 2020 年，发达国家每年向发展中国家转移 1000 亿美元以支持发展中国家的减排行动"。因此，在本章的模拟中，将每年的资金转移额度设定为 1000 亿美元，并假设这部分资金转移在中国和世界其他地区的分配比例为 1∶4。

6.3.1　气候融资的气候保护效益分析

为了衡量气候融资对全球气候保护的效益，基于 MRICES 模型，需要分别模拟考虑和不考虑气候融资时的 BAU（business-as-usual）情景，即均不实施任何减排措施的情景。但由于《坎昆协议》只明确了至 2020 年的气候融资幅度，因此，对于 2020 年之后的资金转移需要做进一步的假设。定义以下 3 个情景。

情景 0：不考虑气候融资的 BAU 情景。

情景 1：考虑气候融资，假设至 2020 年发达国家每年向发展中国家转移 1000 亿美元，且在 2020 年之后停止转移。

情景 2：考虑气候融资，假设至 2020 年发达国家每年向发展中国家转移 1000 亿美元，且在 2020 年之后以年增长 0.5%的速度提高年转移额度（即至 2100 年转移额度约为

1490 亿美元）。

1. 气候融资对全球气候变化的抑制作用

模拟得到，在情景 0、情景 1、情景 2 下，至 2050 年全球 CO_2 浓度分别为 465.67 ppm，462.64 ppm，448.17 ppm，至 2100 年全球的升温幅度分别为 2.96℃，2.95℃，2.78℃。比较发现，若资金转移仅发生在 2020 年之前，这对全球的升温控制效果仍是十分微小的：情景 1 下 2100 年的升温仅比情景 0 下降了 0.01 ℃；且在情景 1 下，至 2050 年的全球 CO_2 浓度与情景 0 一样均超出了 450 ppm。从 CO_2 浓度和全球升温两个指标都可以看出，仅有《坎昆协议》的资金转移力度对全球应对气候变化仍是不够的。而在情景 2 中，当资金转移持续至 2100 年时，2050 年全球 CO_2 浓度下降到了 450 ppm 以内，2100 年全球升温比情景 0 下降了约 0.18 ℃。显然，在 3 种情景下，随着资金转移幅度的增加，全球 CO_2 浓度和升温的下降幅度均有所增加，表明资金转移对全球应对气候变化具有正面的影响。

2. 气候融资作用下全球碳减排量变化

通过气候融资，全球的碳排放量也发生了相应的变化。模拟得到，在情景 0、情景 1、情景 2 下，全球 2013~2100 年的碳排放量轨迹如图 6.2 所示，可以看到，相对于情景 0 而言，情景 1 下的全球碳排放量减少主要发生在 2020 年之前，而 2020 年之后碳排放恢复到情景 0 的水平；情景 2 下的全球碳排放量将整体下降，至 2100 年排放水平持续低于情景 0 的排放水平。3 种情景下，全球累积碳排放量分别为 1219.56 GtC、1206.58 GtC、1056.41 GtC。也就是说，当只在 2020 年之前实施资金转移，则累积碳排放量减少量为 12.98 GtC，占情景 0 下累积碳排放量的 1.1%；而当资金转移执行至 2100 年，则累积碳排放减少量为 163.16 GtC，占情景 0 下累积碳排放量的 13.3%。显然，长期的气候融资更有助于全球减少更多的碳排放量，促进全球气候朝着有利的方向发展。

进一步，全球碳排放量的减少，主要来自发展中国家在获得资金转移后产生的碳排放量减少。模拟得到，相对于情景 0 的碳排放量，在情景 1 和情景 2 下，中国以及世界其他地区的碳排放量减排量如图 6.3 所示。观察图 6.3 可知，在情景 1 下，在 2020 年之前，中国和世界其他地区的碳减排量均逐渐小幅递增，而在 2020 年之后，由于不再有资金转移支持，故两个国家（地区）的减排量均为 0；在情景 2 下，由于发达国家对发展中国家的资金转移是持续至 2100 年，故两个国家（地区）的年碳减排量均呈现持续增长的趋势。从总的碳减排量看，在情景 1 下，中国及世界其他地区的累积碳减排量分别为 5.02 GtC 和 7.96 GtC，分别占无资金转移时 2013~2100 年累积总碳排放量的 2%和 2%，而在情景 2 下，两个国家（地区）的累积碳减排量则分别为 62.74 GtC 和 100.42 GtC，分别占无资金转移时 2013~2100 年累积总碳排放量的 20%和 26%，气候融资的减排效果明显。

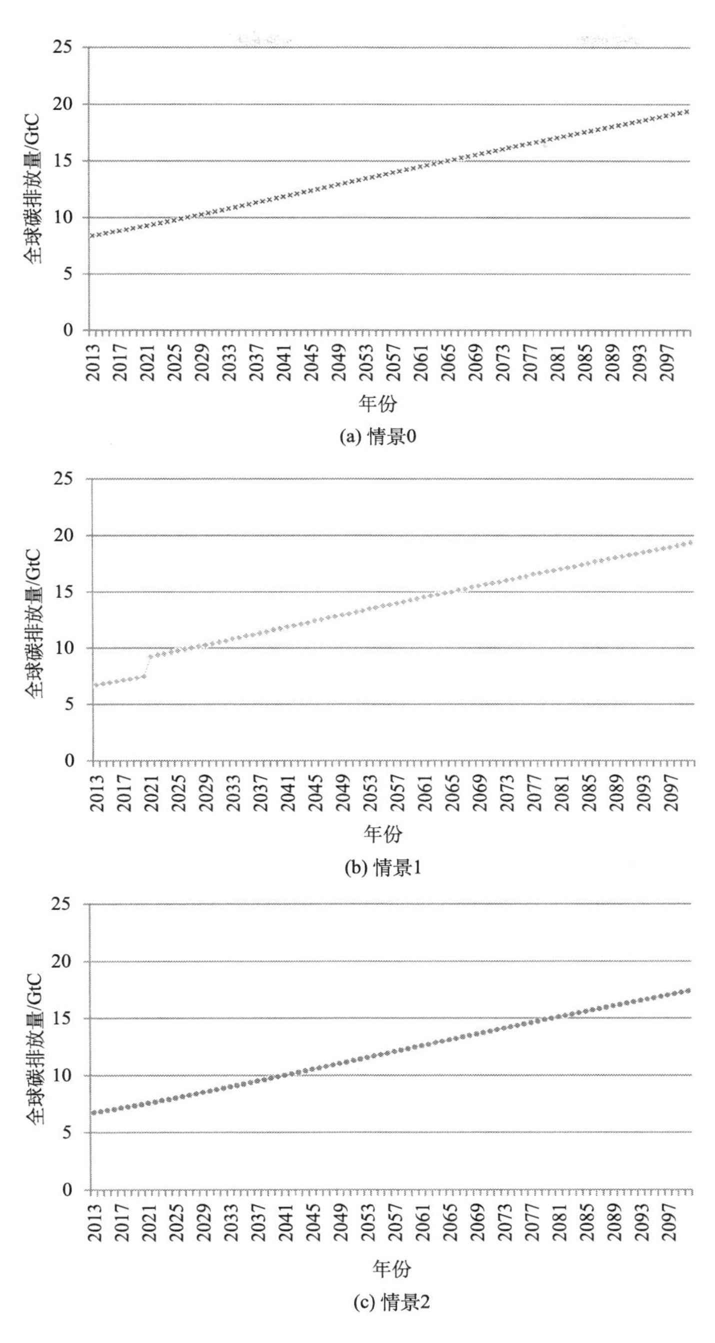

(a) 情景0

(b) 情景1

(c) 情景2

图 6.2　情景 0、情景 1、情景 2 下全球碳排放轨迹

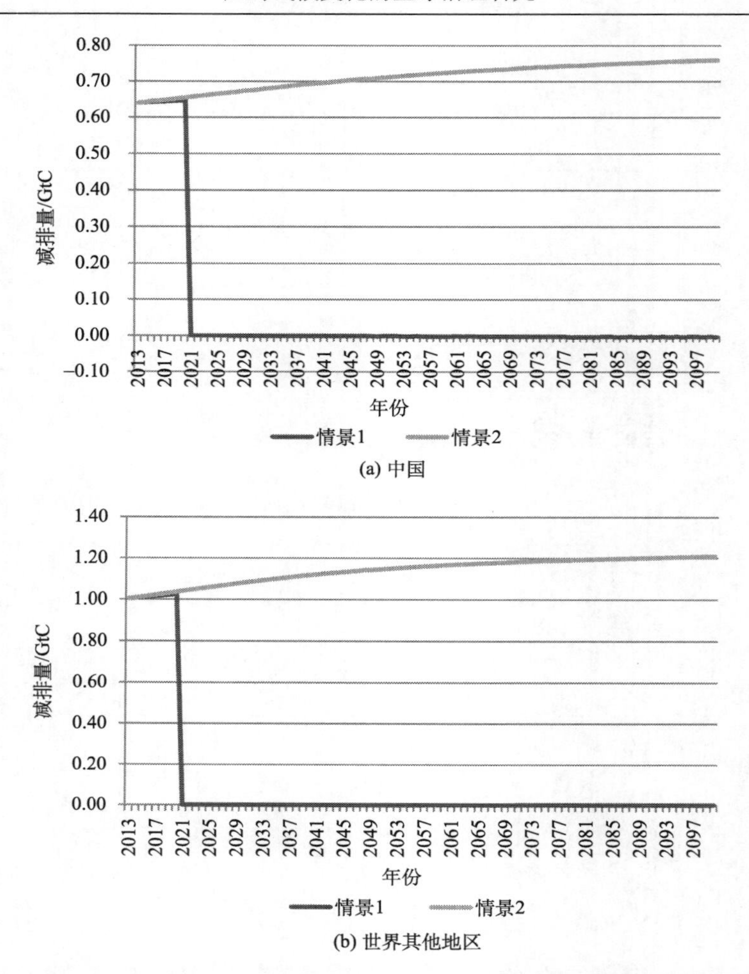

图 6.3　情景 1、情景 2 下气候融资所产生的中国和世界其他地区的碳减排量

6.3.2　气候融资的经济效益分析

1. 气候融资对发展中国家 GDP 的影响

对作为资金转移输入方的中国和世界其他地区而言，模拟得到，在情景 1 和情景 2 下，2013~2100 年，这两个国家（地区）的年 GDP 量相对于情景 0 下的 GDP 量变化率如图 6.4 所示，即实施资金转移后的 GDP 相对于无资金转移时的 GDP 的变化率。观察容易发现，当发生资金转移时，中国和世界其他地区的 GDP 相对于情景 0 均有所上涨，表明了资金转移有利于发展中国家的经济增长，这其中主要的原因在于资金转移后全球升温幅度下降，从而减少了因气候变化带来的经济损失。

进一步分析图 6.4，在情景 1 和情景 2 下，中国和世界其他地区的 GDP 变化率的趋势存在较大的差别。在情景 1 下，两个国家（地区）的 GDP 虽然均能在资金转移中获益，但 GDP 增幅很小，最高增幅仅为 0.17%，且随着时间的推移，GDP 增幅呈先增加后减小的趋势。这主要是由于在情景 1 下，虽然资金转移支持仅发生在 2020 年之前，但短期的资金转移仍会产生长期的经济效益，具体来说，2020 年之前的资金转移降低了 2020 年之后全球升温的基数，使 2020 年之后升温的幅度小于无资金转移时的升温幅度，从而使 2020 年之后的 GDP 仍有小幅增长，但随着时间的推移，这种余波的影响效果将逐渐减退。在情景 2 下，两个国家（地区）的 GDP 增幅显著增大，2100 年 GDP 较情景 0 时增加约 1.88%，且中国和世界其他地区在情景 2 下的 GDP 增幅呈现单调上升的趋势，这得益于持续增长的资金转移额度。

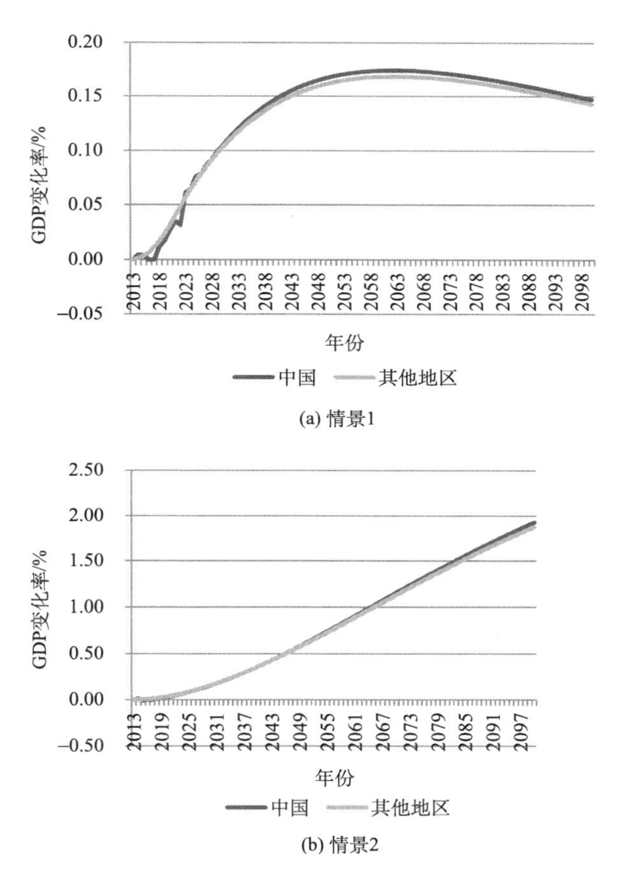

(a) 情景1

(b) 情景2

图 6.4　情景 1 和情景 2 下，中国和世界其他地区的 GDP 变化率

2. 气候融资对发达国家 GDP 的影响

对于作为资金转移输出国的美国、日本、欧盟这些发达国家（地区）而言，模拟得到，在情景 1 和情景 2 下，这些发达国家（地区）2013~2100 年的 GDP 相对于情景 0 的变化率如图 6.5 所示。

分析图 6.5（a），在情景 1 下，发达国家的 GDP 变化率呈现先下降后上升的趋势。由于在情景 1 下，美国、日本、欧盟需在 2020 年之前每年向发展中国家提供 1000 亿美

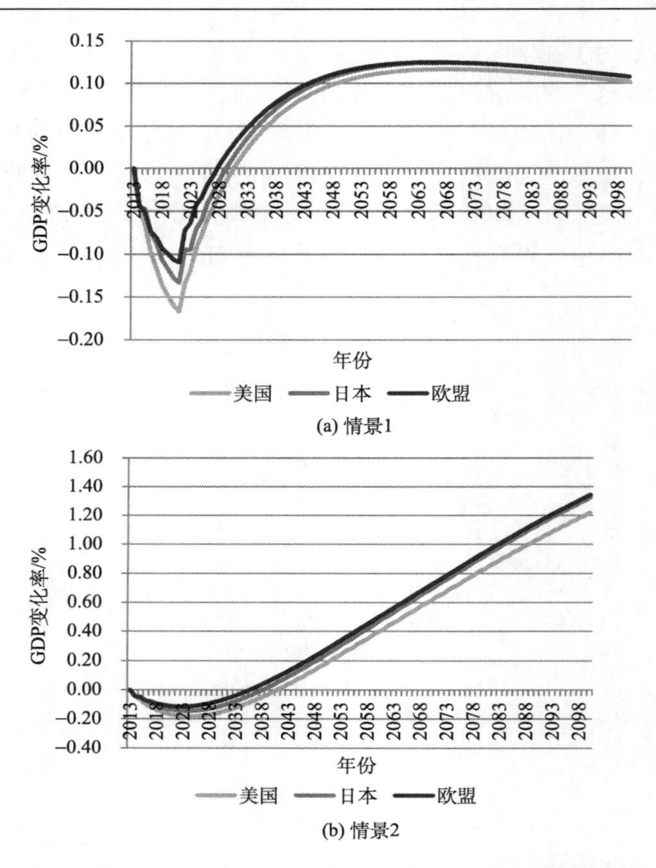

图 6.5　情景 1、情景 2 下，美国、日本、欧盟的 GDP 变化率

元的资金转移，该部分转移资金对 3 个国家本国的物质资本投资产生了抽取作用，故使它们在 2020 年之前的 GDP 损失持续增大；此后，一方面停止了资金转移，另一方面由于 2020 年之前的资金转移带来的全球温度升高幅度的减小，削弱了气候变化对发达国家的经济影响，使得发达国家在 2020 年之后，GDP 比情景 0 有所上升，故在 2020 年之后，发达国家的 GDP 逐步得到回升，但与发展中国家在情景 1 受到的经济影响类似，2020 年之前资金转移产生的余波效应作用仍然是有限的，发达国家 GDP 收益的程度随着时间的推移而逐渐减弱。

分析图 6.5（b），在情景 2 下，发达国家的 GDP 受到两股力量的作用影响，一方面，发达国家对发展中国家的持续的资金转移抑制了发达国家的资本累积速度，使 GDP 增长受损；另一方面，由于资金转移而带来的全球升温减缓，使得发达国家经济受气候变化影响程度减小，使 GDP 增长受益。这两股力量相互作用，使发达国家的 GDP 变化率呈现了先下降后上升的趋势，趋势变换点出现在 2027 年前后，也就是说，在 2027 年之前，资金转移的资金流出使发达国家的 GDP 有所损失，但 2027 年之后，损失程度逐步减小，并于 2040 年前后由 GDP 损失转变为 GDP 获益，这种获益将持续至 2100 年。也就是说，如果发达国家对发展中国家实施长期的资金转移，虽然在初期会使发达国家的 GDP 有所损失，但从长期看，最终将使发达国家的 GDP 受益于资金转移带来的全球气候保护；而且，从 GDP 变化幅度看，发达国家在资金转移初期的 GDP 损失仅在 0.2%以内，完全是在可承受范围之内，而至 2100 年，它们的 GDP 获益将达到约 1.4%，7 倍于超出初期的 GDP 受损程度。

3. 气候融资下全球效用变化

气候融资将最终促进发达国家和发展中国家的 GDP 增长，然而，由于 GDP 仅反映了国家层面经济水平的提高，不能很好地反映社会居民福利水平的变化，特别是当存在跨期消费效用分配时，仅考虑国家 GDP 水平是不够的，即需要综合权衡提高居民当前消费效用和保障未来居民消费效用的问题（Stern, 2008; Nordhaus, 2007）。这里引入拉姆齐效用函数来衡量跨期的居民消费效用变化情况，计算公式见式（6.13）：

$$U_i = \sum_{t=1}^{n} (1+\rho)^{-t} L_{i,t} \frac{(C_{i,t}/L_{i,t})^{1-\tau}}{1-\tau} \tag{6.13}$$

式中，ρ 为贴现率；τ 为消费者的消费风险厌恶系数。ρ 取值为 0.015（Nordhaus, 2007），τ 取值为 0.02（Nordhaus, 2007）。式（6.13）体现了跨期贴现作用下，居民的累积拉姆齐效用值。

模拟得到，在情景 1、情景 2 下，各国 2013~2050 年、2013~2100 年的累积拉姆齐效用相对于情景 0 的变化率如图 6.6 所示。分析可得，对于发展中国家而言，不论是短期的还是长期的拉姆齐效用均比情景 0 有所增长，即资金转移有助于提高发展中国家居民的消费效用。对于发达国家而言，从短期看，资金转移可能会使发达国家的效用较无资金转移时有所降低，如图 6.6（a）中，美国在情景 1、情景 2 下的拉姆齐效用变化率均为负值，但当资金转移额度较小时，发达国家在短期也可能获益，如图 6.6（a）中，日本和欧盟在情景 1 下均有所获利；但从长期看，至 2100 年，发达国家的累积拉姆齐效用均比情景 0 有所提高，表明资金转移最终对发达国家的效用水平提高是有利的。同时，综合从全球的视野看，不论是短期还是长期，在情景 1 和情景 2 下，全球的效用水平变化率均为正值，表明从减排的全球效用而言，资金转移是一项经济有效的减排机制。

6.3.3　中国在国际气候融资中的地位分析

中国作为全球人口最多的国家，摆脱贫困仍是我们的首要任务，减排支出对经济发展的影响不可忽视。而随着中国经济的迅速发展，在国际气候融资中，是否应该对中国进行气候资金支援仍存在争议。因此，为了检验是否有必要对中国进行气候资金转移，本章在情景 2 的基础上进一步设定情景 3，即假设气候资金全流向世界其他地区，而不对中国进行资金支援。也就是说，情景 3 与情景 2 相比，每年的气候资金是等额的，但转移方向发生了变化。

模拟得到，在情景 3 下至 2050 年全球 CO_2 浓度为 451.87 ppm，至 2100 年全球升温为 2.84℃。与情景 2 相比，显然这两个气候指标的值均有所上升，至 2050 年的 CO_2 浓度从情景 2 的 448.17 ppm 上升，并突破了 450 ppm 这一控制目标，至 2100 年全球

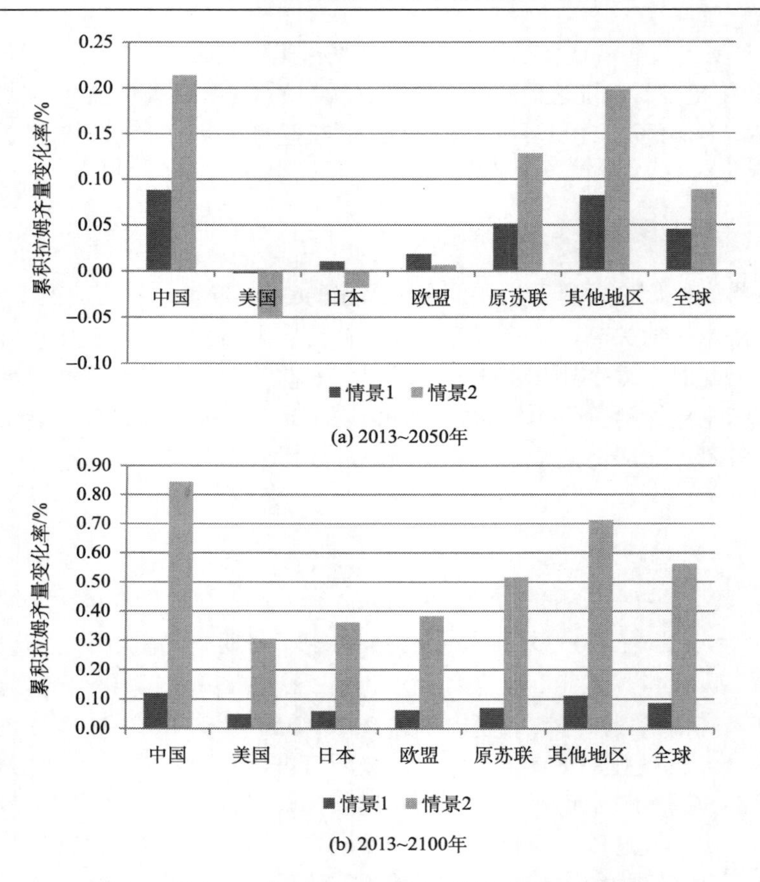

图 6.6　情景 1、情景 2 下，各国累积拉姆齐效用变化率

温升也上升了约 0.06℃。这表明从抑制全球气候变化的角度出发，国际气候融资的资金适量转移至中国比完全不转移至中国的气候保护效益更显著。另外，从气候保护行动对全球效用改进的角度分析，以情景 0 作为基准，计算得到，情景 3 下，至 2050 年、2100 年全球各国的累积效用变化率如图 6.7 所示。分析可知，至 2050 年，美国、日本、欧盟的累积效用均较基准有所损失，且引起注意的是，与情景 2 相比，欧盟的累积效用从受益变为受损；而中国、原苏联、其他地区的累积效用的受益程度较情景 2 也有所下降；至 2100 年，所有国家的累积效用受益程度均低于情景 2。因此，在国际气候融资额度一定的前提下，将资金完全转移至世界其他地区而不对中国的减排行动进行资金支援，这不仅将使全球升温幅度小幅提高，且将导致全球福利受损。也就是说，从国际气候资金优化配置的角度而言，未来气候资金适量转移至中国将有利于全球气候保护。

进一步分析在情景 2 与情景 3 下，虽然国际气候资金是等额的，但减排效果却存在显著差异的内在原因。分析发现，当改变资金转移方向，情景 2 中原本转移至中国的资金引起的碳排放量变化分别是：在情景 2 下，中国基于这部分气候资金降低了 62.74 GtC 排放量，而这部分资金在世界其他地区只降低了 8.41 GtC。这表明相同额度的资金在中国可以获得更多的边际减排量。

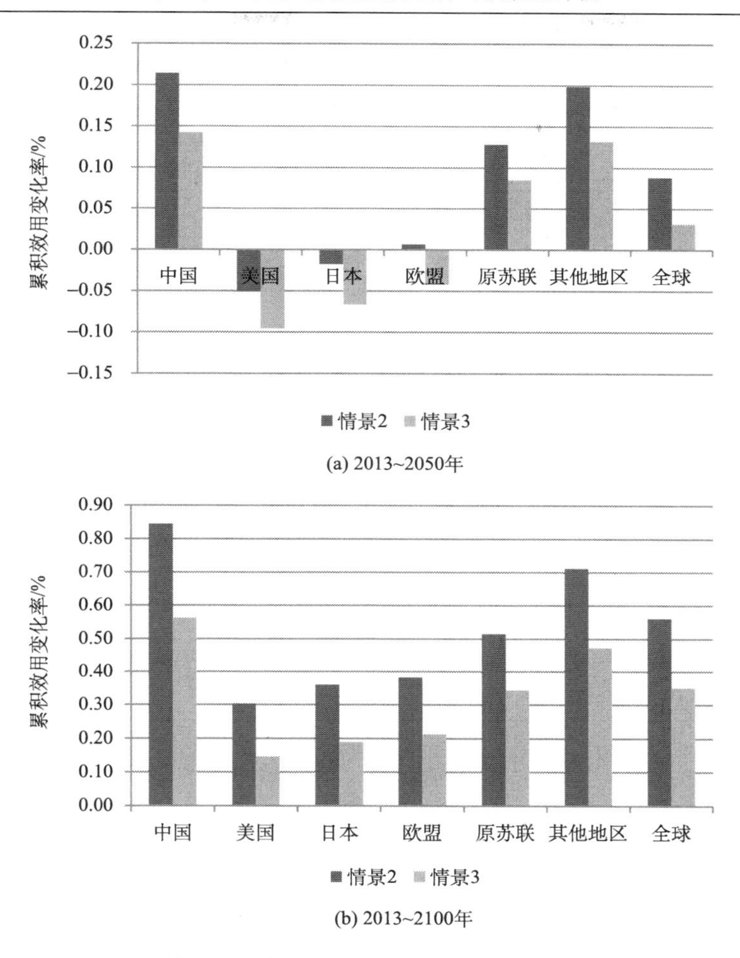

图 6.7　情景 2、情景 3 下，各国累积拉姆齐效用变化率

资金投资中国之所以能取得如此显著的成效，主要原因在于，一方面，中国生态建设需求大，因而减排潜力大（刘国华等，2000）；另一方面，我国产业规模也大，低碳技术一旦突破，受惠面广。细致的分析，容另文展开。

6.4　结　　论

国际气候融资已经成为全球气候谈判的核心议题之一，而气候融资具体额度及其辅助管理机制也正得到逐步的完善。本章在王铮等（2009）提出的 MRICES 模型基础上，在发达国家成立专项资金用于气候融资，且发展中国家将其所获得的转移资金完全用于碳减排的经济机制下，建立了国际减排中的气候融资模型。研究发现以下几点。

从气候融资产生的气候保护效益而言，资金转移对全球气候保护具有正面影响，但《坎昆协议》所提出的 2020 年之前实施 1000 亿美元资金转移对全球应对气候变化的作用仍十分微小，仅能使 2100 年的全球升温比无资金转移时下降 0.01℃；要使资金转移对全球升温有较显著的影响，必须制订长期的转移计划，这将促进发展中国家持续的碳减排，减缓全球升温。

从气候融资产生的经济效益而言，发展中国家将始终从资金转移带来的全球升温减缓中受益，其 GDP 水平和拉姆齐效用均比无资金转移时有所提高；而发达国家虽然在短期会因为资金流出而对本国 GDP 增长产生负面影响，但从长期看，资金转移对全球气候变化的抑制作用仍将促进发达国家的经济增长，且资金转移初期的经济负面影响远小于最终的正面影响；而从全球总拉姆齐效用水平变化看，无论在短期还是长期，资金转移都带来了全球效用的提高。

而中国虽然经济实力逐渐增强，但在气候资金总额确定的前提下，资金适量转移至中国比完全转移至其他地区将获得更显著的减排效果，且这也将有助于全球福利效用的改善，是气候资金优化配置的政策选择。

综上所述，气候融资是一项气候保护有效、经济效益显著的减排机制。在“后京都”时代，全球减排行动需要制订长期的融资计划，且适量向中国进行资金转移，这不仅能有效控制全球升温趋势，而且将使发达国家和发展中国家的经济均能从中受益，呈现双赢的局面。

参 考 文 献

荆珍. 2011. 森林碳汇市场改革的法律思考——以气候融资为视角. 特区经济,（4）: 152-154.

刘国华，傅伯杰，方精云. 2000. 中国森林碳动态及其对全球碳平衡的贡献. 生态学报, 20（5）: 733-740.

王铮，吴静，李刚强，等. 2009. 国际参与下的全球气候保护策略可行性模拟. 生态学报，29（5）: 2407-2417.

王铮，吴静，朱永彬，等. 2010. 气候保护的经济学研究. 北京：科学出版社.

徐薇. 2011. 气候变化融资问题研究. 北京：中国社会科学研究院研究生院硕士学位论文.

朱潜挺，吴静，王铮. 2013. 基于 MRICES 模型的气候融资模拟分析. 生态学报, 33（11）: 3499-3508.

Buchner B, Brown B, Corfee-Morlot J. 2011. Monitoring and Tracking Long-Term Finance to Support Climate Action. OECD/IEA Project for the Climate Change Expert Group on the UNFCCC.

Damodaran A. 2009. Climate financing approaches and systems: an emerging country perspective. http://dspace. gsom. spbu. ru/jspui/handle/123456789/43[2012-10-13].

Eyckmans J, Tulkens H. 2003. Simulating coalitionally stable burden sharing agreements for the climate change problem. Resource and Energy Economics, 25（4）: 299-327.

Fujiwara N, Georgiev A, Egenhofer C. 2008. Financing Mitigation and Adaptation: Where Should the Funds Come from and How Should They Be Delivered. Brussels, ECP Report.

Leimbach M. 1998. Modeling climate protection expenditure. Global Environmental change, 8（2）: 125-139.

Nordhaus W D. 2007. A review of the stern review on the economics of climate change. Journal of Economic Literature, 45（3）: 686-702.

Nordhaus W D, Boyer J. 2000. Warming the World: Economic Models of Global Warming. Massachusetts: MIT Press.

Nordhaus W D, Yang Z L. 1996. A regional dynamic general-equilibrium model of alternative climate-change strategies. The American Economic Review, 86（4）: 741-765.

Pizer W A. 1999. The optimal choice of climate change policy in the presence of uncertainty. Resource and

Energy Economics, 21（3-4）: 255-287.

Silverstein D N. 2010. A method to finance a global climate fund with a harmonized carbon tax. http://mpra. ub. uni-muenchen. de/27121/[2011-1-4].

Silverstein D N. 2012. Using a harmonized carbon price framework to finance the Green Climate Fund. http://mpra. ub. uni-muenchen. de/35280/[2012-1-4].

Stern N. 2008. The economics of climate change. American Economic Review, 98（2）: 1-37.

Tol R S J. 1997. On the optimal control of carbon dioxide emissions: an application of FUND. Environmental Modeling and Assessment, 2（3）: 151-163.

Tol R S J. 2002. Welfare specifications and optimal control of climate change: an application of fund. Energy Economics, 24（4）: 367-376.

UN. 2010. Report of the Secretary-General's High-Level Advisory Group on Climate Change Financing. United Nations, New York.

United Nations Framework Convention on Climate Change（UNFCCC）. 2008. China's view on enabling the full, effective and sustained implementation of the Convention through long-term cooperative action now, up to and beyond 2012. Poznan.

Wang Z, Li H Q, Wu J, et al. 2010. Policy modeling on the GDP spillovers of carbon abatement policies between China and the United States. Economic Modelling, 27（1）: 40-45.

World bank. 2012. Generating the funding needed for mitigation and adaptation. http://siteresources. worldbank. org/INTWDR2010/Resources/5287678-1226014527953/Chapter-6. pdf. [2012-1-6].

Zhang Z X, Maruyama A. 2001. Towards a private-public synergy in financing climate change mitigation projects. Energy Policy, 29（15）: 1363-1378.

第三篇　碳税、碳交易

第7章 全球实施碳税政策对碳减排及世界经济的影响评估

碳税是应对气候变化的重要政策工具之一。在气候变化全球治理的背景下，考虑到各国产业结构、经济发展水平等差异，如何合理设置碳税是影响碳税政策是否可行的关键；同时，不同的碳税幅度又将对全球的气候变化产生多大的贡献，以及对全球各国的经济产生多大的冲击，这些问题都是本章关注的重点。

7.1 引言

由于气候变化的全球性，所以碳减排需要全球治理，碳税被认为是典型的全球气候治理政策，因为征收碳税被发现是减少 CO_2 排放的有效工具。目前已有不少国家和地区实施了碳税政策。苏明等（2009）和 Stefan（2013）指出，丹麦从 20 世纪 70 年代开始征收能源消费税，其他的欧洲国家，如荷兰、芬兰、瑞典、挪威、德国、瑞士和英国，也在 20 世纪 90 年代开始陆续征收碳税或者相关的能源税。美国科罗拉多州的大学城圆石市和加拿大的不列颠哥伦比亚省分别在 2006 年和 2008 年开始实施碳税政策。Andersson 和 Karpestam（2012）表明，澳大利亚也在 2012 年开始对其国内的主要污染企业征收 23 $/tC 的碳税。然而，中国、南非等新兴发展中国家也在积极地探讨碳税等减排政策的影响。有了这些基础，在国际范围内征收碳税，通过碳税实现全球治理，正在形成一种可能的政策。

为了科学地实施全球治理政策，避免失误，气候政策模拟成为了一种重要方法。在碳税方面，Elliott 等（2010）研究表明，在国际贸易背景下，针对《京都议定书》附件一国家征收 105 $/tC 碳税时，2020 年全球碳排放将下降 15%。丛晓男（2012）模拟了碳税与碳关税政策，发现指出，在减排量相同的前提下，从经济影响上来看，各国主动征收碳税优于碳关税。然而，在全球平衡的经济体系下，保障征收碳税不至于引起经济危机，是全球治理的重要内容。

目前，GTAP-E 模型从标准 GTAP 模型衍生出来，Bumiaux 和 Truong（2002）对 GTAP-E 模型进行了详细说明。GTAP-E 模型包含了对能源的详细刻画和碳税相关模块，能够很好地模拟能源及环境政策对碳排放和经济发展的影响。Nijkamp 等（2005）研究了如何将国际排放交易、联合履约和清洁发展机制引入到 GTAP-E 模型中。Peterson 和 Lee（2009）将国内贸易及运输成本引入到 GTAP-E 模型中，分析了能源税对气候变化政策的影响。Oladosu（2012）以 GTAP-E 模型为基础，评估美国生物燃料政策对能源消费碳排放的影响。以上研究虽能模拟出能源政策或碳税政策在全球或区域尺度上带来的影响，但其采用的 GTAP-E 模型是标准比较静态模型，而经济的发展是动态演变的，静态模型未能满足分析动态问题的需要。鉴于以上研究的不足，本研究在 GTAP-E 和 GTAP-Dyn 模型的基础上构建了全球多区域多部门动态 CGE 模型，用于模拟全球征收碳税的全球治理情况，试图分析碳税政策对各区域的经济发展和碳排放状况，从而评估各种碳税的全球治理方案。

7.2　模型与数据

7.2.1　基本的经济结构

本研究借鉴了 GTAP-E 模型的能源嵌套复合关系、GTAP-Dyn 模型的资本动态化方法，构建了多区域多部门动态递推 CGE 模型，刻画全球经济结构。模型包含动态 CGE 模型和碳税模型两个部分。研究将全球划分为 20 个区域，每个区域包含 15 个产业部门，并假设每个部门只生产一种产品。与 GTAP 模型一样，模型中宏观经济的闭合在全球层面上实现，区域间通过贸易进行关联，在分析国际商品关系时，采用了 CGE 模型常用的本国产品与进口品的“Armington 假设”。模型的总体框架如图 7.1 所示。

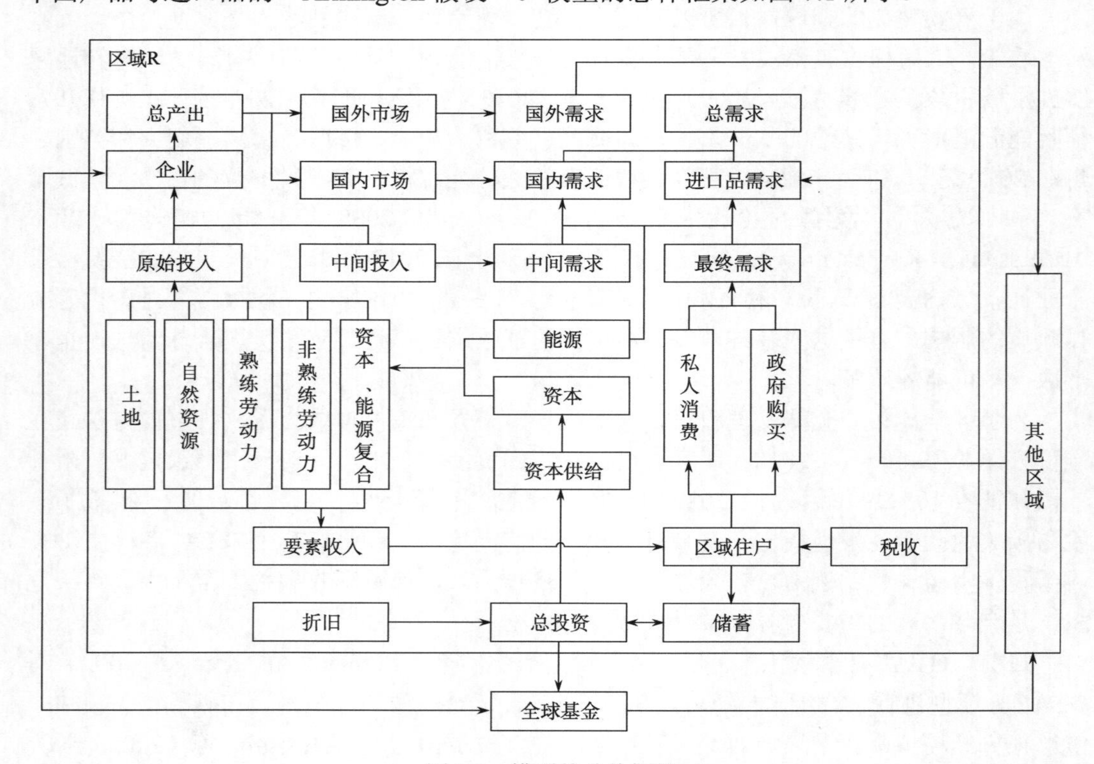

图 7.1　模型的总体框架

从图 7.1 的要素供给来看，模型包含了土地、自然资源、熟练劳动力、非熟练劳动力和资本五种类型的要素禀赋。模型将能源从中间投入中移出，与资本进行复合嵌套，得到“资本–能源复合品”，这样有利于更为合理地刻画生产活动中能源的使用情况和碳排放状况。部门的生产结构中，模型将能源与资本之间的嵌套关系自上而下划分为六层，均通过 CES 函数形式复合。顶层为资本与能源在成本最小化原则下复合，得到资本和能源的投入量；第二层，能源投入量确定之后，在成本最小化原则下，电力和非电力能源通过 CES 函数确定各自的投入量；第三层，非电力能源的投入量确定之后，煤和非煤能源复合为非电力能源，通过成本最小化原则进一步确定煤和非煤能源的投入量；第四层包含天然气、石油和石油制品的复合，国产原煤和进口原煤的，来自不同国家的进口电力之间的复合；第五层包含来自不同国家原煤的复合、国产与进口的天然气、石油和石油制品的复合；最后一层为来自不同国家的进口品的复合。能源与资本复合得到“资本–能源复合品”，再与其他的要素禀赋复合成为“增加值–能源复合品”，供企业进行生产活动。除了要素禀赋的投入，企业的生产活动还需要中间产品的投入，中间投入品是基于“Armington 假设”由国内商品和国外进口品复合得到的。如图 7.1 所示，企业实现生产活动之后，产出的商品分别满足私人住户、政府和企业三类经济主体的消费需求。另外，从市场角度来看，区域内企业的产出分别供应给国内商场与国外市场，以满足国内和国外的消费需求。区域商品的总需求由进口需求和国内需求构成，因为模型在全球范围内实现市场出清，所以市场出清条件是全球的总供给等于总需求。

在处理技术方面，模型将每一个区域都视为一个单独的账户，我们称之为区域住户。区域住户的收入主要来自提供要素禀赋的收入和各类税收收入，这些收入用于满足区域住户的支出。区域住户通过最大化 Cobb-Douglas 效用函数的方式决定其总收入用于私人消费支出、政府购买和储蓄的规模。当区域间存在资本流动时，区域住户的资金流动关系就需要进一步扩展，为此模型引入 GTAP-Dyn 模型中的虚拟部门——全球基金部门。引入全球基金后，区域住户的投资方式和资产结构将发生改变，而且不再限定资本只在本区域内流动。全球基金一方面接受来自各区域住户的投资，另一方面则将其汇集的资本投资于各个区域的企业，最后再将其获得的投资收入按照一定的规则返还给区域住户。

为刻画国家间资本的动态流动，模型引入了目标投资回报率，使实际投资回报率与目标投资回报率逐步趋近，得到实际投资回报率向目标投资回报率趋近的增长率，即要求增长率。由于投资水平与投资回报率的预期增长率有关，模型就引入了预期增长率这个变量，然后让要求增长率与预期增长率相等，预期增长率与资本存量之间存在关系，因此，我们确定了要求增长率之后，就可以得到区域投资水平。由于模型较为复杂，这里不再一一列出，具体内容详见唐钦能（2014）。

7.2.2　碳税模型

碳税政策研究中，常见的做法是通过产品税进行转换，也可以在模型中显式地引入碳税变量。本研究引入了 GTAP-E 模型的碳税模块，将碳税税率与价格关联，通过征税前后价格的变化来模拟碳税对整个经济系统的影响。另外，模型动态化的实现也为评估碳税政策的长期影响提供了支持。碳税模型的相关方程如下：

$$\mathrm{CTAX}(\mathrm{nel},i,r)=\mathrm{EF}(\mathrm{nel},i,r)*\mathrm{TaxRate}(\mathrm{nel},i,r) \tag{7.1}$$

$$\mathrm{CTAXBAS}(\mathrm{nel},i,r)=\mathrm{VDFANC}(\mathrm{nel},i,r)+\mathrm{VIFANC}(\mathrm{nel},i,r) \tag{7.2}$$

$$\mathrm{cpower}(\mathrm{nel},i,r)=\frac{\mathrm{CTAX}(\mathrm{nel},i,r)}{\mathrm{CTAXBAS}(\mathrm{nel},i,r)} \tag{7.3}$$

式中，nel 表示化石能源种类，包括煤、石油、天然气和石油制品；i 表示生产部门；r 表示区域；CTAX 表示所征收的碳税额；EF 表示区域 r 部门 i 消耗化石能源 nel 的碳排放量；TaxRate 表示征收的碳税税率；CTAXBAS 表示征税税基，由 VDFANC 和 VIFANC 组成，它们分别表示区域 r 部门 i 消耗国产和进口化石能源 nel 的产出价值量；cowper 表示碳税强度的变动率。模型设定碳税强度的变化即为碳税对经济系统造成的价格冲击，并且国产品和进口复合品受到的价格冲击幅度一致，那么商品价格的变动关系如式（7.4）所示：

$$\mathrm{pm}(\mathrm{nel},i,r)=\mathrm{pnc}(\mathrm{nel},i,r)+\mathrm{cpower}(\mathrm{nel},i,r) \tag{7.4}$$

式中，pm 为征收碳税后商品价格的变动率；pnc 为征收碳税前部门商品价格的变动率。

7.2.3 数据来源及说明

模拟的基础数据源自 GTAP 第八版数据库，它以 2007 年的全球数据为分析基年，包含了全球 129 个区域、57 个产业部门，提供了要素投入、中间投入、部门产出、资本存量、国际贸易等宏观经济数据。根据研究需要，我们将 GTAP 第八版数据库重新整合为 20 个区域和 15 个产业部门，以此为基础展开 2008~2050 年的动态模拟。20 个区域分别是中国、美国、日本、德国、法国、英国、巴西、意大利、印度、加拿大、俄罗斯、西班牙、澳大利亚、韩国、墨西哥、南非、其他欧盟国家、其他高收入国家、其他中等收入国家和低收入国家。15 个部门分别是农业部门、食品服装部门、化学化工部门、矿产部门、金属部门、传统制造部门、现代制造部门、建筑部门、交通运输部门、服务业、原煤、原油、天然气、电力部门以及石油和煤制品部门，详细的区域整合和部门合并情况见唐钦能（2014）。

本研究的模型包含土地、自然资源、熟练劳动力、非熟练劳动力和资本五种要素禀赋，因此，基准情景中需要设定这五种要素的增长方式。首先，模型设定土地和自然资源的供给量在模拟中不变。实际上土地的供给量会受土地需求、土地租金等因素的影响发生改变，特别是在长期的经济模拟中。考虑到本研究的模拟区间为 2008~2050 年，属于中短期模拟，且各区域的土地供给数据较难获取，故假定土地供给量不变。与土地供给情况一样，模拟期间自然资源的供给量不变。其次，模型中熟练劳动力和非熟练劳动力的增长方式是外生给定的，基于 CEPII 提供的 2008~2050 年劳动力数据整理得到。再次，模型中资本存量是累积增长的，由模拟内生决定，因此，不需要设定资本存量的增长情况。此外，模型还设定人口增长数据，2008~2013 年的增长率采用世界银行的真实数据，2014~2050 年的增长率来自 CEPII 的预测数据。

7.3 全球治理的碳税政策

为了分析全球碳税治理问题，我们设置了几种碳税政策情景。碳税政策情景的设计主要涉及碳税的征收范围、征收方式、起征时间、碳税税率等。我们首先从三个方面考虑碳税的征收范围：各区域内被征收碳税的经济主体，被征收碳税的温室气体范围，征收碳税的地域范围。由于本研究从消费的角度对 CO_2 排放进行征税，涉及的消费环节包括企业厂商的中间需求消费、家庭住户及政府部门的最终消费，因此，本研究对企业厂商、私人住户和政府三类经济主体征收碳税。特别要说明，CO_2 是产业生产的主要温室气体，因此，模型只考虑对 CO_2 排放征收碳税。

对于征收碳税的全球问题，我们认为根据世界经济发展不平衡的现实，综合《京都议定书》中规定需要承担减排责任的国家以及当前世界各国经济发展的现状，需要对征税区域做差别化处理，由此模拟在各国家与地区采用不同碳税税率的政策影响。根据差别化处理原则，本研究构建了 5 种全球碳税治理情景，记不征收碳税的情景为基准情景，即情景 0，其余 4 种为碳税情景。情景 1，征税区域包含了《京都议定书》中附件一国家及其他所有高收入国家或区域，即美国、日本、德国、法国、英国、意大利、加拿大、西班牙、澳大利亚、韩国、欧盟其他国家和高收入区域，碳税税率设为 10$/tC。为了比较不同税率带来的减排效果和经济影响，设定情景 2，征税区与情景 1 相同，但碳税税率为 20 $/tC。情景 3 设为对全球所有区域征收碳税，并且将碳税税率设定为 10$/tC，利于与情景 1 的模拟结果进行比较。前三种情景出于比较研究的目的，采用了统一的碳税税率，实际情况下碳税税率的设定会受到区域减排责任与配额的影响，因此，情景 4 参考朱潜挺等（2015）对全球各区域公平减排碳配额的研究结果，细化各区域的碳税税率，与其他情景做进一步的比较分析。其中，配额较高的区域实施较低的碳税税率，碳配额相对较少的地区则反之。关于碳税的起征时间，考虑到 2008~2015 年为历史年份，本研究将碳税的起征时间虚拟为 2016 年，并假定起征后税率不变。为了更好地说明文中的碳税政策治理情景，现将实施碳税的情景汇总于表 7.1 中。

表 7.1　全球治理的不同碳税政策

情景	征收碳税的国家或区域范围	碳税税率
情景 1	美国、日本、德国、法国、英国、意大利、加拿大、西班牙、澳大利亚、韩国、欧盟其他国家和高收入区域	10 $/t C
情景 2	美国、日本、德国、法国、英国、意大利、加拿大、西班牙、澳大利亚、韩国、欧盟其他国家和高收入区域	20 $/t C
情景 3	全球所有区域	10 $/t C
情景 4	低收入区域	0 $/t C
	中国、巴西、印度、墨西哥、南非	5 $/t C
	加拿大、俄罗斯、澳大利亚、韩国、中等收入区域	10 $/t C
	美国、德国、法国、英国、意大利、西班牙、欧盟其他国家	15 $/t C
	日本、高收入区域	20 $/t C

7.4　碳税政策的减排效果

基于这里发展的模型，我们对基准情景和碳税治理情景展开了模拟，首先说明不同情景下全球碳排放的模拟结果。在基准情景，即情景 0 中，全球碳排放呈上升趋势，从

2008 年的 7.2 GtC 上升到 2050 年的 32GtC，这是由全球经济规模的增长导致的。2008~2050 年全球 GDP 随时间增长，从 56.83 万亿美元增长到 146.54 万亿美元。碳税情景的模拟结果如图 7.2 所示。图 7.2 显示，四种碳税情景较情景 0 的碳排放变化率均为负值，可见碳税政策的实施对全球 CO_2 的排放起到了不同程度的遏制作用。情景 1 和情景 2 中，只对发达国家和高收入区域征收碳税，其对碳排放的缩减程度相对较小，2050 年的碳排放分别较情景 0 减少了 1.7 GtC 和 2.4 GtC，比基准情景分别降低了 5.1%和 7.3%。另外，比较情景 1 和情景 2 的模拟结果可以发现，碳税税率提高后，情景 2 中碳排放的缩减规模更大。情景 3 和情景 4 在全球范围实施碳税时，碳排放得到了更为显著的遏制，2050 年的碳排放较基准情景分别缩减了 11.4 GtC 和 8.8 GtC，分别占基准情景碳排放的 35%和 27%。由此可见，全球碳减排的规模与实施碳税的地域范围密切相关，全球各区域均施行碳税政策更利于减少碳排放，然而这可能破坏发展中国家的经济运行，需要进一步的经济评估。

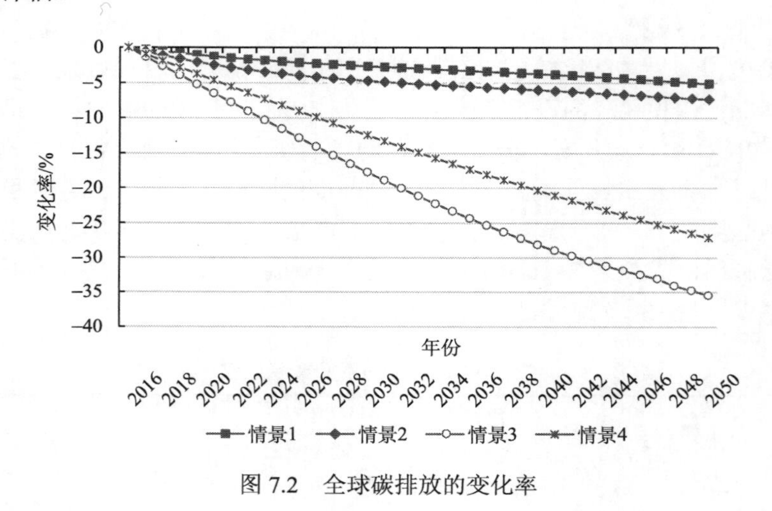

图 7.2　全球碳排放的变化率

接下来，我们可以进一步考察碳税政策对区域碳减排的影响。图 7.3 显示的是发达国家及高收入区域征收 10 $/tC 时全球各区域的减排量，即情景 1 中区域碳排放的变化。正值代表与情景 0 相比碳排放增加，负值代表与情景 0 相比碳排放减少。从图 7.3 中可以看出，当仅对发达国家及高收入区域征收碳税时，征税区的碳排放表现出不同程度的缩减，美国对碳减排作出了主要贡献，其 2050 年的减排量约为情景 0 时全球碳排放的 2.8%，达 915 MtC，约为全球减排量的一半。其次是高收入地区和欧盟其他国家，2050 年它们的碳排放分别缩减了 366 MtC 和 199 MtC。这主要是因为碳税政策的施行使发达国家和高收入地区的生产成本上升，进而促使产业部门的投资和生产规模减少，能源消耗规模得到削减，碳排放量随之减少。不同于征税区碳排放减少的趋势，未征税地区的碳排放在情景 1 中有小幅度的增加，如中国、印度、南非等国家。这是征税区的产业向未征税区域转移的结果，尤其是高耗能产业。未征税区域的产业在情景 1 中因成本优势参与更多的国际分工，能源消耗量小幅上扬，导致碳排放略微上升。虽然未征税地区的碳排放有所增加，但征税地区的碳排放减少规模更大，因此，全球的碳排放较基准情景减少。情景 2 仍然针对发达国家和高收入地区征税，但税率较情景 1 加倍，增加至 20 $/tC。图 7.4 说明了情景 2 中各区域碳减排的变化趋势和规模。我们可以发现，情景 2 中各区域碳排放的变化趋势与情景 1 相同，但各区域碳排放的变化量不同。由此可见，模拟期内各区域碳减排的规模随碳税税率的提高而增加。在情景 2 中，美国仍然是碳减排贡献

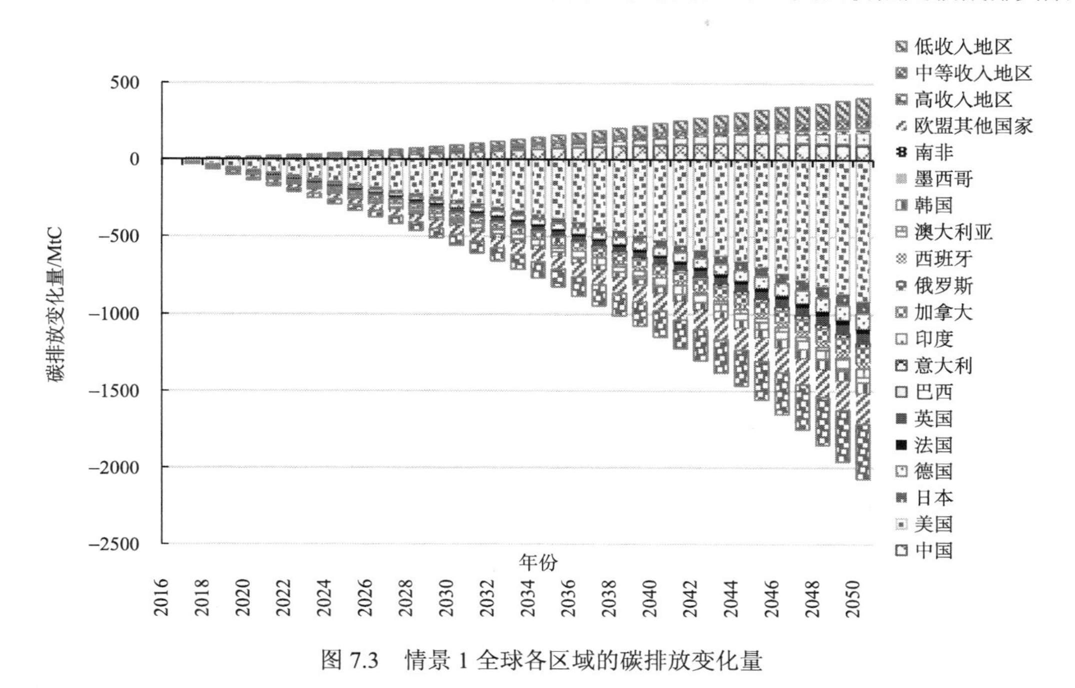

图 7.3　情景 1 全球各区域的碳排放变化量

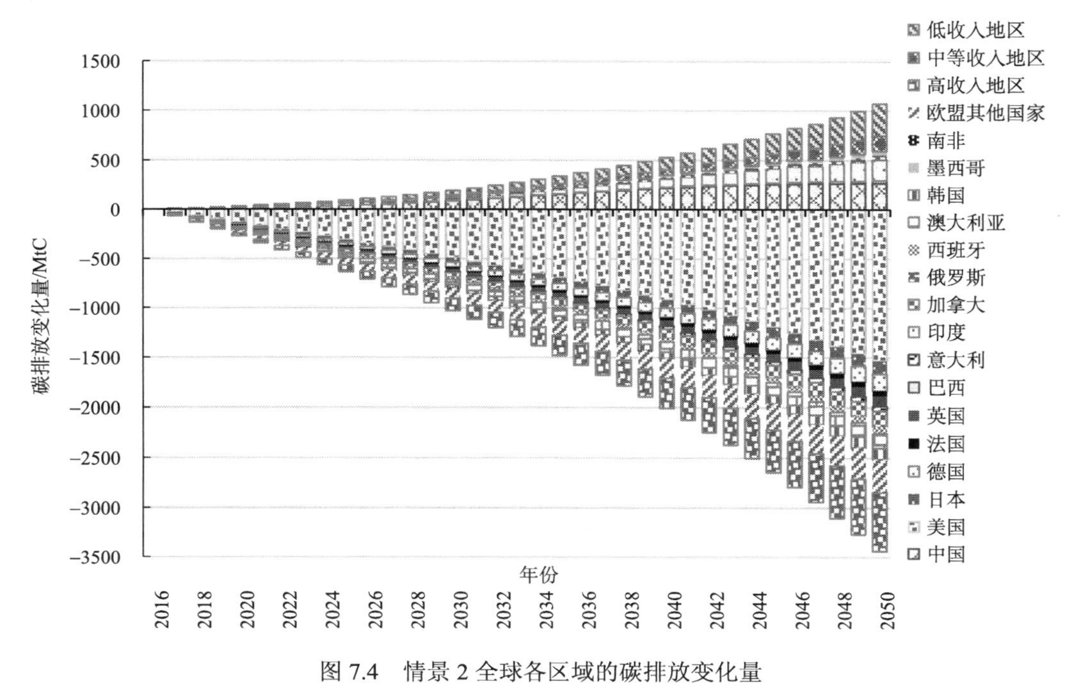

图 7.4　情景 2 全球各区域的碳排放变化量

最多的国家，贡献了全球减排量的一半，使全球碳排放下降了 4.75%。2050 年美国的碳排放较情景 0 减少了 1534 MtC，减排量是情景 1 的 1.7 倍。高收入地区和欧盟其他国家的减排规模在情景 2 中也有所增加，2050 年的减排量分别是情景 1 的 1.7 倍和 1.6 倍。

一种“公平”的全球碳税治理方式是，全球所有区域均实施 10$ /tC 碳税时各区域的减排量，即情景 3 的减排效果，如图 7.5 所示。情景 3 中，全球所有区域在实施碳税政策后，企业的生产成本提高，投资和消费需求受到抑制，导致全球各区域碳排放量缩减，2050 年全球的碳排放较情景 0 减少了 35%。从图 7.5 中可以看出，中国、印度、美国和低收入地区的碳减排规模较大，2050 年这些区域的碳减排量分别为 4637 MtC、3898 MtC、817 MtC 和 573 MtC，分别使全球碳排放减少 14%、12%、3%和 2%，而其他地区的碳减排量相对较小。比较情景 1 和情景 3 的模拟结果可知，对全球所有区域征税更利于抑制 CO_2 的排放，且发达国家和高收入地区在实现减排的同时，经济较基准情景有了更好的发展。发展中国家和中低收入地区同发达国家的表现有所差异，虽然中国、印度等发展中国家在征收碳税之后碳减排量巨大，但是这些国家大规模减排的同时可能伴随着经济发展的停滞或倒退，并不可取。情景 4 将碳税税率与碳配额简单结合，大部分地区碳排放减少，如图 7.6 所示。在情景 4 中，发展中国家的碳排放受碳税政策的影响相对较大，特别是中国和印度，其 2050 年的减排量分别使全球碳排放下降了 11%和 7%。美国的碳排放在情景 4 中同样受到碳税政策的抑制，2050 年其减排量约为全球碳排放的 4%，高于情景 3 中的减排量，这是碳税税率提高所致。全球其他国家和地区的碳减排水平虽有所增加，但对全球减排的贡献相对较小。

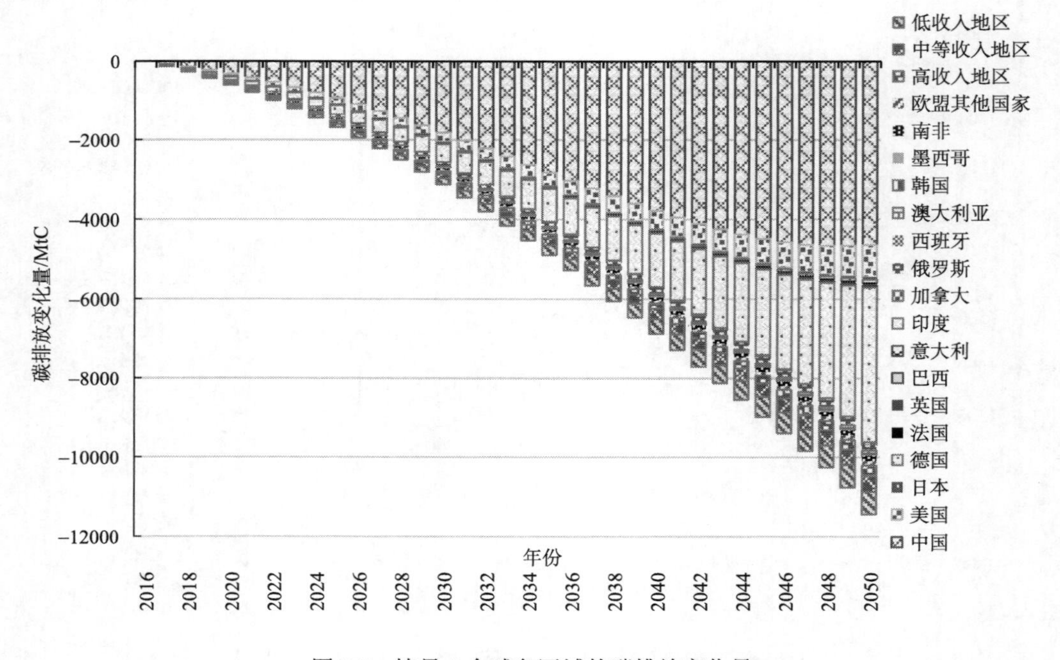

图 7.5　情景 3 全球各区域的碳排放变化量

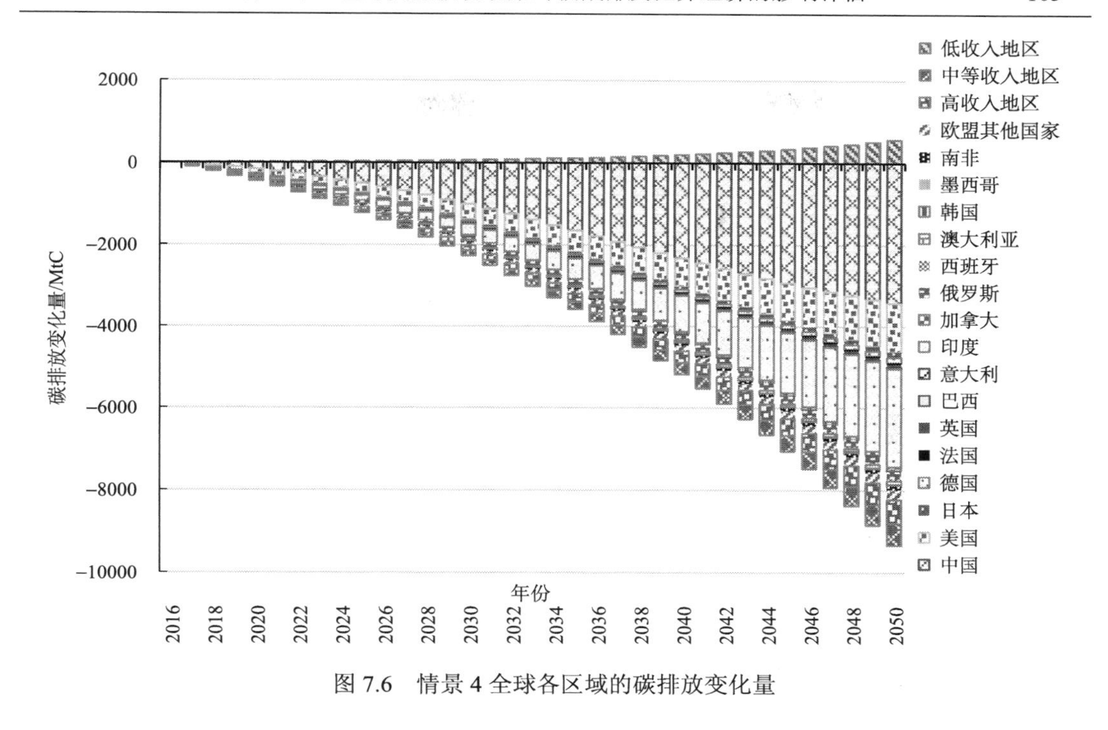

图 7.6　情景 4 全球各区域的碳排放变化量

7.5　碳税政策对宏观经济的影响

碳税政策的实施不仅对碳排放产生影响，也会对区域经济的发展带来冲击，因此，我们需要比较分析全球碳税政策实施前后宏观经济的变化状况。首先，情景 0 中全球 GDP 呈现上升的趋势，从 2008 年的 56.83 万亿美元增长到 2050 年的 146.54 万亿美元，这与 CEPII 对全球 GDP 的预测数据接近。四种碳税情景的模拟结果如图 7.7 所示。与情景 0 相比，四类碳税情景下的 GDP 变化率均为负值，换言之，征收碳税时全球经济均受到了

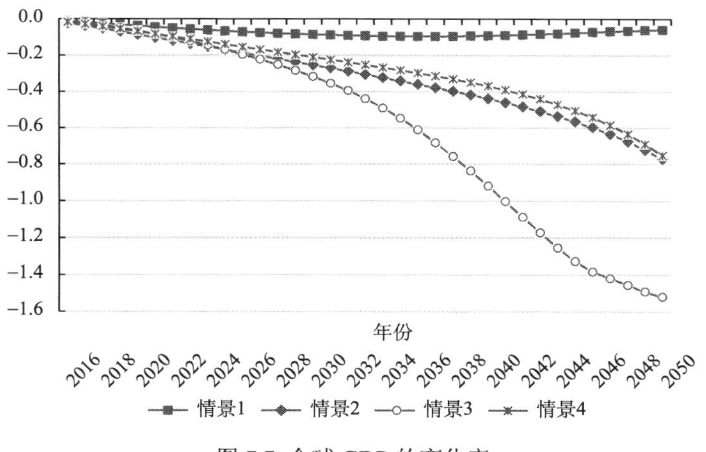

图 7.7 全球 GDP 的变化率

负面冲击，碳税政策一定程度上阻碍了全球经济的发展。之所以发生这种情况，主要是因为，一方面对于产业部门来说，碳税政策提高了企业厂商的生产成本，从而使区域的总产出减少；另一方面对于最终消费的住户来说，征收碳税提高了其消费成本，因而抑制了住户的消费需求。从这两方面进行分析，征收碳税会使全球GDP减少。

比较前面所述四种碳税政策情景下全球GDP的变动情况，可以发现，情景1中全球GDP受到的负面冲击最小，2050年全球GDP下降了0.07%，这与只针对发达地区征税和碳税税率相对较小有关。情景2和情景4的征税区域虽然不同，但对全球GDP造成负面冲击的程度和趋势大体相同，2050年全球GDP较情景0分别下降了0.73%和0.74%。虽然情景2和情景4中全球GDP的受损程度接近，但这两种情景的碳减排效应却有较大差异，2050年的碳减排量分别为2.4GtC和8.8GtC。相对其他情景，情景3的碳税政策对全球宏观经济的冲击最大，全球GDP的下降幅度最大，2050年的GDP总量较基准情景下降了1.50%，约为情景2和情景4的两倍。与经济规模大幅缩减相对应的是碳排放的大规模减少，情景3的全球碳减排规模也是所有情景中最大的。

在四种全球碳税政策治理下，世界各区域GDP的变动状况如表7.2所示。情景1下，仅对发达国家和高收入区域征收碳税时，征税区域和未征税区域的经济发展水平呈现了不同的变化趋势。整体上，征税区的经济发展受到了碳税政策带来的负面影响，而未征税区域的GDP却表现出增长势头。碳税政策实施的初期，所有征税区的经济发展均受到不同程度的阻碍，GDP的变化率均为负值，这与全球GDP受到负面影响的原因相同。随时间推移，高收入地区、加拿大、澳大利亚、美国和韩国的经济持续受到碳税政策的负面冲击，2050年的GDP下降幅度大于政策实施初期，且大于全球GDP受到的冲击幅度，这也是这些地区碳排放减少的主要原因。2050年美国的GDP虽然下降了1.1%，但它却贡献了全球碳减排的一半，使全球碳排放减少了2.8%。法国、意大利、西班牙、英国、德国、日本和欧盟其他国家的经济发展却在模拟后期呈现出逐渐恢复的特征，受碳税政策的负面冲击开始减弱，这就导致这些地区的碳减排规模相对较小。尤其是法国和意大利，这两个国家的经济发展在模拟后期甚至要好于基准情景，2050年的GDP分别提高了0.47%和0.22%，但它们仅减少了全球0.10%和0.09%的碳排放。情景1中，未征税区域的GDP整体上较基准情景有所上升，这主要是因为未征税区域具有成本优势，征税区域的产业会逐步向成本较低的区域转移，促使未征税区域扩大生产投入，经济规模随之增大。未征税区的中国、俄罗斯、墨西哥和低收入区域的经济在政策实施的初期，同样受到来自碳税政策的负面冲击，我们需要从这些区域的净出口变化状况来解释。碳税实施初期，这些国家的净出口量呈现下滑的态势，这主要是因为发达国家征收碳税之后，其国内生产减少，进口规模随时间缩减，对未征税地区的工业半成品等需求减少，因此，中国、俄罗斯等国家的GDP出现小幅下滑。在模拟的中后期，征税区的经济发展出现恢复趋势，且中国、俄罗斯、墨西哥和低收入区域的产业部门具有一定的成本优势，因此，这些区域的经济在模拟的中后期得以更好地发展。对比分析情景1和情景2的模拟结果，可以发现，情景2下各区域GDP的变化趋势与情景1相似。只是在税率翻倍的前提下，情景2中各区域GDP的受影响程度要高于情景1。高收入地区、韩国和澳大利亚的GDP在情景2中分别损失了7.2%、6.3%和5.9%，均大于其在情景1中的经济损失，这就意味着征收碳税的影响会随着税率的提高而加剧。

表 7.2　全球各区域 GDP 变化率（%）

地区	情景 1			情景 2			情景 3			情景 4		
	2015 年	2030 年	2050 年	2015 年	2030 年	2050 年	2015 年	2030 年	2050 年	2015 年	2030 年	2050 年
中国	−0.001	0.163	0.306	−0.003	0.338	0.683	−0.010	−1.720	−8.482	−0.006	−0.414	−2.063
巴西	0.000	0.210	1.694	0.001	0.442	4.019	−0.002	0.406	3.454	−0.001	0.455	3.638
印度	0.007	0.257	0.652	0.013	0.529	1.568	−0.020	−1.583	−12.157	−0.003	−0.179	−2.427
俄罗斯	−0.021	−0.022	0.202	−0.042	0.000	0.568	−0.019	−0.829	−0.550	−0.024	−1.021	−4.264
墨西哥	−0.005	0.212	2.027	−0.010	0.445	4.677	−0.015	0.303	4.720	−0.013	0.406	4.210
南非	0.002	0.213	1.525	0.004	0.451	3.601	−0.007	−1.222	−9.640	−0.001	−0.107	−0.198
中等收入地区	0.001	0.217	1.410	0.001	0.456	3.304	−0.008	−0.210	2.151	−0.009	−0.392	−1.459
低收入地区	−0.001	0.115	0.703	−0.002	0.261	1.808	−0.011	−0.564	2.243	−0.002	0.440	4.048
美国	−0.006	−0.273	−1.112	−0.011	−0.729	−4.394	−0.004	−0.001	0.022	−0.008	−0.324	−1.715
日本	−0.008	−0.154	−0.056	−0.017	−0.395	−1.340	−0.002	0.474	1.787	−0.015	−0.194	−1.512
德国	−0.004	−0.086	−0.021	−0.008	−0.245	−0.460	0.004	0.455	1.426	−0.001	0.155	0.824
法国	−0.007	−0.085	0.474	−0.014	−0.218	0.632	0.001	0.498	2.132	−0.005	0.186	1.863
英国	−0.005	−0.118	−0.080	−0.010	−0.294	−0.478	0.003	0.332	1.392	−0.003	0.058	0.605
意大利	−0.007	−0.114	0.222	−0.014	−0.276	0.052	0.001	0.571	1.981	−0.006	0.194	2.538
加拿大	−0.009	−0.535	−2.258	−0.018	−1.220	−5.516	−0.006	−0.188	−0.051	−0.006	−0.322	−1.033
西班牙	−0.008	−0.182	−0.180	−0.016	−0.439	−1.151	0.001	0.433	2.000	−0.007	0.044	0.819
澳大利亚	−0.010	−0.594	−2.176	−0.020	−1.378	−5.943	−0.010	−0.304	0.497	−0.011	−0.459	−0.813
韩国	−0.007	−0.227	−1.095	−0.015	−0.668	−6.274	0.001	0.634	4.041	0.003	0.465	2.986
欧盟其他国家	−0.011	−0.294	−0.775	−0.022	−0.711	−2.612	−0.003	0.332	2.943	−0.011	−0.127	0.188
高收入地区	−0.007	−0.473	−2.423	−0.014	−1.099	−7.165	−0.006	−0.164	0.468	−0.014	−0.972	−6.746
全球	−0.005	−0.081	−0.065	−0.010	−0.232	−0.726	−0.005	−0.292	−1.500	−0.008	−0.198	−0.738

为了比较不同征税地域对经济及碳排放影响的差异，特别是全球碳税治理政策，本研究做了情景 3 的模拟。在情景 3 中，当对全球所有区域征税时，各区域的碳排放规模均有所缩减，但经济发展的变化趋势各异，碳税政策甚至成为部分区域经济发展的助力，GDP 在模拟期间一直表现出增长趋势，如德国、法国、英国、意大利、西班牙和韩国。尽管这些区域的碳排放减少，但经济规模的扩张会在一定程度上加剧 CO_2 的排放，因此，德国、法国、英国、意大利、西班牙和韩国在全球碳减排中的贡献有限。韩国的 GDP 上升幅度最大，与基准情景相比，2050 年的 GDP 增加了 4.77%，但它只贡献了全球碳减排的 0.15%。再次，美国、日本、加拿大、澳大利亚、欧盟其他国家和高收入地区在政策实施的最初几年，真实 GDP 均出现小幅下降，经过一段时间调整后，其真实 GDP 由下降变为上升。这是因为，随着政策实施效果的显现，国际贸易的部分产业将逐渐从

技术相对落后的国家转移到技术发达、能耗和碳排放强度较低的国家，国际重新产业分工，从而导致美国、日本等区域的 GDP 较基准情景有所抬升。情景 3 中，美国的经济在模拟后期已超过情景 0 不收碳税时的经济规模，2050 年 GDP 较情景 0 增加了 0.02%，与此同时，美国减少 CO_2 排放 818MtC，使 2050 年全球碳排放减少了 2.8%。由此可见，碳税政策对美国的经济冲击有限，甚至有所促进，却能有效抑制碳排放。

情景 3 中，巴西、俄罗斯、墨西哥、中等和低收入地区在碳税政策初期经济下滑，后期经济有所回升。然而，另一些区域的经济发展在模拟期内受到征税的阻碍，GDP 持续下降，这些区域包括印度、南非和中国，它们的 GDP 受损程度位列前三位，2050 年 GDP 分别损失了 12.2%、9.6%和 8.5%。尽管情景 3 中大部分地区的经济发展在模拟后期有所恢复，甚至好于情景 0，但是 2050 年全球的 GDP 却较情景 0 减少了 1.5%，这主要是由印度、南非和中国的经济发展严重受创造成的。由表 7.2 可以看出，发展中国家和中低收入地区的经济发展受到的负面冲击整体上要高于发达国家和高收入地区。在技术落后的区域内，企业厂商会因碳税政策带来的成本压力，逐渐减少对高能耗和高碳排放强度产业的投资，产出相应减少，经济发展受阻。这是情景 3 中 GDP 受损幅度较大的区域多是发展中国家的原因。结合情景 3 中碳排放的模拟结果，可以发现，中国、印度和南非碳排放规模的减少是由经济发展的严重下滑导致的，是以牺牲经济发展为代价的。

与情景 3 对全球所有区域采用统一的碳税税率不同，情景 4 将各区域的碳配额与碳税率简单结合，根据各区域未来的碳排放量设定相应的碳税率。未来碳排放空间大的发展中国家和地区对应较低的碳税率，碳排放空间小的发达国家和地区对应较高的碳税率。在情景 4 中，受碳税政策冲击较大的两个区域是高收入地区和俄罗斯，2050 年的 GDP 分别较情景 0 下降了 6.7%和 4.3%。伴随着经济受挫而来的是碳排放的进一步减少，情景 4 中，高收入地区和俄罗斯 2050 年分别减排 576 MtC 和 199 MtC，高于情景 3 中的 256 MtC 和 118 MtC。韩国、德国、法国、英国、意大利、西班牙和欧盟其他国家的 GDP 变化趋势与情景 3 相似，尽管欧盟所属国家的碳税税率由情景 3 的 10 $/tC 提高到情景 4 的 15$/tC，但这些区域的 GDP 在模拟后期仍然好于情景 0，此时，碳税政策反而促进了这些区域的经济发展。从碳排放的角度来看，欧盟国家在情景 4 中的减排水平均有所提升，大于情景 3 中的减排规模。因此，我们可以认为，在保持经济发展水平与基准情景一致的前提下，欧盟国家的碳减排仍有一定的上升空间。情景 4 中，美国、日本、加拿大、澳大利亚的经济水平一直低于情景 0，2050 年各国的 GDP 损失均在 1%左右，稍高于全球 GDP 的下降率 0.74%，这与碳税税率的提高直接相关。虽然美国的经济发展出现小幅下滑，但 2050 年美国减排 818MtC，相当于全球碳排放的 3.71%，高于情景 3 的 2.53%，对全球碳减排的贡献增加。另外，中国、印度、南非在情景 4 中持续受到来自碳税政策的负面冲击，GDP 持续下降，2050 年的 GDP 分别降低了 2.06%、2.42%和 0.20%。虽然中国、印度和南非的经济发展在情景 4 中受到负面冲击，但其 GDP 受损程度要小于情景 3，主要是因为碳税税率降低。可以发现，降低碳税税率后，发展中国家和地区在减排的同时，经济损失有所降低。

7.6 结　　论

本研究采用全球动态 CGE 模型，模拟了 2008~2050 年全球经济发展及碳排放状况。模拟结果表明，模拟期内全球 GDP 和碳排放均呈现增长趋势。在碳排放问题的全球治理要求下，我们模拟了四种碳税政策情景下，全球各区域的经济发展和碳排放的变化情况，以对碳排放的全球治理作出评估。

模拟分析表明，当仅有发达国家及高收入区域征收碳税时，征税区经济受到负面冲击的同时，碳排放也随之降低，且冲击程度随碳税税率的提高而加剧。未征税区域具备成本优势，因此，未征税区的经济发展在模拟后期出现反弹，好于基准情景，能源消耗随之增高，造成更多的碳排放。可见，如果仅仅针对发达国家和高收入国家实行碳税政策，虽遏制了部分地区的碳排放，却在阻碍全球经济发展的同时，使部分未征税国家碳排放增加。

当全球所有区域都实施相同的碳税政策时，全球碳排放较只针对发达地区征税时，得到了更大程度的削弱。整体上，发展中国家对全球碳减排作出了主要贡献。与此同时，发展中国家，特别是金砖国家的 GDP 遭遇了大幅度的损失，导致全球 GDP 低于基准情景。这说明全球统一的碳税政策虽能起到减排效果，但却是以牺牲发展中国家和中低收入地区的经济发展为代价的，加剧了全球碳减排的不公平性。

针对这种情形，一种合理的全球治理模式是，对碳税税率采用地域差异化处理，各区域采用不同的碳税税率时，全球碳排放大规模削减，经济发展所受的负面冲击却远远小于全球统一税率的情景。由此可见，对全球征税时，税率的地域差异化处理，利于达到兼顾经济和环境的双重效果，更能体现全球碳减排治理的公平性①。

参 考 文 献

从晓男. 2012. 面向地缘政治经济分析的全球多区域CGE 建模与开发. 北京: 中国科学院大学博士论文.

马晓哲, 王铮, 唐钦能. 2015. 全球实施碳税政策对碳减排及世界经济的影响评估. 气候变化研究进展, 审稿中.

苏明,傅志华,许文,等. 2009. 碳税的国际经验与借鉴. 经济研究参考,（72）: 17-23.

唐钦能. 2014. 全球共同应对气候变化经济政策评估系统（GreCPAM）的研发与应用研究. 北京: 中国科学院大学博士学位论文.

朱潜挺,吴静,洪海地,等. 2015. 后京都时代全球碳排放权配额分配模拟研究. 环境科学学报, 35（ 1）: 329-336.

Andersson FN, Karpestam P. 2012. The Australian carbon tax: a step in the right direction but not enough. Carbon Management, 3（3）: 293-302.

Bumiaux J M, Truong T P. 2002. GTAP-E: An Energy-environmental Version of the GTAP Model. Center for Global Trade Analysis, Purdue University, West Lafayette, GTAP Technical Paper.

① 本章更多技术内容见马晓哲等（2015）。

Elliott, Joshua, Kortum, et al. 2010. Trade and carbon taxes. The American Economic Review ,100: 465-469.

Nijkamp P, Wang S, Kremers H. 2005. Modeling the impacts of international climate change policies in a CGE context: The use of the GTAP-E model. Economic Modelling,22（6）: 955-974.

Oladosu G. 2012. Estimates of the global indirect energy-use emission impacts of USA biofuel policy. Applied Energy, 99（0）: 85-96.

Peterson E B, Lee H L. 2009. Implications of incorporating domestic margins into analyses of energy taxation and climate change policies. Economic Modelling, 26（2）: 370-378.

Stefan S. 2013. Carbon : two decades of experience and future prospects. Carbon Management, 4（2）: 171-183.

第8章　全球碳排放权交易建模

碳排放权交易是除征收碳税之外的应对气候变化的重要治理政策之一。碳税通过增加排放者的成本，从而达到排放控制的目标。但碳交易却与之不同，在碳交易机制下，首先有一个整体的排放控制目标，在该目标下各排放主体结合自身的排放需求与配额进行碳交易，从而达到配额使用的效益最大化。与碳税相比，碳交易具有总量控制、市场定价等优势，故自《京都议定书》签订以来，碳市场得到了快速的发展。本章将构建全球碳排放权交易模型，并对不同减排方案下的碳交易展开模拟，分析碳交易在全球应对气候变化中的作用。

8.1 引　　言

1997年12月《京都议定书》在日本京都通过，《议定书》规定，2008~2012年（即第一承诺期），全球主要工业国家的工业CO_2排放量要比1990年降低5.2%；并允许这些国家在履行温室气体减排义务时可采用三种市场交易机制：联合履行机制（JI）、清洁发展机制（CDM）和排放贸易机制（ET）。在此基础之上，基于配额的碳排放权交易市场在发达国家之间迅速发展起来。欧盟气候交易所于2005年推出了首个区域性碳排放权交易市场（EU-ETS），并在区域碳总量控制方面起到了积极作用。Stern（2008）认为，“后京都”时代应大力推行配额交易机制。那么，配额交易机制是否能够在保证有效、高效和公平的原则下实现全球气候保护，这就需要我们对碳排放权配额和碳排放权交易两个方面开展定量研究。

在碳排放权配额研究方面，Bohm和Larsen（1994）研究表明净人均减排费用均等化的初始配额分配方案有利于形成短期公平，而基于人口规模的初始配额分配方案有利于形成长期公平。Kverndokk（1995）研究认为按照人口规模来分配碳排放权配额是一个较好的方案，它兼顾了公平性和可行性。Janssen和Rotmans（1995）在人均碳排放权均等方案的基础上，考察了人口规模、GDP水平和能源使用量三个要素对区域碳排放权配额的影响。Cramton和Kerr（2002）分析了基于拍卖形式来分配碳排放权的含义，认为拍卖式配额原则优于世袭制配额原则。然而，这些研究主要是从公平性的角度来比较配额方案优劣，缺乏对总量控制约束的研究。作为第一个具有法律约束力的国际减排协议，虽然《京都议定书》对主要工业国家的碳排放作出约束，但即使第一期承诺目标能够实现，其效力也相当有限（Malakoff, 1997; Najam and Page，1998）。多数学者认为，“后京都”时代的全球减排方案必须综合考虑发展中国家的具体情况，包括历史责任、缓解行动以及对最易受影响的国家或地区的援助（Rajan, 1997; Sagar and Kandlikar, 1997; 江志红等，2008）。相对于国际上著名的Stern（2008）方案、Sørensen（2008）方案等，国内学者，如丁仲礼等（2009）、王铮等（2009）、姜克隽等（2009），也对中国及其他发展中国参与下的全球减排方案展开了多方面研究。

在碳排放权交易研究方面，Nordhaus（1997）在对经济增长与气候间相互关系的研究中指出，温室气体排放的经济问题主要表现为其具有外在性，而解决温室气体外在性问题的途径主要包括碳税、碳交易以及管制措施。Zhang（2009）认为碳交易和碳税在控制温室气体方面优于管制措施，而碳交易则优于碳税。目前，针对碳交易的建模主要有两种方法：基于 CGE 建模方法和基于 Agent 建模方法。基于 CGE 建模的相关研究有，Manne 和 Rutherford（1994）通过建立一个五区域跨期一般均衡模型来考察碳排放控制对国际油价、碳泄漏、碳交易的影响。Ellerman 和 Decaux（2005）基于 EPPA 模型（MIT 开发的一个 CGE 模型）导出边际减排成本曲线，就《京都议定书》框架下的碳交易进行情景分析。McLibbin 等（1999）采用多区域多部门跨期一般均衡模型来考察碳交易及其资金流。Szabo′等（2006）建立一个水泥行业全球动态模拟系统（CEMSIM）对欧盟以及附件 B 国家 CO_2 排放交易进行模拟分析。可惜的是，这些模型都基于一个共同假设，即经济总处于均衡增长的稳态。然而均衡增长稳态的假设通常只在单一区域或者是不存在交易的情况下才能成立，在多区域交易模型中，这种假设是存在问题的(Springer, 1999)。与采用 CGE 建模方法对碳交易开展的研究相比，基于 Agent 建模方法的研究相对较少。Mizuta 和 Yamagata(2001)建立了一个拍卖机制下的国际温室气体排放交易模型。Chappin（2006）基于 Agent 技术来模拟欧盟碳交易对荷兰电力部门投资的影响。这些研究为我们提供了一个基于 Agent 动态市场交易机制对复杂经济和社会环境开展模拟研究的基础，而无需依赖传统经济理论中的均衡状态假设。

纵观相关研究，国内关于碳交易的研究尚处在起步阶段，尤其是在将全球配额分配与碳交易相结合方面的定量研究相对较少。由于目前被普遍所采用的 CGE 建模方法仍无法克服其不能长期动态化的缺陷，故亟待新的研究。本章将借助 Agent 建模技术，通过建立一个全球范围的碳交易模拟系统，来探索基于配额交易机制的全球碳交易行为及其在全球气候保护中的作用（朱潜挺等，2012）。

8.2　模型与数据

基于 Agent 建模技术，本章构建了一个全球碳交易模型。该模型将全球划分为 6 个区域，包括中国、美国、欧盟、日本、原苏联地区以及其他地区，这些区域各自作为独立 Agent 参与到全球碳交易市场中。结合配额交易机制，全球碳交易模型包含两个模块，分别是配额分配模块和碳交易模块。下文将对这两个模块做详细介绍。

8.2.1　配额分配模块

配额分配模块负责对碳排放权配额的计算，包括全球碳排放权总配额、全球碳排放权年配额、区域碳排放权总配额和区域碳排放权年配额。考虑到目前全球尚未形成一个统一的关于总配额计算及其分配的方法，配额分配模块分别以基于大气 CO_2 浓度和基于全球减排方案的目标控制方法对碳排放权配额进行模拟分配。

（1）基于大气 CO_2 浓度的目标控制方法，我们假设人类向大气中排放的 CO_2 主要由化石燃料排放和土地利用排放两大部分组成，而进入大气的一部分 CO_2 将会被海洋、陆地生态系统吸收（丁仲礼等，2009；葛全胜等，2010）。于是，在给定目标年份大气 CO_2 浓度的条件下，我们就能够对相关的碳排放权配额进行分配。具体计算步骤如下。

第一步，根据起始年份与目标年份的大气 CO_2 浓度差值计算全球碳排放权总配额 R^n，用方程表示为

$$R^n = \frac{2.12(D^f - D^s)}{1-\beta} - \iota n \tag{8.1}$$

式中，2.12 为 CO_2 浓度与质量的转换系数（丁仲礼等，2009）；S 和 f 分别代表起始年份和目标年份；D^s 和 D^f 代表起始年份和目标年份的大气 CO_2 浓度；n 代表起始年份至目标年份的总年数；β 为排放出的一单位 CO_2 在被陆地、海洋生态系统吸收之后，滞留在大气中的 CO_2 比例；ι 为土地利用导致的年平均碳排放量。D^s 数据来源于 CDIAC（Carbon Dioxide Information Analysis Center）①，参数 β 和 ι 的取值参照参考文献（丁仲礼等，2009），分别取 0.54 GtC/a 和 1.5 GtC/a②。

第二步，根据不同的配额分配原则对全球碳排放权总配额进行分配，计算出区域碳排放权总配额。考虑到发达国家和发展中国家的历史碳排放量存在巨大差距，历史碳排放是配额分配必须面对的问题。配额分配模块将区分不考虑历史碳排放和考虑历史碳排放的两种情况。

a. 如果不考虑各区域的历史累计碳排放量，那么区域碳排放权总配额可直接根据配额分配原则对全球碳排放权总配额进行分配得出。假设以人口作为配额分配指标，则 i 区域碳排放权总配额 R_i^n 可表示为

$$R_i^n = \frac{L_i R^n}{\sum L_i} \tag{8.2}$$

式中，L_i 代表 i 区域基准年份人口，数据来源于世界银行③。

b. 如果考虑各区域的历史累计碳排放量，那么区域碳排放权总配额应等于包括历史排放在内的区域碳排放权总配额减去该区域历史累计已排放的碳排放量。于是，i 区域碳排放权总配额 R_i^n 表示为

$$R_i^n = R_i^{n'} - E_i^{(n'-n)} \tag{8.3}$$

式中，n' 代表历史排放起始年份至目标年份的年份数；$R_i^{n'}$ 可通过式（8.2）计算得出，区域碳排放数据取自 CDIAC④。

第三步，将区域碳排放权总配额分配到具体年份，计算出区域碳排放权年配额。显然，i 区域碳排放权总配额 R_i^n 等于其所有年份的碳排放权年配额 $R_{i,t}$ 之和，即

$$R_i^n = \sum_{t\in[s,f]} R_{i,t} \tag{8.4}$$

---

① http://cdiac.ornl.gov/.

② GtC/a 表示单位十亿吨碳每年，其中 GtC 表示十亿吨碳。

③ http://databank.worldbank.org/ddp/home.do.

④ http://cdiac.ornl.gov/.

假设区域碳排放权总配额按照逐年均匀减少的速率分配到所有年份，于是有

$$R_{i,t} = E_{i,s} + d(t-s) \tag{8.5}$$

式中，d 是区域碳排放权总配额变化速率。结合式（8.4）和式（8.5），i 区域 t 时期的碳排放权年配额 $R_{i,t}$ 可表示为

$$R_{i,t} = E_{i,s} + (t-s)\frac{2R_i^n / (f-s+1) - 2E_{i,s}}{f-s} \tag{8.6}$$

式中，下标 t 代表起始年份至目标年份之间的某一年份；$E_{i,s}$ 代表 i 区域起始年份的碳排放量。

（2）基于全球减排方案的目标控制方法，通过目标年份碳排放量与基准年份减排的百分比来计算区域碳排放权年配额。与基于大气 CO_2 浓度的目标控制方法相比，该方法相对简单。同样假设区域总碳排放权总配额按照逐年均匀减少的速率分配至所有年份，则 i 区域 t 时期的碳排放权年配额 $R_{i,\ t}$ 可表示为

$$R_{i,t} = E_{i,s} - (f-t)\frac{E_{i,s} - (1-p_i)E_{i,b}}{t-s-1} \tag{8.7}$$

式中，$E_{i,\ b}$ 代表 i 区域的基准年份的碳排放量；p_i 为 i 区域至目标年份的碳减排百分比。

8.2.2 碳交易模块

碳交易模块负责对各区域碳交易行为进行模拟并最终获得碳交易均衡价格。由于全球碳交易的过程是多国交互的过程，既需要多国的独立决策又需要全局的交易信息整合，因此，适合用基于 Agent 的技术进行建模模拟。根据各 Agent 在模型中所负责的任务差别，本模块主要包含三类 Agent，即市场 Agent、区域 Agent 和观察 Agent。通过这三类 Agent 的相互联系、信息传递，最终完成全球碳交易的过程。三类 Agent 的交互过程如图 8.1 所示。

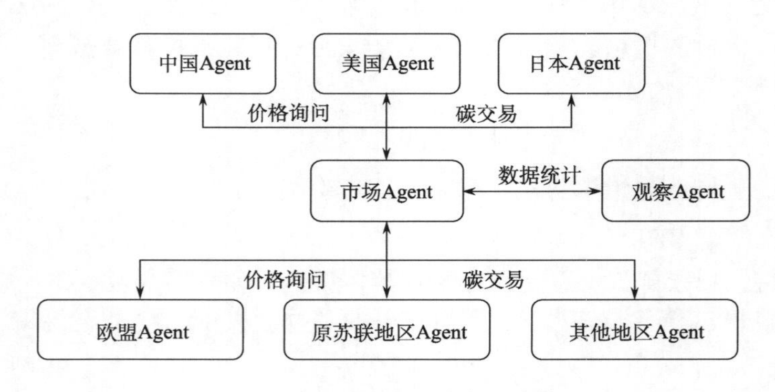

图 8.1 碳交易结构

市场 Agent 是本模块的核心，它具有三个重要的职责，一是负责在每个时间节点上迭代地向区域 Agent 发送价格信息，二是接收区域 Agent 向其反馈的碳排放权交易额度信息，三是衡量全球范围内碳交易供需是否平衡，并最终寻找每年的碳交易均衡价格。

区域 Agent 根据国别不同，分为中国 Agent、美国 Agent、日本 Agent、欧盟 Agent、原苏联 Agent、其他地区 Agent，以上 6 个区域 Agent 也具有三个职责，一是接收来自市场 Agent 的当前交易价格信息，二是根据区域内部经济发展状况和碳排放权配额对参与碳交易的行为作出理性的经济决策，即区域的碳交易行为总是在边际减排成本大于碳交易价格时发生，因为此时通过碳交易实现配额控制目标要比区域内减排更经济，三是将各自的交易信息反馈给市场 Agent。最终观察 Agent 负责对全球数据信息进行统计，包括全球碳交易的价格、碳交易量、买卖双方信息等。下文将对各 Agent 的交互过程做进一步描述。

市场 Agent 寻找碳交易均衡价格的过程包括 6 个步骤：第一步，市场 Agent 初始化碳交易价格；第二步，各区域 Agent 计算碳减排率；第三步，各区域 Agent 根据碳减排率计算年碳排放量；第四步，市场 Agent 计算全球年碳排放量；第五步，判断全球年碳排放量是否等于全球年配额；如果相等，此时碳交易价格即为均衡价格，当年碳交易模拟结束，否则，进入下一步；第六步，如果全球年碳排放量大于全球年配额，则碳价格略微上涨，否则碳价格略微下降，返回第二步。其流程图如图 8.2 所示。

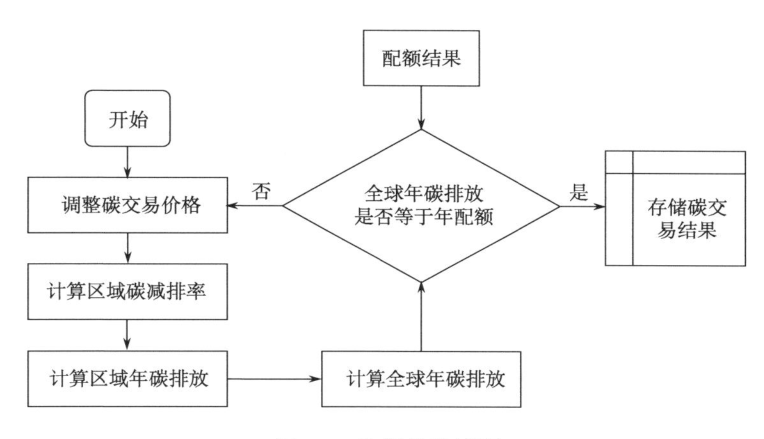

图 8.2　均衡价格流程

碳交易模块中最关键的问题是对边际减排成本的计算。根据 Pizer（王铮等，2010）提出的减排率与边际减排成本之间的关系，我们可以建立 i 区域 t 时期碳减排率 $\mu_{i,t}$ 与边际减排成本 $\text{MAC}_{i,t}$ 之间关系，即

$$\text{MAC}_{i,t} = \frac{a_i b_i}{\sigma_{i,t}(1 + c_i T_t^2 / 9)} \mu_{i,t}^{b_i - 1} \tag{8.8}$$

式中，a_i，b_i 为 i 区域的减排成本函数参数；c_i 为温度上升对 i 区域的经济破坏参数；T_t 代表自工业化以来全球 t 时期上升的温度度数；$\sigma_{i,t}$ 代表 i 区域 t 时期的碳排放强度。参数 a_i，b_i 和 c_i 的取值参照参考文献（王铮等，2011），全球温度上升的数据来源于 CDIAC[①]。

① http://cdiac.ornl.gov/

因此，在给定i区域t时期边际减排成本$MAC_{i,t}$的条件下，所需的区域碳减排率$\mu_{i,t}$可表示为

$$\mu_{i,t}=\sqrt[(b_i-1)]{\frac{MAC_{i,t}\sigma_{i,t}(1+c_iT_t^2/9)}{a_ib_i}} \quad (8.9)$$

此时，i区域t时期CO_2排放$E_{i,t}$为

$$E_{i,t}=\sigma_{i,t}Y_{i,t}\left(1-u_{i,t}\right) \quad (8.10)$$

式中，$Y_{i,t}$代表i区域t时期的GDP。

对于任意给定的i区域t时期碳排放权年配额$R_{i,t}$，我们可以得到i区域t时期的碳交易量$T_{i,t}$：

$$T_{i,t}=R_{i,t}-E_{i,t} \quad (8.11)$$

$$\sum_i T_{i,t}=0 \quad (8.12)$$

当所有区域t时期边际减排成本$MAC_{i,t}$均相等时（设为MAC_t），碳交易均衡价格P_t^*确定，即

$$P_t^*=MAC_t \quad (8.13)$$

需要说明的是，配额模块和交易模块均以王铮等（2010）构建的MRICES模型为基础。由于篇幅有限，本书省略了对 MRICES 模型的介绍。有关交易模块和配额模块与MRICES 模型之间的整合关系如图 8.3 所示。其中，交易模块，一方面通过减排率和碳排放量与MRICES模型的气候响应模块建立联系；另一方面通过碳交易量和碳交易价格对MRICES模型的宏观经济产生影响。配额模块仅与交易模块建立联系。

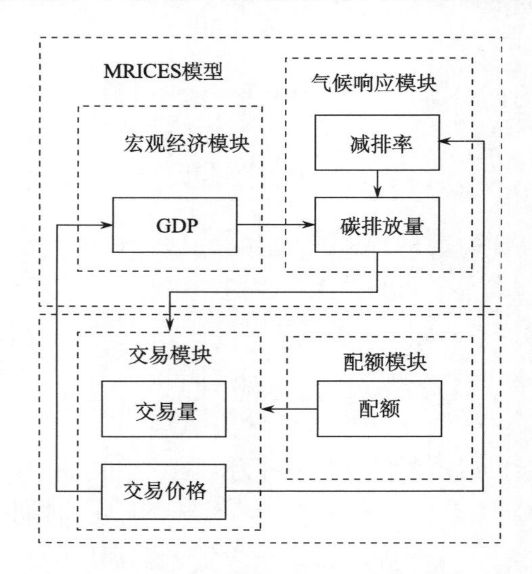

图 8.3　碳交易模块与 MRICES 模型的整合

8.3　碳交易模拟分析

8.3.1　情景设置

为了分析碳交易对全球气候保护的作用，本章设置了以下 3 个情景。

情景 0：“自由排放”情景，即假设各区域均不采取任何减排措施，并将实际碳排放量作为其配额。该情景为其他减排情景提供了比较的基准。

情景 1：“丁标准”情景，即根据丁仲礼等（2009）提出的在大气 CO_2 浓度的目标控制方法下，将至 2050 年全球 CO_2 浓度控制在 470ppmv 以内，并以人均累计碳排放量相等原则来分配各区域的碳排放权配额。考虑到各区域历史累计碳排放的差异，本情景假设以 1861 年作为历史排放时间起点，并实现至 2050 年全球人均累计碳排放量相等，2050 年后各区域人均碳排放权保持一致。

情景 2：“2℃目标”情景，即根据王铮等（2010）提出的 2℃减排方案，中国与其他地区从 2025 年开始总量减排，至 2050 年，发达国家（包括美国、日本、欧盟）碳排放量比 1990 年减少 80%，中国比 2005 年减少 28%，原苏联地区比 1990 年减少 50%，其他地区比 2005 年减少 20%；2050 年之后各区域碳排放量保持在 2050 年的水平。

8.3.2　配额分析

基于 8.3.1 小节的情景设置，配额分配模块计算出 3 种情景下的全球碳排放权配额（表 8.1~表 8.3）。可以看出，“自由排放”情景下 2010~2100 年全球总配额最大；“2℃目标”情景次之；“丁标准”情景最小。需要注意的是，在“丁标准”情景中，2010~2050 年美国、日本、欧盟和原苏联地区均出现了负值，而这些负值的出现表明其历史排放已经透支了未来的配额。这使得 1861~2100 年美国的总配额只有 13.41GtC，小于其他所有区域。在人均累计碳排放量相等的原则下，如果某区域（如美国）用减少等量的未来人均碳排放量来弥补历史多排的人均碳排放量，就意味着在人口更多的未来需要减排更多

表 8.1　“自由排放”情景下碳排放　（单位：GtC）

期限	全球	中国	美国	日本	欧盟	原苏联地区	其他地区
2010~2100 年	1264.75	304.5	209.39	43.92	146.59	86.32	474.04

表 8.2　“丁标准”情景下碳排放权配额　（单位：GtC）

配额期限	全球	中国	美国	日本	欧盟	原苏联地区	其他地区
1861~2100 年	754.31	159.36	13.41	14.99	54.53	30.89	481.12
1861~2009 年	352.07	33.14	95.77	14.54	84.89	42.63	81.11
2010~2050 年	238.58	93.69	−89.80	−2.66	−42.37	−18.71	298.44
2051~2100 年	163.66	32.53	7.44	3.11	12.02	6.98	101.58
2010~2100 年	402.24	126.22	−82.36	0.45	-30.36	−11.73	400.02

表 8.3　“2℃目标”情景下碳排放权配额　　（单位：GtC）

配额期限	全球	中国	美国	日本	欧盟	原苏联地区	其他地区
2010~2024 年	107.20	22.38	21.01	4.04	13.72	10.41	35.64
2025~2050 年	125.54	27.84	18.32	3.51	12.15	15.81	47.91
2051~2100 年	208.09	50.91	13.27	3.14	11.44	25.88	103.44
2010~2100 年	440.83	101.13	52.60	10.69	37.30	52.11	187.00

碳排放总量，结果使得该区域的总配额减少。可以看出，虽然“丁标准”情景下的全球总配额最小，但由于美国、日本、欧盟和原苏联地区负配额出现，使其在国际减排方案谈判中难以获得多数发达国家的支持。

将表 8.1~表 8.3 中的 2010~2100 年全球总配额按逐年均匀减排的方式分配到具体年份，可以得出各区域用于碳交易模拟的年配额。

8.3.3　碳交易结果分析

鉴于目前全球尚未形成一个统一的碳交易市场，假设将 2025 年作为全球碳交易的起始年份，来对各情景进行模拟分析。

从全球温度上升角度来看（图 8.4），“自由排放”情景下，至 2100 年全球温度将上升 2.99℃，这比 IPCC 提出的“2℃阈值”（IPCC, 2007）超出了将近 1℃；“丁标准”情景和“2℃目标”情景下，至2100年全球温度将分别上升 1.93℃ 和2.00℃。可以看出，在给定配额的前提下，至 2100 年全球实现 2℃目标是可行的。

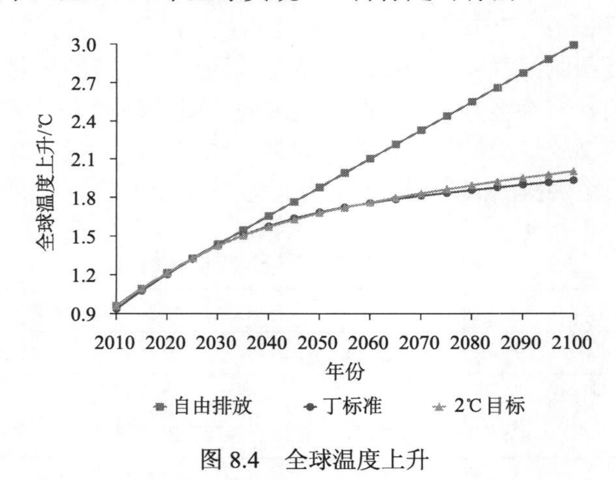

图 8.4　全球温度上升

由于“自由排放”情景下，各区域不存在碳交易行为，下文仅针对“丁标准”情景和“2℃目标”情景下的碳交易价格、碳交易量和碳交易额进行分析。

从全球碳交易价格来看（图 8.5），在“丁标准”情景和“2℃目标”情景下，全球碳交易价格分别从 2025 年的 183$/tC[①]和 300.5$/tC 上升至 2100 年的 3630.8$/tC 和 3272.3$/tC。可以看出，随着未来全球年配额的持续减少，各区域的减排力度（相对于“自由排放”情景）需不断增加，进而增加了区域边际减排成本，并最终导致了全球碳交易价格不断攀升。从碳交易价格的走势来看，在碳交易初期，由于“丁标准”情景下的全球年配额大于“2℃目标”情景，其初始的碳交易价格相对较小。之后，为了实现至 2050 年全球人均累计碳排量相等，“丁标准”情景下的全球年配额减少速度需大于“2℃目标”情景，从而加大其对碳排放权的需求量，并使得碳交易价格的上升速度加快。在 2037 年（图 8.5 中的交叉点）之后，“丁标准”情景下的碳交易价格开始超过“2℃目标”情景。在 2050 年之后，两种情景下碳交易价格走势保持相对稳定。

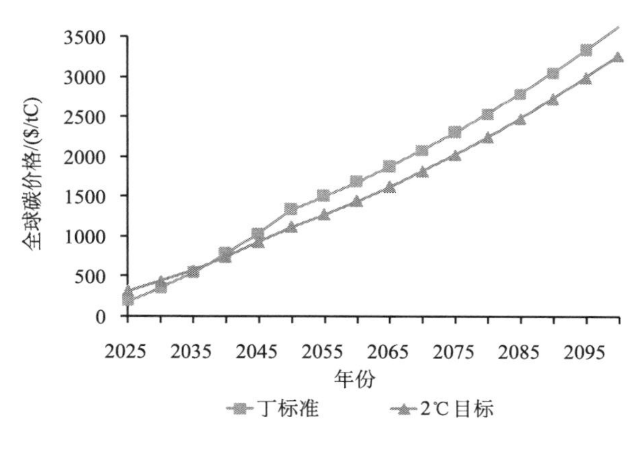

图 8.5　全球碳交易价格

从区域碳交易量来看，在“丁标准”情景和“2℃目标”情景下，2025~2100 年全球累计碳交易量分别为 177.14GtC 和 63.27GtC。两种情景下的区域碳交易量分别如图 8.6 和图 8.7 所示，其中，正值表示区域碳排放权年配额大于区域年碳排放量，为碳排放权

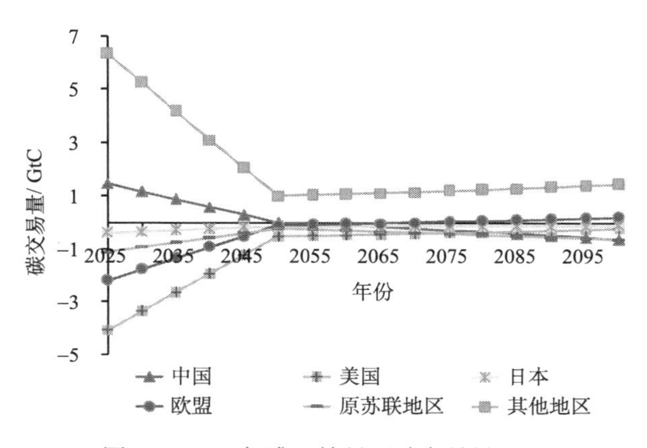

图 8.6　“丁标准”情景下碳交易量

① $/tC 为碳价格单位（2000 年美元/吨碳）。

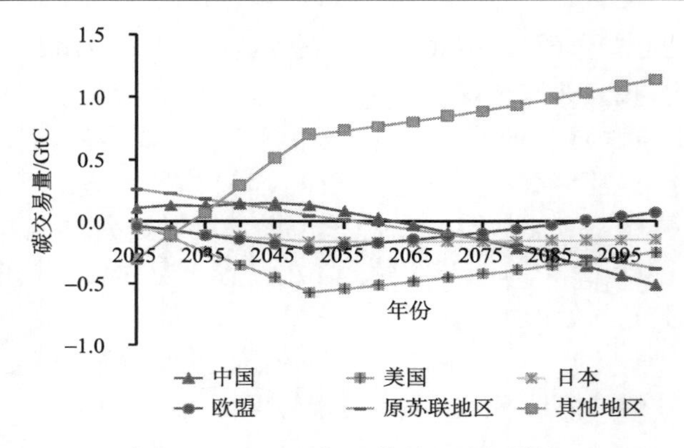

图 8.7　“2℃目标”情景下碳交易量

出售方（存在配额盈余）；负值表示该区域碳排放权年配额小于区域年碳排放量，为碳排放权购买方（存在配额缺口）。

由图 8.6 看出，在“丁标准”情景下，在 2025~2050 年期间，碳排放权出售方包括中国和其他地区；碳排放权购买方包括美国、日本、欧盟和原苏联地区。在 2051~2100 年期间，中国国内年碳排放量于 2051 年超过其配额，由碳排放权出售方转变为碳排放权购买方，而欧盟则在 2072 年由碳排放权购买方转变为碳排放权出售方。

由图 8.7 看出，在“2℃目标”情景下，在 2025~2050 年期间，碳排放权出售方主要为中国、原苏联地区；碳排放权购买方主要为美国、日本和欧盟。比较特殊的是，由于实施了总量减排，其他地区初始阶段的碳排放权配额存在缺口，为碳排放权购买方，但在 2034 年之后，其他地区将由碳排放权购买方转变为碳排放权出售方。在 2051~2100 年期间，其他区域配额盈余不断增加，在国际碳交易市场中扮演了主要碳排放权出售方的角色，中国和原苏联地区分别在 2063 年和 2057 年由碳排放权出售方转变为碳排放权购买方，其他碳排放权购买方主要为美国和日本，欧盟则在 2090 年由碳排放权购买方转变为碳排放权出售方。

图 8.6 和图 8.7 表明，碳交易可用于解决在全球减排方案中的区域碳排放权配额与区域年碳排放量不一致问题。存在碳排放权配额缺口的区域可以通过碳交易市场向存在碳排放权配额盈余的区域购买所需的碳排放权，从而实现其在全球减排方案中应承担的减排义务。值得一提的是，不论是“丁标准”情景还是“2℃目标”情景，在未来，中国均将从碳排放权出售方转变为碳排放权购买方，这意味着未来中国将会出现碳排放权的缺口，如果进一步考虑到碳排放权涨价的预期，那么在面临碳排放权的缺口之前存储一部分碳排放权不失为一个好的选择。当然，若要考虑碳排放权的存储问题，我们的模型也需要做相应的改进，这也是我们下一步的研究内容。

从累计碳交易额来看，“丁标准”情景和“2℃目标”情景下各区域累计碳排放权交易额分别如图 8.8 和图 8.9 所示。

图 8.8 和图 8.9 表明，无论是“丁标准”情景还是“2℃目标”情景，其他地区均为主要的碳交易资金流入地，而美国和日本则为主要的资金流出地，中国和原苏联地区在 2025~2050 年期间，为碳交易资金流入地，之后转为资金流出地，欧盟则相反。总的来

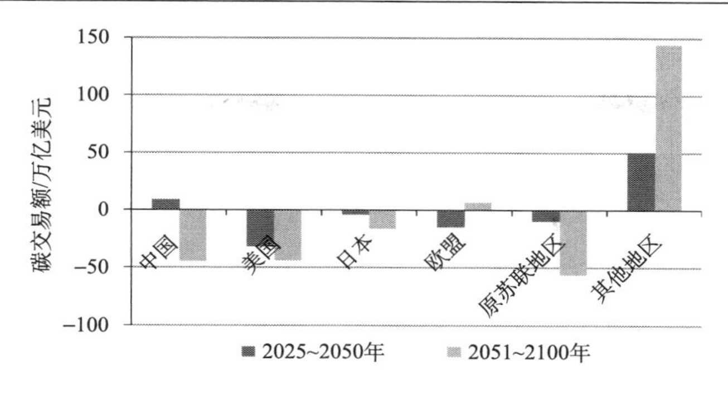

图 8.8　“丁标准”情景下累计碳交易额

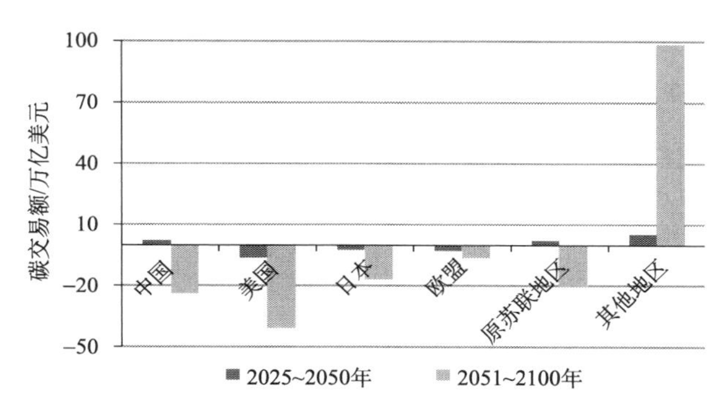

图 8.9　“2℃目标”情景下累计碳交易额

说，碳交易将有助于资金向发展中国家转移，尤其是经济发展水平较为落后的其他地区，将在全球碳交易市场中收益颇多。

就中国而言，在“丁标准”情景下，2025~2050 年期间和 2051~2100 年期间累计碳交易额分别为 8.8 万亿美元和−44.5 万亿美元。在“2℃目标”情景下，2025~2050 年期间和 2051~2100 年期间，累计碳交易额分别为 2.4 万亿美元和−24.0 万亿美元。可以看出，“丁标准”情景下的中国短时期内碳交易收入较大，而 “2℃目标”情景下的中国长时期内碳交易支出较少。综合来看，“2℃目标”情景要优于“丁标准”情景。

从人均碳排放量来看（图 8.10），“丁标准”情景和“2℃目标”情景下，至 2100 年，美国、日本、中国和原苏联地区的人均碳排放量远高于其他地区和欧盟。显然，“丁标准”情景下的累计人均碳排放量相等原则在碳交易中失效。这是因为基于配额分配原则确定的区域年配额并不等同于区域年碳排放量。在碳交易过程中，区域年碳排放量还受限于区域边际减排成本。当一区域边际减排成本高于全球碳价格时，该区域便会选择从边际减排成本低的区域购买碳排放权配额，而非自行减排。

为了进一步评估碳交易对全球经济的影响，我们采用拉姆齐效用函数来进行分析。与 GDP 不同的是，拉姆齐效用既考虑了 GDP 的总量，又考虑了人均福利，是一种综合国力的表现。有关拉姆齐效用的内容，参见参考（王铮等，2010）。考虑到目前关于贴现率的取值仍存在争议，我们采用 Nordhaus（2007）和 Stern（2008）对贴现率 ρ 的取值，分别取 0.015 和 0.001。图 8.11 显示了“丁标准”情景和“2℃目标”情景分别在有碳交易和无碳交易情况下的全球2025~2100年累计拉姆齐效用变化率（相对于“自由排放”情景）。

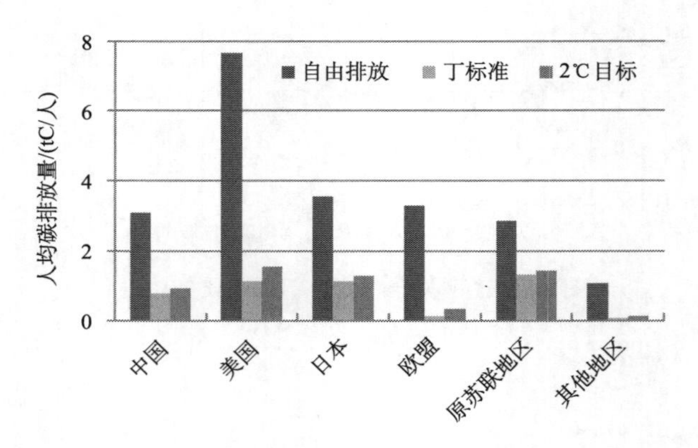

图 8.10　2100 年人均碳排放量

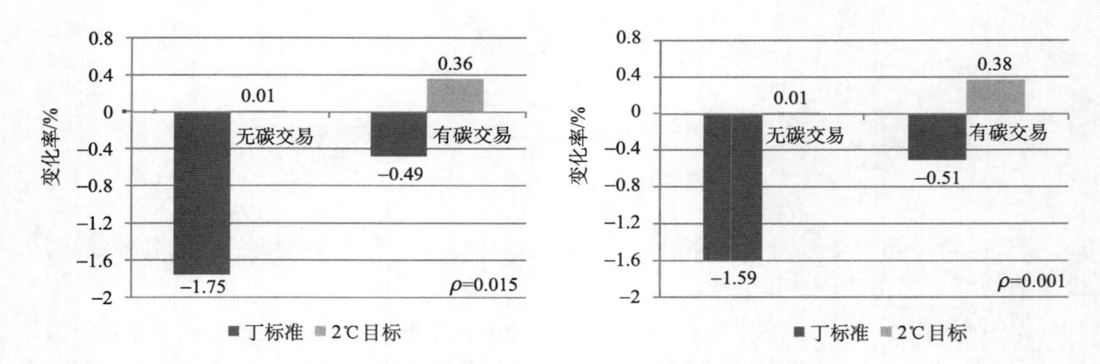

图 8.11　2025~2100 年累计拉姆齐效用变化率

由图8.11可以看出，贴现率的大小并不能改变两种情景下2025~2100年累计拉姆齐效用变化率的相对大小。无论是“丁标准”情景还是“2℃目标”情景，碳交易市场均能提高该情景下的累计拉姆齐效用。在碳交易市场存在与否既定的条件下，“2℃目标”情景的累计拉姆齐效用大于“丁标准”情景。这也再次表明，从全球福利改善的角度而言，“2℃目标”情景也将更有利于全球减排行动。

8.4　结　论

本章基于Agent建模技术，建立了一个包含中国、美国、日本、欧盟、原苏联地区以及世界其他地区的全球碳交易模拟系统。在此基础之上，通过设置“丁标准”情景和“2℃目标”情景，来对全球碳交易进行模拟分析。情景模拟分析得出以下4点结论。

（1）如果在2025年之后形成全球碳交易市场，无论是“丁标准”情景还是“2℃目标”情景，全球的碳交易价格都将呈现上升趋势。

（2）碳交易的实施均有助于将资金向发展中国家转移。其中，其他地区为主要的碳交易资金流入地；美国和日本为主要的资金流出地；中国和原苏联地区逐步由碳交易资金流入地转为资金流出地；欧盟则相反。就中国而言，未来中国将出现碳排放权配额的缺口，考虑到碳排放权涨价的预期，那么存储一部分碳排放权将更有利于国内的可持续发展。

（3）在全球碳交易过程中，发达国家将从发展中国家购买大量的碳排放权配额，使得累计人均碳排放量相等原则失去效用。未来发达国家的人均碳排放量仍将远高于发展中国家。

（4）无论是“丁标准”情景还是“2℃目标”情景，碳交易市场的存在均能提高该情景下的累计拉姆齐效用。但从中国在未来碳市场中的收支情况以及全球的福利水平改善来看，“2℃目标”情景均将优于“丁标准”情景。

参考文献

丁仲礼，段晓南，葛全胜，等. 2009. 2050 年大气 CO_2 浓度控制：各国碳排放权计算. 中国科学, 39（8）: 1009-1027.

丁仲礼，付博杰，韩国兴，等. 2009. 中国科学院“应对气候变化国际谈判的关键科学问题”项目群简介. 中国科学院院刊, 24（1）: 8-17.

葛全胜，王绍武，方修琦. 2010. 气候变化研究中若干不确定性的认识问题. 地理研究, 29（2）: 191-203.

江志红，张霞，王冀. 2008. IPCC-AR4 模式对中国 21 世纪气候变化的情景预估. 地理研究, 27（4）: 787-799.

姜克隽，胡秀莲，刘强，等. 2009. 2050 低碳经济情景预测. 环境保护, 24（4）: 28-30.

王铮，吴静，李刚强，等. 2009. 国际参与下的全球气候保护策略可行性模拟. 生态学报, 29（5）: 2407-2417.

王铮，吴静，朱永彬，等. 2010. 气候保护经济学. 北京：科学出版社.

王铮，朱潜挺，吴静. 2011. 不确定性下的中国减排方案研究. 中国科学院院刊, 26（3）: 261-270.

朱潜挺，吴静，王铮. 2012. 基于自主体建模的全球碳交易模拟研究. 地理研究, 31（9）: 1547-1558.

Bohm P, Larsen B. 1994. Fairness in a tradable-permit treaty for carbon emission reductions in Europe and the Former Soviet Union. Environmental and resource economics, 4（3）: 219-239.

Chappin E J L. 2006. Carbon Dioxide Emission Trade Impact on Power Generation Portfolio: Agent-based Modelling to Elucidate Influences of Emission Trading on Investments in Dutch Electricity Generation. http: //www. tudelft. nl/live/binaries/b3f1782a-82d1-45f9-ae2f-e83e318fa1f1/doc/chappin_msc_thesis_report_final. pdf[2010-11-2].

Cramton P, Kerr S. 2002. Tradable carbon permit auctions: how and why to auction not grandfather. Energy Policy, 30（4）: 333-345.

Ellerman A D, Decaux A. 2005. Analysis of post-Kyoto CO_2 emissions trading using marginal abatement curves. http: //dspace. mit. edu/handle/1721. 1/3608[2011-9-10].

IPCC. 2007. Climate change 2007: synthesis report. Geneva: Contribution of working groups I, II and III to the fourth assessment report of the Intergovernmental Panel on Climate Change.

Janssen M, Rotmans J. 1995. Allocation of fossil CO_2 emission rights quantifying cultural perspectives. Ecological Economics, 13（1）: 65-79.

Kverndokk S. 1995. Tradeable CO_2 emission permits: intial distribution as a justice problem. Environmental

Values, 4（2）: 129-148.

Malakoff D. 1997. Thirty Koyotos needed to control warming. Science, 278（5346）: 2048.

Manne A S, Rutherford T F. 1994. International trade in oil, gas and carbon emission rights: an intertemporal general equilibrium Model. The Energy Journal, 15（1）: 57-76.

McLibbin W J, Ross M T, Shackleton R, et al. 1999. Emissions Trading, Capital Flows and the Kyoto Protocol. http: //www. brookings. edu/views/Papers/bdp/Bdp144/bdp144. pdf[2011-9-19].

Mizuta H, Yamagata Y. 2001. Agent-based simulation and greenhouse gas emissions trading. Virginia . Proceedings of the 2001 Winter Simulation Conference.

Najam A, Page T. 1998. The climate convention: deciphering the kyoto protocol. Environ. Conserv. , 25（3）: 187-194.

Nordhaus W D. 1997. Economic growth and climate: the carbon dioxide problem. American Economic Review, 67（1）: 341-346.

Nordhaus W D. 2007. A review of the “Stern review on the economics of climate change”. Journal of Economic Literature, 45（3）: 686-702.

Pizer W A. 1999. The optimal choice of climate change policy in the presence of uncertainty. Resource and Energy Economics, 21（3-4）: 255-287.

Rajan M K. 1997. Global Environmental Politics. Delhi: Oxford University Press.

Sagar A, Kandlikar M. 1997. Knowledge, rhetoric and power: international politics of climate change. Economic and Political Weekly, 32（49）: 12-19.

Sørensen B. 2008. Pathways to climate stabilisation. Energy Policy, 36（9）: 3505-3509.

Springer K. 1999. Climate policy and trade: Dynamics and the steady-state assumption in a multi-regional framework. http://www. ifw-kiel. de/ifw_members/publications/climate-policy-and-trade-dynamics- and-the-steady-state-assumption-in-a-multi-regional-framework/kap952. pdf[2010-11-4].

Stern N. 2008. The economics of climate change. American Economic Review, 98（2）: 1-37.

Szabo’, L. Hidalgo I. Ciscar J C. et al. 2006. CO_2 emission trading within the European Union and Annex B countries: the cement industry case. Energy Policy, 34（1）: 72- 87.

Zhang Z X. 2009. Greenhouse gas emissions trading and the world trading system. http://mpra. ub. uni-muenchen. de/12971/ 1/MPRA_paper_12971. pdf[2010-12-3].

第四篇　气 候 谈 判

第9章 气候谈判中的主要国家立场演变及中长期减排目标分析

气候谈判是应对气候变化全球治理的重要途径之一。虽然每年一度的全球气候大会持续召开，但全球范围内的统一减排行动方案却迟迟未能达成。其原因在于各国在气候谈判中持有不同的立场，对于减排责任、资金援助等问题仍存在较大的分歧。本章将系统地梳理各国在气候谈判中的立场演变轨迹和特点，并结合各国提出的中长期减排目标，分析其未来的排放路径和减排立场。

9.1 引 言

1992年5月，联合国政府间谈判委员会就气候有关问题达成《联合国气候变化框架公约》（United Nations Framework Convention on Climate Change， UNFCCC），该公约是世界上第一个作为全面控制二氧化碳等温室气体排放的国际公约，也是国际社会在应对全球气候变化问题上进行国际磋商、合作的一个基本框架。自1994年该公约生效以来，全球范围内共召开了21次公约缔约方会议。但仅在有限的几次会议里，气候谈判才实现了相对较大的进展。

1997年第三次缔约方会议在日本京都举行。在该次会议上，各国最终达成并通过了《京都议定书》，首次对39个发达国家在2008~2012年的减排目标作出规定。美国虽曾于1998年签署该议定书，但2001年布什政府却以“减少温室气体排放将影响美国经济发展”以及“发展中国家也应该承担减排温室气体的义务”为由，宣布拒绝批准《京都议定书》。根据2007年第十三次缔约方会议通过的《巴厘路线图》的规定，2009年召开的第十五次缔约方会议需要通过一份新的议定书以替代2012年即将到期的《京都议定书》。但直到2012年年底召开的多哈会议，各国就《京都议定书》的延续问题才达成妥协。随后加拿大、日本则跟随美国退出了第二承诺期。在2014年的利马气候会议上，各国在减排责任、资金支持等这些根本性问题上依然分歧较大。

考虑到各国在气候谈判会议上所形成的立场是具有国内经济性、政治性，以及国际外交性、地位性的，短期在国内外没有发生巨大冲击变化时，各国所形成的谈判立场不会发生跳跃式改变。本章通过对各经济大国历年来国内气候政策以及国际气候会议表现的研究，对各国气候谈判立场进行了归纳总结。希望通过总结各国谈判立场以使各国在充分了解他国气候谈判立场的情况下，能够找到气候谈判的突破口，在更大化自己收益的同时促进气候谈判的进展。

9.2 气候谈判主要集团的谈判立场

如今的气候变化问题已不仅仅是一个局限于专业领域的问题，而是全球每一个国家都需要共同面对并承担各自责任的问题。纵观历届气候谈判会议，出现分歧的内容主要围绕以下三个方面：一是发达国家的减排力度，二是发展中国家的减排责任，三是发达国家对发展中国家的资金与技术支持。考虑到技术支持主要通过各国间的项目合作，在气候谈判中，关于资金支持的谈判占据了更重要的位置。所以本章主要围绕发达国家对发展中国家的资金支持方面进行了研究。为了能够在气候谈判中获得支持、提升谈判能力，各国基于各自的利益，在气候谈判过程中形成了三股力量：伞形集团、欧盟以及 77 国集团加中国（以基础四国为基础）。为了能够清楚地表明各国的谈判立场并进行对比，本章首先对三股力量的总体立场进行简要概括，进而对其中包括的国家进行详细分析。

9.2.1　伞形集团

伞形集团具体指除欧盟以外的其他发达国家，主要包括美国、加拿大、澳大利亚、日本、俄罗斯等。伞形集团最初形成于《京都议定书》的谈判过程中，该集团的成员都主张利用“吸收汇”和“海外减排”两种方式来代替国内的实质性减排行动。但随着除美国外的伞形集团国家先后批准《京都议定书》，使得伞形集团形式瓦解，力量削弱。在“后京都”时期，该集团的主要成员国出于各自不同的原因，均不愿作出大幅度的减排承诺，使得以美国为首的伞形集团重新凝聚，与欧盟、“77 国集团加中国”展开了气候谈判博弈。

伞形集团在气候谈判过程中，其主要立场可以概括为以下几个方面。一是对于发达国家的减排承诺而言，伞形集团主要成员国均坚持由其自身自主提出减排目标，且拒绝参加《京都议定书》第二承诺期。二是对于发展中国家的减排行为而言，伞形集团国家明确表明发展中国家应承担具有法律约束力的减排义务，同时提出对发展中国家应进行重新分组，以改变《京都议定书》中发达国家与发展中国家气候责任的“不公平划分”。三是对发展中国家提供资金支持而言，除俄罗斯立场不明确外，其他伞形集团国家均表示要引导私人部门和市场对气候变化进行投资，使社会和私有资金成为资助发展中国家的主要资金来源。

9.2.2　欧盟

欧盟为了借助全球气候治理的契机来增强其自身的国际影响力及领导力，欧盟在气候谈判的进程中一直处于较积极的立场。

9.2.3　基础四国

基础四国是指中国、印度、巴西与南非这四个在气候变化问题上立场一致的发展中国家。自其 2009 年年底一成立便成为“77 国+中国”这股谈判力量的支柱力量。在国际气候谈判中，基础四国就谈判的根本性问题，立场保持高度一致。

对于发达国家作出的减排承诺方面，基础四国坚持发达国家应承担量化、有法律约束以及可实现的减排义务，即发达国家必须作出“可衡量、可报告、可核实”的减排承诺（Jan von der, 2009）。而且基础四国认为发达国家应建立以 2020 年为时间点的中期减排目标。在 2009 年，基础四国在提交其立场文件中就要求发达国家作为整体在 2020

年温室气体排放量较 1990 年减少 40%（UNFCCC，2009）。

对于发展中国家的减排行为方面，基础四国认为依据《公约》所确定的“共同但有区别的责任”原则，发展中国家进行适当减排行为。它们认为在发达国家实施减排行为且提供资金、技术及能力建设支持的前提下，发展中国家可以根据国情需要，自愿采取减排行为，但这一行为不应该具有强制性与法律约束力。

对于发达国家资金支持方面，基础四国认为在资金支持上，发达国家应提供额外充足的资金来源，且这一来源中发达国家的政府公共资金应发挥主导作用，社会及私有部门的投资可作为有益的补充。在 2010 年基础四国召开的第五次气候变化部长级会议上，基础四国支持达成建立新的气候基金以兑现发达国家对发展中国家提供资金的短期承诺。

9.3 世界主要国家的谈判立场演变

9.3.1 美国

1. 对待气候问题的积极性与历届政府密切相关

自 1992 年气候问题得到关注以来，美国对待气候问题的积极性呈现出与历届政府的密切相关性。总体可以概括为，老布什政府的“保守”态度、克林顿政府的“积极”态度、小布什政府的“淡漠到调整”态度及奥巴马政府的“积极”态度。

老布什政府受当时国际格局不稳定的影响，并未对气候变化问题施以更多关注，将其提升到战略高度，仅是被动予以应对。在基本符合美国利益且任期将满之至，老布什政府迅速签署并批准了《联合国气候变化框架公约》，但由于该公约并未包含强制约束美国减排的量化指标，因此，对美国的限制作用十分有限。克林顿政府在气候问题上表现出了积极主动的态度。在 1996 年 7 月公约第二次缔约方会议上，美国副国务卿蒂姆·沃斯号召就“现实的、可以核实的和有约束力的中期排放目标”进行国际谈判，意味着美国开始同意制定有约束力的减排目标，这无疑是一个巨大突破。在小布什执政初期，其奉行单边主义外交，上任伊始便宣布美国将不批准《京都议定书》。其中一点主要原因是，他反对强制性而主张采取自愿性的减排措施。在小布什执政后期，受到国内外要求重视气候变化强烈呼吁的影响，小布什政府逐渐认识到气候变化问题的严重性，并赞同和接受各国合作减排的主张。但他并未采取具体且具有实质性意义的减排措施。

奥巴马政府在气候变化问题上属于积极应对的一方。在奥巴马大选期间，其就承诺到 2020 年把美国温室气体排放量减少到 1990 年的水平，到 2050 年在此基础上再减少 80%（John，2009）。同时他力促众议院在 2009 年 6 月通过了《美国清洁能源与安全法案》，再一次明确了减排目标。在 2013 年 6 月，奥巴马政府又发布了美国迄今为止最全面的全国气候变化应对计划《总统气候行动计划》，重申美国到 2020 年温室气体排放比 2005 年减少 17%的承诺。在 2014 年 11 月的“中美气候变化联合声明”中，奥巴马承诺“美国愿意在 2025 年之前将温室气体排放量在 2005 年的基础上减少 26%~28%[①]。”这

① 《中美气候变化联合声明》 新华网 2014-11-13. http://news.xinhuanet.com/energy/2014/11/13/c_127204771.htm.

一系列的行为措施，都表明奥巴马政府在气候谈判中的积极立场。

2. 强烈要求发展中国家承担有效减排义务

虽然在面对气候问题的积极性上，美国各届政府持有较大差异的立场。但是在要求发展中国家承担减排义务上，各届政府却拥有一致的观点态度。1996 年的公约缔约方第二次会议，美国代表在审议中就不断要求发展中国家承担新的义务。1997 年 12 月公约缔约方第三次会议前夕，美国再次重申其立场——所有国家必须承担减排义务。虽然克林顿政府在气候谈判中表现出积极性，签署了《京都议定书》，但时任副总统戈尔表示："我们将集中精力促使主要的发展中国家有意义地参与，这是将《京都议定书》送参议院批准必须跨越的一道门槛（Zelnick，1999）。"小布什政府退出《京都议定书》的一个主要原因也是：中国、印度等发展中的大国并未有效参与减排。在 2010 年的坎昆会议上，美国声称要求中国和印度等新兴经济体作出减排承诺的立场不会改变。尽管奥巴马在第二任期内提出一系列减排承诺和计划，但其也依旧认为发展中国家需要承担具有法律约束力的减排目标。2009 年 12 月 18 日，奥巴马更是公开坚持中国承诺的碳减排目标必须受到国际的监督。其中，《美国清洁能源安全法案》中规定，自 2020 年起，美国在推动"总量控制与排放交易"计划的基础上，将对不实施碳减排限额国家的进口产品征收关税①。

3. 逐渐接受量化减排目标，但始终坚持拒绝其具有约束力

美国在最初的气候谈判中，对于减排问题绝不退让，坚决不接受设定量化的温室气体控制目标。在 2012 年的多哈气候大会上，美国仍明确表示不会设定《京都议定书》的第二承诺期减排目标。在近两年，随着经济形势的变化以及国际政治的需要，美国逐步接受并提出了具体量化的减排目标。但却始终坚持拒绝具有约束力的减排目标。虽然在克林顿政府时期，美国表现出接受具有约束力减排目标的倾向，但很快这一倾向就被小布什政府的消极态度遏止。在公约缔约方第十三次会议上，美国代表团表示其将继续坚持惯有立场：不同意大会关于强制性的减排方案。

4. 承诺资金援助但鼓吹发展中国家和私人资本投资气候基金

美国在提供资金以援助发展中国家应对气候变化问题上，经历了从消极到接受的状态改变。在 2007 年举行的公约缔约方第十三次会议上，美国最初反对向工业化国家提供资金援助，反对向发展中国家提供技术支持来降低其对重污染能源的依赖。但是在会议的最后，美国作出让步：同意对发展中国家在清洁技术上提供更多资金。奥巴马政府为了发展低碳经济、争夺新能源领域领导权以及重振国家实力，承诺对发展中国家提供资金与技术支持，并对那些极易受到气候变化的国家提供帮助。但是其却对绿色气候基金持消极态度。在 2011 年德班气候大会上，美国对绿色气候基金的设计提出与《哥本哈根

① The American Clean Energy and Security Act（H.R. 2454）June 9, 2009.

协议》以及《坎昆协议》要求严重不符的观点：在长期资金的来源上，美国认为发达国家与发展中国家要共同投资、政府与私人资本要共同投资，甚至可以以私人资本为主。以此来推卸与减轻政府公共资金应该承担的责任。

总体而言，美国在对待气候变化的根本性问题上并未有重大突破。其忽略“共同但有区别的责任”原则，强烈要求发展中国家进行有效的减排措施。虽提出自身减排的具体量化目标，但承诺减排量仍处于较低水平且拒绝其具有法律约束力。虽承诺向发展中国家提供资金与技术等援助，但在实际现实中并未按约定如实履行，并在资金支持的来源上，鼓吹社会与私人资本，从而减轻政府责任。从历届政府来看，奥巴马政府在气候变化问题上确实表现出了相对积极的立场。但考虑到奥巴马只剩下两年任期，很多民主党也都反对他的气候政策，即使他在任期内能够克服困难作出大的突破，但未来美国对待气候问题的态度仍不明了。

9.3.2　加拿大

加拿大在对待气候变化问题上的积极性与执政党派呈现密切的相关关系。加拿大的进步保守党与自由党属于积极推进全球环境治理的党派，但保守党在气候问题上则不断提出倒退观点。

在 1984 年至 1993 年 11 月的这段期间内，进步保守党作为加拿大的执政党，积极倡导和组织气候变化的国际谈判。1988 年 6 月，加拿大积极组织筹办了重要的气候大会“多伦多会议”，在此次会议上，加拿大提出国际社会应采取削减温室气体措施的建议。在 1994~2006 年 2 月的这段期间内，自由党成为加拿大的执政党。早在 1992 年的选举阶段，自由党就提出“到 2000 年在 1988 年上减排 20%”的目标。1998 年，加拿大签署《京都议定书》，并于 2002 年批准《议定书》，承诺 2008~2012 年在 1990 年的排放水平基础上减排 6%。但自 2006 年 3 月保守党执政以来，加拿大在气候问题上就不断提出倒退观点，与美国成为盟友，表现出对待气候谈判越来越小的积极性。

保守党在上任伊始便宣布放弃履行《京都议定书》第一承诺期的减排目标，反对延续议定书，且仅提出到 2020 年，将按照 2006 年的排放量减排 20%。据估算，这一减排量仅相对于在 1990 年的排放水平上减排 3%，仅为《京都议定书》规定其义务的一半。2009 年哥本哈根气候会议后，加拿大又进一步降低中期目标为：在 2005 年温室气体排放量基础上减排 17%,这一目标倒退到与美国中期目标相一致的程度（谢来辉，2012）。2011 年的德班气候会议，加拿大拒绝任何有关《议定书》第二承诺期的法律文件，只承诺进行自愿减排。其强调签订一个包括全球主要排放体的量化减排协议。在德班会议刚刚结束的第二天，加拿大宣布退出《京都议定书》，成为第一个退出议定书的缔约方。在 2012 年的多哈会议上，加拿大更是与日本、俄罗斯等发达国家结为联盟，明确表示不参加《京都议定书》的第二承诺期。

加拿大从最初的全球环境治理积极倡导者，现已转变为国际气候谈判向前发展的一大障碍。据欧洲气候行动网络及德国监测 2013 年的年报指出：在过去的一年，加拿大气候政策仍无明显向前发展的趋势，在所有的工业国家中依旧维持最差表现。报告指出加拿大在人均排放量、可再生能源发展和国际气候政策等方面的表现在工业国家中位列榜末[①]。

然而，2015 年 10 月，加拿大自由党在第 42 届联邦议会选举中获胜，自由党特鲁多成为新一任总理。作为全球环境治理的支持党派，新任总理特鲁多亲自带队参加 COP21 巴黎气候大会，并承诺未来五年内，向发展中国家提供总值 26.5 亿美元援助。自由党的执政将给加拿大的减排行动带来新的动力，有望改变加拿大当前在全球气候谈判中消极的态度。

9.3.3　澳大利亚

澳大利亚在过去 30 年间的国内气候政策是不一致且没有方向的。可以解释这一现象的原因之一是：气候问题作为政治问题在澳大利亚被高度关注，但是澳大利亚的两大党派：工党与自由党，在气候问题方面却有着几乎相反的观点态度。

工党在气候变化问题上属于较积极的一方，其努力在国际气候治理方面有所作为。在 1988 年的六月，工党政府就签署了“多伦多协议”，提出到 2005 年，温室气体在 1988 年的基础上减排 20%的目标（Canadian Meteorological and Oceanographic Society，1988）。在 1992 年的“地球峰会”上，工党政府代表澳大利亚迅速签署了《联合国气候变化框架公约》，致力于与世界各国共同应对气候变化问题。然而相比工党而言，自由党在气候变化问题上的立场就稍显保守。在 1997 年，自由党政府虽然声称会采取措施减少温室气体排放，但是其认为采取一致的减排目标会损害澳大利亚的工业及经济发展。虽然在 1998 年 4 月，自由党政府签署了《京都议定书》，但是其以按照议定书要求进行减排会损害澳大利亚本国利益为由，拒绝批准议定书。

在 2007 年 12 月 12 日，澳大利亚工党总理 Kevin Rudd 上任一周后，就宣布批准《京都议定书》，作为履行 2007 年选举游说时的承诺。其后，在 2008 年，澳大利亚出台了一系列法律规章来履行减排承诺。其中,比较重要的是 2008 年 12 月出台的《碳污染减排制度：澳大利亚的低污染未来》，这一白皮书对 ETS 进行了最终设计，并规划了 2020 年的减排新目标：相比 2000 年的温室气体排放水平，澳大利亚将无条件减排 5%。但若所有的大型经济体承诺限制排放，且所有的发达国家至少作出与澳大利亚相同程度的减排承诺，那么其将相对于 2000 的减排量减排 15%（Australian Government，2008）。

澳大利亚近 10 年来在国际气候谈判中始终扮演着不积极者的角色。虽然工党提出减排 5%的目标相比自由党来说进步很多。但是由于澳大利亚是全球最大的煤炭出国口，其人均排放量已超过美国，因此这一减排承诺，从实际减排量以及相对其他发达国家的减排承诺来看，使得澳大利亚仍处于气候谈判不积极者的状态。而且澳大利亚自 2008 年后一直坚持减排 5%的低承诺，不愿作出新承诺。在 2012 年的多哈会议上，澳大利亚仍旧表示：政府承诺减排 5%的这一减排政策不会改变。对于向发展中国家提供资金以帮助其应对气候变化问题方面，澳大利亚在 2013 年 11 月的华沙气候会议上，拒绝作出向发展中国家出资的新承诺，还声称“要求发达国家作出新的出资承诺是不现实且不可

① 加拿大气候政策　沦为工业国榜末. 星岛环球网 2013-11-20　http://www.kwcg.ca/supersite/?action-viewnews-itemid-65196

接受的。”

从澳大利亚的国内气候政策来看，工党与自由党对待气候问题的较大差异可以用来部分解释其气候政策的不一致性及无方向性。但从澳大利亚在国际气候谈判中的行为来看，近 10 年来，其一直属于气候谈判的不积极者。不论在减排目标还是提供资金方面，都不愿作出新的积极承诺。

9.3.4 日本

日本在气候问题上的立场大致可以分为三个阶段：首先是追随美国反对制定 CO_2 排放的具体指标。其次为展现其外交能力与国际影响能力，积极参加环境保护进程，作为签订《京都议定书》的美欧利益调节者。近期在“后京都”时代，日本立场越来越消极，与美国再次结为同盟，反对《京都议定书》的二期承诺。总体来看，日本在国际气候谈判中的立场呈现出不积极—积极—不积极的发展过程。

在 1990 年以前，日本对待气候谈判问题的立场与美国一致：反对制定具体的 CO_2 排放标准。1989 年 11 月，在荷兰的诺德韦克召开了国际大气污染和气候变化部长级会议。在此次会议上，日本强调虽然日本的 CO_2 排放量位于世界前列，但是人均排放量却低于大多数工业化国家。如果制定相同的排放标准，这会使日本陷入不利的发展地位（Kameyama，2002）。

随后日本对待气候问题的立场逐渐发生积极的转变。1993 年 11 月出台的《环境基本法》标志着日本环境体系的真正变革。在 1995 年的公约第一次缔约方会议上，日本环境厅长就表述了日本希望主办第三次或以后缔约方会议的意愿（陈刚，2006）。1997 年公约缔约方第三次会议在日本举行。为了借此机会成功举办一次国际会议，彰显其外交能力，日本提出积极的减排目标以期望激励他国仿效，在此次会议上，日本政府最终设定了 5%的减排底线。2001 年在“伞形集团”盟友美国与澳大利亚宣布退出《京都议定书》的压力下，日本经过权衡，最终批准议定书。正因为日本、欧盟和俄罗斯等国家的同意批准，才使《京都议定书》得以生效。1998 年 10 月，日本通过《地球温暖化对策推进法》，以积极落实 5%的减排目标。在 2003 年，更是制定并颁布了《增减环保热情及推进环境教育法》，成为亚洲第一个制定并颁布环境教育法的国家。

在 2008 年的达沃斯世界经济年会上，虽然日本的积极立场并未发生重大转变，但对于议定书的部分不满已显露端倪。在此次会议上，日本首相福田虽然宣布成立百亿美元基金来抗击全球变暖，表明日本会积极地和发展中国家一起合作来减少温室气体排放，同时会对深受气候变化影响的发展中国家施以援手[①]。但日本表明了对议定书所设定的以 1990 年为基准年进行减排要求的不满，这是因为日本相对较早采取节能措施，在 1990 年，温室气体排放量相对其他工业化国家已经处于较低的位置。日本福田首相表示《京都议定书》中确定的以 1990 年为目标基准年需要修改。

日本在 2009 年就显露出与美国一致的消极立场，尤其在 2010 年，日本在气候会议

① 日本首相宣布成立百亿美元基金抗击全球变暖. 腾讯财经 2008-01-28 http://finance.qq.com/a/20080128/001892.htm

上的立场更是发生消极转变。日本在2010年召开的坎昆会议上，坚决反对延长将于2012年到期的《京都议定书》，也反对前首相承诺的到2020年（基于1990年）日本减排25%的这一中期目标纳入大会的政治文件。在2011年的德班气候会议上，日本再次与美国结为同盟，反对二期《京都议定书》。2012年多哈气候会议上，日本明确表明不参加议定书的第二承诺期。2013年的华沙气候会议上，日本更是提出严重倒退观点：表明政府已确定在2005年基础上减排3.8%这一新的减排目标。这一修正后的减排目标比1990年的排放水平还高出 3.1%的排放量[①]。总体来看，日本在“后京都”时代的气候谈判立场逐渐与美国趋于一致，持有较消极的谈判态度。

总体来看，日本从初期反对制定具体的排放标准，到对于《京都议定书》的签订贡献不小力量，再到“后京都”时代坚决拒绝参加《京都议定书》第二承诺期。日本在基于本国利益的基础上，对待气候问题经历了从“不积极”到“积极”再到“不积极”的态度转变。

9.3.5　俄罗斯

从国内环境政策层面来看，俄罗斯属于积极应对气候变化问题的国家，在国内其颁布了一系列法律法规来应对环境气候问题。但在气候谈判中俄罗斯更多地以漠然态度应对，虽然中间有过一段时期强调其“负责任大国”形象。但近几年来，俄罗斯更多地表现出旁观者及不积极的态度。

俄罗斯的国内环境政策开始于较早阶段。早在原苏联时期，俄罗斯就凭借社会主义制度的优越性，选择直接规制手段，在环境治理方面取得一定成效。在20世纪80年代末至90年代前半期，伴随着苏联解体与经济改革，俄罗斯环境政策在形式上取得了一定进展。例如，1991年俄罗斯颁布《自然环境保护法》；1994年颁布总统令，将环境保护与可持续发展作为俄罗斯国家战略；制定联邦政府行动计划以更好地保护环境与利用自然资源等。

2008年当梅德韦杰夫成为俄罗斯总统后，更是高调宣扬俄罗斯将积极应对气候变化。为此，俄罗斯在国内采取了一系列减排措施，如实施规模最大的减排项目：哈巴罗夫斯克热电厂，由煤炭发电转为天然气发电；2009年11月，颁布新的《节能和提高能效法》，规定各政府机构及私人住宅需逐步安装节能设施；签发《关于提高俄罗斯能源效率若干措施》的总统令，要求2020年GDP能效将提高40%[②]。

由于在国内俄罗斯较早地执行了气候保护政策，致使自苏联解体以来，其温室气体排放量一直处于较低水平。因此，在国际气候谈判中，俄罗斯总体处于旁观者、不积极的地位。虽然在2004年，俄罗斯总统普京签署了《京都议定书》，但俄罗斯政府一直认为其不应该处于附件一的国家名单中。2008 年，在波兹南会议之后，俄罗斯再次重申：按照俄罗斯现有的经济发展水平，其应该从“附件一国家中”被划入发展中国家，以此试图摆脱议定书中的强制性减排义务（毛艳，2010）。在2010年的坎昆会议上，俄罗斯

① 日本减排目标“倒退”遭到国际社会批评. 新华网 2013-11-16. http://news.xinhuanet.com/2013/11/16/c_118165524.htm.

② 俄罗斯目标：到2050年温室气体减排50% 全球节能环保网 2009-11-16http://www.gesep.com/news/Show_25053.html.

表示希望能够在《京都议定书》的第二承诺期内继续使用第一承诺期未使用的“排放权”，但这一提议遭到了欧盟的反对。此时俄罗斯的不积极立场已显露端倪。在2011年年底的德班会议上，俄罗斯明确表示对《京都议定书》第二承诺期的减排目标将不予承诺，与伞形集团的其他成员一致，俄罗斯也想摆脱《京都议定书》和《长期合作行动》中规定的减排义务。2012 年的多哈会议，俄罗斯再次表明其立场：明确不参加《京都议定书》第二承诺期。在2013年的华沙会议上，俄罗斯再次声明其应当从附件一国家的名单中除去。

由于俄罗斯在国内较早实施减排措施，致使其减排量处于较低位置。因此，在气候谈判中，俄罗斯处于淡漠、不积极的态度，一直强调其应从《京都议定书》附件一国家的名单中除去，摆脱议定书中规定的具有约束力的减排义务。

9.3.6 欧盟

早在1990年，欧共体就提出2000年将CO_2的排放量稳定于1990年排放量的水平上（Paul，2007）。在《联合国气候变化框架公约》的谈判过程中，欧共体提出与美国完全相反的见解，认为公约中应包含发达国家限制 CO_2 的时间表。对于公约中 “共同但有区别责任”原则的确立，欧盟也起到了积极的推动作用。而且《京都议定书》的成功通过，欧盟也贡献了不小的力量。1997年3月，欧盟环境委员会提出：欧盟支持所有工业国家2010年的温室气体排放量较1990年的水平减排15%（Grubb et al., 1999）。《京都议定书》规定：欧盟作为一个整体，2008~2012年6种温室气体的排放水平要比1990年减排 8%。为实现这一目标，欧盟内部成员国间达成了“责任分担协议”，并于 2000年6月启动“第一个欧洲气候变化计划”，建立欧盟内部温室气体排放交易体系(ETS)。

在2001年美国宣布退出《京都议定书》的不利局势下，欧盟主动承担责任，担当起全球气候治理的世界领袖角色。2002年欧盟主动批准《京都议定书》，并积极协调各方立场，使得《京都议定书》得以生效。欧盟为进一步显示其在减排方面的积极领导作用，在2007年3月的欧盟首脑会议中，提出了在气候变化和能源政策方面具有里程碑意义的一揽子决议。其中，较为核心的是“20-20-20”行动。即欧盟承诺到2020年，温室气体排放量较 1990 年减排 20%，在达成新的国际气候协议的情况下（即其他发达国家相应大幅度减排，先进发展中国家也承担相应减排义务），这一减排量可以增加为30%。同时欧盟也提出，设定将可再生能源在总能源消费中的比例提高到20%的约束性目标以及将能源效率提高20%（EU, 2008）。

在2009年之后，欧盟立场较之以前，略显保守。在2009年之前，欧盟认为，发达国家在气候变化所带来的不利影响方面应该承担更多的责任，因此，在减排方面应承担更多的义务。此立场与发展中国家保持一致。但是在2009年之后，欧盟立场则与发展中国家发生分歧，在依旧强调发达国家应该率先减排的情况下，更多地要求发展中国家也要承担新的责任（此立场在2007年年初见端倪）。欧盟在2009年7月提出，经济较发达且有足够能力的发展中国家最迟要在2011年开始每年向《公约》秘书处提交年度排放清单（Council of the European Union，2009）。这一要求不免违背了各方在2007年巴厘岛气候会议上所达成的共识：发展中国家不承担具体的量化减排义务，即在发达国家可衡量、可报告和可核实的资金和技术支持下，发展中国家根据国情采取适当的国家减排行为。同时，在发达国家提供资金与技术以帮助发展中国家应对气候变化方面，欧盟认为国际资金应只对超出发展中国家自身支付能力的部分进行援助，并且这一资金支持还必须建立在发展中国家进行适当国家减排行为的基础上。

随着美国在气候变化问题上的积极性增加，近些年欧盟在国际气候领域方面的领导力被进一步的削弱。由于欧盟在2011年整体排放量较1990年的水平就已减排17.5%，2012年减排19.2%。若欧盟继续坚持现有20%的减排目标将会进一步削弱其可信度及领导力。在2013年的华沙会议上，尽管欧盟愿意执行《京都议定书》第二承诺期，但提出不接受以往的量化目标，仅要求自愿承诺。2014年10月24日的欧盟峰会上，欧盟决定到2030年温室气体排放较1990年排放量至少减少40%，但各方却认为这一减排目标在分配到各成员国之后显得更加小心与保守①。

从整体来看，在1990~2009年，欧盟在全球气候治理问题上担当领头羊的角色，为《公约》及《京都议定书》的成功生效作出了巨大贡献，在此阶段欧盟所做的减排温室气体承诺也很积极，也更加符合发展中国家的利益。但自2009年以后，欧盟立场逐渐发生倾斜，要求有能力的发展中国家也需要履行相应的减排义务，并提出其对发展中国家的资金支持也需要建立在发展中国家执行相应减排措施的基础上。自此欧盟立场虽也比较积极，但较之前也有所保守，在有能力作出更大程度减排承诺的情况下，依旧以其他发达国家进行更大程度的减排以及发展中国家进行减排行为为前提。

为建立良好的国际道德形象，并通过成为治理气候变化问题主导者的这一方式，夺回国际话语权，英国在国内层面积极制定减排政策，在国际层面积极推动国际气候谈判。从国内气候政策来看，英国不仅是先行者，还是积极的倡导者与实践者。早在1863年，英国就制定《工业大气污染法》来应对因为工业化问题而产生的大气污染问题。在2003年的能源白皮书《我们能源的未来：构建低碳经济》中，英国第一次提及“低碳经济”，并提出在2010年将CO_2排放量减排20%，到2050年减排60%的目标（潘家华等，2006）。英国于2009年3月生效《气候变化法》，成为世界上首个在法律文件中明确中长期减排目标的国家。即在2020年前将温室气体排放量在1990年的基础上减少34%，到2050年减排80%②。

从国际气候谈判中来看，英国作为欧盟的一分子，其谈判立场与欧盟基本保持一致。《京都议定书》为欧盟规定的减排目标为：在2012年温室气体排放量较1990年的水平减排8%。根据欧盟内部的“减排量分担协议”，英国承担了更多的减排责任，即2012年较1990年减排12.5%。在召开哥本哈根气候会议的前夕，英联邦政府首脑会议发表《英联邦气候变化宣言》，强调各方应达成具有法律约束力的协议，发达国家应对困难国家给予援助，尤其是资金援助。在2010年，英国政府就确认从2010~2013年，英国将为发

① 欧盟宣布40%温室气体减排目标 专家指太小太晚. 新浪财经，2014-10-24http://finance.sina.com.cn/world/20141024/134220633214.shtml.

② 英国通过《气候变化法案》. 科技部，2009-03-06http://www.most.gov.cn/gnwkjdt/200903/t20090305_67767.htm.

展中国家提供 15 亿英镑的应对气候变化问题的快速启动资金[①]。

但随着近些年全球应对气候变化问题的合作前景并不明朗，英国也一再表示，没有全球各国的合作减排，个别国家的减排措施对全球气温的控制并无意义。英国也逐渐从关注自身减排措施转变为强调国际减排的统一行动，强调具有约束力的法律协议来规定发达国家与发展中国家共同减排，以及发达国家与发展中国家应共同出资应对全球气候变化问题。外加欧盟近几年在气候谈判中的“保守”立场，即在减排 30%并无困难的情况下，依旧承诺 20%的减排目标，使得英国在气候问题上的积极倡导更加略显迟疑。

从整体来看，英国在气候变化问题上一直保有积极的态度立场。但在国际合作减排前景不明朗以及欧盟气候谈判立场微小转变（从最初的积极倡导到如今的些许保守）的不利影响下，英国也由最初的提高自身减排承诺来推动国际气候谈判到后来的强调国际合作减排的统一行动。英国强烈希望能够达成国际上具有法律约束力的协议，来使得发达国家与发展中国家共同承担责任应对全球气候变化问题。

9.3.7　中国

作为一个发展中国家，中国在气候问题上的谈判立场始终符合发展中国家的基本利益。

在对待发达国家的减排问题上，在气候谈判的早些年间（1990~2000 年），中国始终坚持强调“发达国家在气候变化问题上应负主要责任”。在 1991 年 6 月的发展中国家环境与发展部长级会议上，时任总理李鹏就提出应明确环境恶化的历史和现实责任，强调“公平但有区别的责任”原则。1995 年的公约缔约方第一次会议，中国代表团团长陈耀邦强调了发达国家应对气候变化问题负主要责任。1995 年 10 月，时任主席江泽民在联合国成立 50 周年特别纪念会上也再次强调发达国家在工业化与现代化进程中对生态环境的恶化是欠了债的，理所应当需要对环境保护作出更大的贡献。

在谈判的近几年（2009 年至今），中国立场逐渐由“强调发达国家负主要责任”转变为“督促发达国家加大减排力度”。在 2009 年的哥本哈根气候会议上，中国强调，现阶段，中国仍是相对落后的国家，对现期 CO_2 的排放不应负主要责任。西方发达国家应承担主要责任，加大力度减少 CO_2 排放。在 2012 年 12 月的多哈会议上，中国坚持《京都议定书》第二承诺期必须如期落实，发达国家应加大减排力度。在 2013 年的华沙气候会议上，中国再次敦促发达国家应进一步提高其到 2020 年的减排承诺，加大减排力度。

在对待本国减排行为的问题上，中国起初认为，中国不应该承担限制温室气体的减排义务。在 1997 年的公约缔约方第三次会议上，中国代表团团长陈耀邦表明，在中国达到中等发达国家水平之后，将会仔细研究减排义务。在 1999 年 10 月的公约缔约方第五次会议上，中国代表团团长刘江再次声明，中国在达到中等发达国家水平之前，是不可能承担减排温室气体的义务的。

---

① 布朗：英、法将向发展中国家提供 15 亿英镑资金. 中国新闻网，2009-12-11http://www.chinanews.com/gj/gj-oz/news/2009/12-11/2014153.shtml.

随着气候谈判的不断成熟，以及中国经济的不断发展、思想的不断进步，作为一个负责任的大国，中国逐渐由最初的不接受温室气体减排义务，到 2002 年提出的“只坚持公约规定的现有义务，拒绝任何形式的新义务”，直到近几年中国愿意承担与自身相对应的责任，积极作出自愿减排承诺。在 2009 年的哥本哈根气候会议上，中国承诺到 2020 年将单位 GDP CO_2 排放在 2005 年基础上降低 40%~45%。2010 年的坎昆会议上，中国代表团团长解振华再次强调，不管这次会议谈判结果如何，中国自主减排的立场不会改变。2014 年 11 月，习近平在《中美气候变化联合声明中》，更是指出中国计划在 2030 年左右达到 CO_2 排放高峰，并努力将这一时间提前，并计划到 2030 年将非化石能源占一次能源的消费比重提升到 20%左右。

在发达国家提供资金与技术支持问题上，中国在 1990 年参加气候谈判以来，就始终坚持发达国家应提供资金与技术支持来帮助发展中国家应对气候变化问题。在 1991 年的部长级会议上，时任总理李鹏就提出国际社会应向发展中国家提供资金和技术援助。在《公约》第一次缔约方会议上，中国对发达国家没有履行提供“新的、额外的”资金和技术转让承诺提出不满。在《公约》第五次缔约方会议上，中国提出，希望发达国家能够按照《公约》规定提供资金援助与技术转让。在 2012 年与 2013 年的气候谈判会议上，中国也分别强调“发达国家承诺的资金支持应尽快到位”以及“加强对发展中国家提供资金与技术支持”的观点主张。

从整体来看，中国气候谈判立场由最初的防范谨慎逐渐转变为如今的积极主动。在发达国家对气候变化负主要责任，切实履行其作出的减排承诺并加大力度对发展中国家提供充足资金与转让友好技术的情况下，中国愿意采取措施积极应对气候变化问题，积极推动绿色低碳发展，积极主动承担与其发展水平相适应的国际责任与义务。

9.3.8 印度

印度一直积极参与国际气候谈判，其深知只有积极参与才能有效维护本国利益。在气候谈判过程中，印度总的立场是与发展中国家的一致立场相契合的，其强调发达国家与发展中国家责任的差异性，拒绝为发展中国家设立强制性减排任务，并要求发达国家为发展中国家提供充足的资金与技术援助。印度一直认为要求发展中国家采取减排措施是不公平的，因为并不是它们造成了现有环境问题。因此，印度一直强调发达国家的历史责任，在现有减排行为下，发达国家应承担更大的义务。在 2013 年 4 月的第四届清洁能源部长级会议上，印度总理辛格还在呼吁发达国家采取切实行动应对气候变化。不仅要兑现减排承诺，更要兑现提供资金与技术支持的承诺。在气候谈判初期，印度就强烈要求发达国家提供额外的、新的资金弥补发展中国家在减排方面所增加的成本，并希望获得更多技术支持。在 2007 年的巴厘岛会议上，印度更是提出发达国家对发展中国家的援助至少满足三个条件：可测量、可报告与可核查。

印度在国际气候谈判的初期坚持不承诺量化减排，但近些年，印度也逐渐作出具体的量化减排目标，但依旧不接受强制性减排任务。在 2009 年的哥本哈根气候会议前，印度虽宣布到 2020 年将温室气体排放在 2005 年基础上降低 20%~25%，但在气候会议上，印度再次表明其只进行自主减排，不参与“可报告、可检测、可核实”的减排行动，也不接受国际社会的监督。在 2010 年的坎昆气候会议与 2011 年的德班气候会议上，印度还一再拒绝确定碳排放峰值的年份。

与其他基础四国成员不同的是，为保护本国利益并缓解本国减排压力，拥有较多人口的印度提出人均排放的概念，认为人均排放应作为各国分担气候责任的基本标准。早在 1991 年的政府间谈判委员会第二次会议上，印度发言人就指出："公平的解决方案只能建立在发达国家大量削减人均排放量的基础上。同时在一段时期内，发展中国家可以提高其人均排放量。"在 2000 年的公约缔约方第六次会议上，印度再次强调国家间平等的人均温室气体排放权。印度在气候谈判会议上，多次强调其自身的人均低排放。对于自身的减排承诺，自 2007 年的八国领导人峰会上，印度总理首次提出本国的减排立场后，即从现在到 2050 年，印度人均碳排放不会超过发达国家。印度一直保守地延续这一承诺。

9.3.9　巴西

自 1990 起，巴西对待气候变化问题的立场就由担心治理环境会阻碍本国发展转变为需要积极应对气候变化问题。1992 年 6 月，巴西就作为联合国环境与发展大会的主办方，第一个签署了《联合国气候变化框架公约》。1997 年，巴西提出建立清洁发展基金，用来支持发展中国家的减排项目。其中，基金主要来源是未完成减排目标的发达国家所缴纳的罚金。2002 年 8 月，巴西批准《京都议定书》。2007 年 11 月，巴西总统卢拉颁布的第 6263 号法案中，第一次提出到 2020 年亚马孙毁林要减少 80%的目标。2009 年 12 月颁布的第 12187 号法案中明确提出了巴西到 2020 年的减排目标。

在国际气候会议中，巴西采取了积极且灵活的谈判立场。巴西一方面将本国定位为"新兴的发展中国家"，希望通过在气候谈判中维护发展中国家的整体利益，来增强本国在发展中国家的话语权。因此，巴西与其他发展中国家在减排责任划分、制定减排目标、资金与技术援助等方面持有相同的立场。巴西认为，发达国家应承担历史责任，在治理气候变化问题上作出更大的贡献；对于本国所作出的减排承诺，在不损害本国经济发展的前提下，可作出适当减排承诺；发达国家应向发展中国家提供充足的资金与技术援助，以降低发展中国家的减排成本。在 2014 年 11 月的利马气候会议上，巴西再一次保有了这一立场。在减排问题上依旧强调"共同但有区别的责任"原则、发达国家应继续执行 1997 年生效的具有法律约束力的《京都议定书》中规定的有关责任，要求发达国家切实履行在气候变化问题上的承诺，加大减排力度，提供资金与技术援助。

但在另一方面，拥有亚马逊热带雨林的巴西可以通过降低毁林速度来实现减排目标，这将大大缓解其在其他方面的减排压力，并减少因减排对经济增长造成的不利影响，且巴西在新能源经济方面发展迅速，能源结构主要以可再生能源为主，在乙醇等生物能源方面与欧美相比还拥有竞争优势，因此，巴西面对相对较低的减排压力，并且希望通过气候谈判加强与发达国家的新能源合作，带动本国新能源经济的发展。在某些谈判时点与谈判问题上，巴西有时会倾向于某些发达国家的立场，以此实现巴西本国利益的最大化。2009 年 11 月 14 日，巴西总统卢拉与法国总统萨科齐签署《气候变化共同立场文件》，宣布在即将到来的哥本哈根气候会议上，两国将采取共同立场。在 2011 年的德班气候会议上，巴西试图缩小欧盟与其他基础四国成员谈判立场的分歧，尤其是说服中国和印度采取更加灵活的立场。早在 2009 年，时任总统卢拉就呼吁：经济快速增长的中国应在应对气候变化问题上更有“勇气”。在 2012 年的多哈气候会议上，巴西与欧盟立场相似，认为可以达成 2020 年后对所有缔约方均具有法律约束力的减排目标。

从整体来看，巴西在应对气候变化问题上的态度立场越来越积极。在定位为“新兴发展中国家”的基础上，巴西身为基础四国的一员，在自 2009 年至今的气候会议上，四国在减排责任、资金支持等方面，均保持较一致的立场。但由于巴西在能源方面的发展处于发展中国家的前列，因此，其与法国、欧盟有较多的合作，这导致在气候谈判的“减排是否受到约束”方面，巴西立场有些许偏移，但根本立场并未动摇。

9.3.10　南非

在国际气候谈判的初期，南非在参与国际减排公约以及减排行动上都不积极，虽然在 1993 年就签署了《联合国气候变化框架公约》，但是直到 1997 年才在国内批准。在 2005 年之前，虽然南非逐渐深刻对气候变化的认识、逐渐认真研究对待气候变化问题，但是在减缓气候变化问题上并未有实质性进展，且在国际气候会议谈判中也并不积极突出。由 2005 年开始并于 2007 年 10 月完成的“南非减缓气候变化长期情景”初始技术工作，对南非在国际气候会议上减排目标的承诺拥有深刻影响。其设定“不加限制增长”与“科学要求”两种情景，在以 2003 年为基准年的情况下对 2050 年的排放量进行预测。结果表明，在两种情境下，温室气体排放量相差 13 亿 t。2008 年 7 月，南非政府批准通过“气候变化减缓长期情景”，力争在 2020~2025 年南非温室气体排放达到峰值，在维持 10 年左右的平顶期下，2030~2035 年开始下降。即“先高峰—再平顶—后下降”的排放控制策略。

自 2009 年至今，南非在国际气候谈判上一直持有积极的立场态度。与其他基础四国成员不同的是，其在国际气候谈判上所作出的承诺比现期国家内采取的措施还要积极。在 2009 年 12 月的哥本哈根气候会议上，南非宣布在正常发展水平的基础上，未来 10 年减排 34%的温室气体排放量，到 2025 年减排量将达到 42%的峰值。2011 年 10 月，南非正式公布《南非应对气候变化政策白皮书》，这是南非政府就气候变化问题出台的第一个全面的国家行动方案。在 2011 年的德班会议上，时任总统祖马再次声明南非的减排目标：到 2020 年降低 34%，2025 年降低 42%。

在国际气候谈判中与巴西立场相近的是，南非在维护发展中国家根本利益的基础上，积极寻求与发达国家的沟通交流，力图缩小发展中国家与发达国家间的分歧。这一方面有助于其成为贫穷非洲国家的合法性代表，另一方面又有助于其与发达国家的密切政治交流与经济来往。在 2012 年的多哈会议上，南非强调应遵守《联合国气候变化框架公约》与《京都议定书》中所确定的基本原则，发达国家承担起历史责任并为发展中国家提供应对气候变化问题的支持。在 2013 年基础四国第十七次气候变化部长级会议上，南非再次声明华沙会议谈判的重点应围绕发达国家兑现已作出的减排及提供支持的承诺。但南非在气候谈判中，并不严格区分发达国家与发展中国家，且希望在 2020 年后建立一个“自上而下”的减排机制，每个国家都要承担相应有法律约束力的减排义务。

从整体来看，南非在气候变化问题上也经历了从“不积极到积极”的转变过程。在国际气候谈判的近期，其一直持有略激进的立场态度。承诺至少到 2025 年其温室气体排放量将达到峰值。从国际气候会议上的立场观点来看，一方面为成为非洲各国的合法代表，南非十分重视与其他非洲各国以及其他基础四国成员团结起来，共同维护发展中国家的利益。另一方面为成为发达国家的可信伙伴，有时南非的立场观点与发达国家相近的同时，也会积极同发达国家交流沟通，争取使发达国家在气候问题上作出更多让步。

9.4　《京都议定书》履约分析

一国的减排目标反映了该国的减排立场。随着气候谈判的不断发展，各国在谈判的不同阶段提出了各不相同的减排目标。在《京都议定书》时期，主要发达国家就本国的至 2012 年的减排提出了相应的行动目标，如表 9.1 所示。那么这些国家在《京都议定书》结束之时是否真正履约了减排目标呢？

表 9.1　《京都议定书》中附件 B 部分国家的减排目标及履约情况

国家	基准年	第一承诺期	减排目标	预计排放量/MtC	实际排放量/MtC	超排比例/%	是否履约
美国	1990	2008~2012	减排 7%	1209.26	1391.64	15.08	否
加拿大	1990	2008~2012	减排 6%	115.37	136.35	18.19	否
澳大利亚	1990	2008~2012	增排 8%	72.09	96.24	33.51	否
日本	1990	2008~2012	减排 6%	280.65	342.49	22.03	否
欧盟	1990	2008~2012	减排 8%	1068.50	970.33	−9.19	是
英国	1990	2008~2012	减排 8%	143.27	129.84	−9.37	是
法国	1990	2008~2012	减排%	100.28	93.19	−7.07	是
德国	1990	2008~2012	减排 8%	253.92	202.00	−20.45	是
俄罗斯	1990	2008~2012	保持 1990 年水平	643.00	498.90	−22.41	是

资料来源：Global_Carbon_Budget_2014_v1.1, Carbon Dioxide Information Analysis Center, http://cdiac.ornl.gov.

基于《京都议定书》文本及主要国家的历史排放数据，计算得到各国在《京都议定书》中承诺的减排排放量与实际排放量，见表 9.1。分析得到，在《京都议定书》第一承诺期，真正达到减排目标的国家（集团）主要为欧盟，比承诺目标少排 9%，其下属的成员国，如英国、法国、德国也达到了减排目标，其中，德国的实际排放比承诺目标降低了 20%，超额完成任务。但是美国、加拿大、澳大利亚、日本均未能实现减排承诺，其中，澳大利亚虽然其减排目标比 1990 年增长了 8%，但其实际排放量仍超出了控制目标，超排比例达到 33%，为超排最高的国家；美国的超排比例也达到了 15%。对《京都议定书》履约的情况也反映了前文对各国减排立场的分析，欧盟对承诺的履约表现了其积极的减排态度，而伞形国家，如美国、澳大利亚等，始终在减排立场或履行减排承诺中都表现了不积极的态度。

9.5　各国的中长期减排目标分析

虽然《京都议定书》第一承诺期的履约并不尽如人意，但就目前而言，全球减排更重要的是对未来行动的谈判和规划。在“后京都”时代，全球减排的行动着眼于更长期的 2020 年、2030 年的排放控制目标。在 2013 年华沙 COP19 会议上提出各国要在 2015 年 COP20 之前提交国家自主贡献目标（Intended Nationally Determined Contribution, INDC），以督促各国在全球减排行动中展开实质性行动，推动全球气候谈判向前发展。各国对未来减排目标的设置也正是各国未来减排立场的实质性反映。

截至 2015 年 7 月，全球有 20 个国家（地区）提交了 INDC 方案。结合早期各国提出的减排行动计划，世界主要经济主体至 2020 年及至 2030 年的减排目标如表 9.2 所示。基于表 9.2，各国的减排目标设置可以分为两种不同类型，一是以基准年排放量为基础的减排，主要以《京都议定书》附件 B 国家为主，分别以 1990 年或 2005 年为减排基准年；

表 9.2　经济大国提出的中长期减排目标

国家	目标年	基准年	减排目标	目标年预计排放量/MtC
美国	2020	2005	降低 17%	1318.76
	2025	2005	降低 26%~28%	1143.99~1175.77
加拿大	2020	2005	降低 17%	127.45
	2030	2005	降低 30%	107.49
澳大利亚	2020	2000	降低 5%	85.39
	未提交			
日本	2020	1990	降低 25%	223.92
	2030	2013	降低 26%	278.80
俄罗斯	2020	1990	降低 15%~25%	481.99~546.26
	2030	1990	降低 25%~30%	449.86~481.99
欧盟	2020	1990	20%	929.13
	2030	1990	40%	464.56
中国	2020	2005	排放强度降低 40%~45%	2964.47~3233.97
	2030	2005	排放达峰；排放强度下降 60%~65%	3191.97~3647.97
印度	2020	2005	排放强度下降 20%~25%	1494.52~1594.16
	未提交			
巴西	2020	BAU	36.1%~38.9%	476.56~563.22
	未提交			
南非	2020	BAU	降低 34%	109.14-157.34
	2025	BAU	降低 42%	109.14-165.53

资料来源：Global_Carbon_Budget_2014_v1.1, Carbon Dioxide Information Analysis Center, http://cdiac.ornl.gov.

二是以排放强度下降和 BAU（Business-As-Usual）为基础的减排，这类减排目标主要由发展中国家提出，其内在原因在于发展中国家在减排的同时必须确保经济的平稳增长，因此，这些国家的减排目标一般与经济增长挂钩，主要以单位 GDP 的排放强度下降或 BAU 情景为基础。

进一步，根据各国相关减排目标和历史排放数据，估算得到各国至目标年份的排放量，如表 9.2 最后一列所示。其中，对于中国未来的碳排放估算由于涉及未来 GDP 的估算，因此，我们采用 IEA《世界能源展望 2014》中对中国经济增长率的假设，即 2012~2020 年 GDP 年增长率为 6.9%，2020~2030 年 GDP 年增长率为 5.4%。同时，假设印度的 GDP 年增长率为 6.4%。为分析各国长期减排路径，我们结合各国自 1990 年以来的历史排放量，以各国 2020 年和 2030 年预计排放量为未来排放路径节点，假设当前至 2020 年以及 2020~2030 年碳排放量将均匀变化，绘制出各国 1990~2030 年的排放路径，如图 9.1 和图 9.2 所示。通过分析各国长期的排放路径，我们可以进一步挖掘各国减排目标表面数字下隐藏的减排力度和减排意愿，从而反映每个国家未来的减排立场。

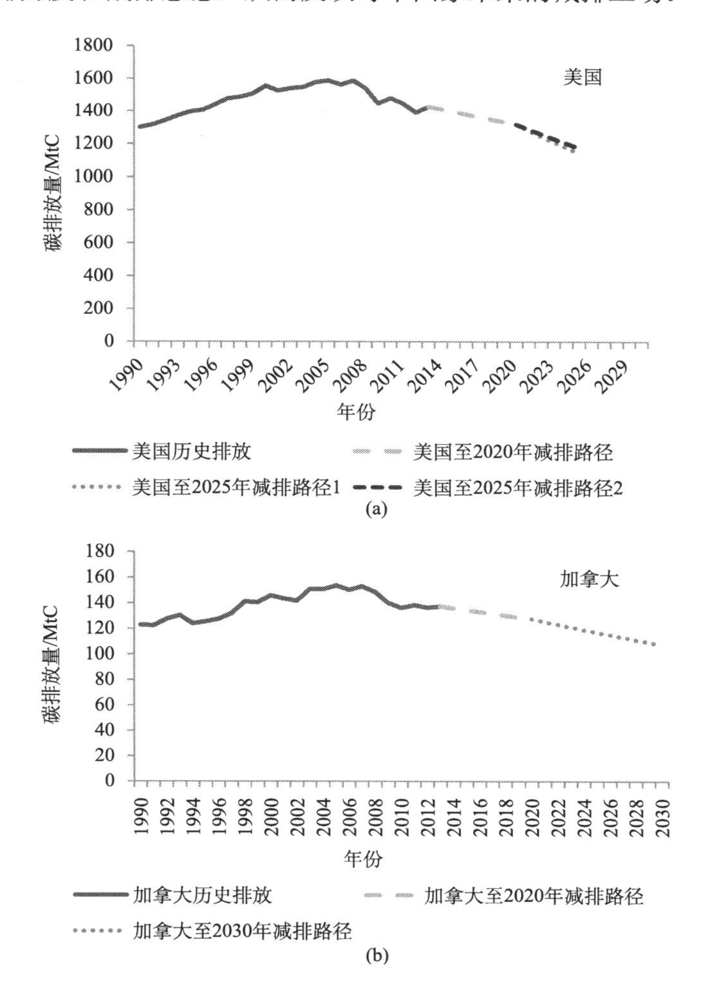

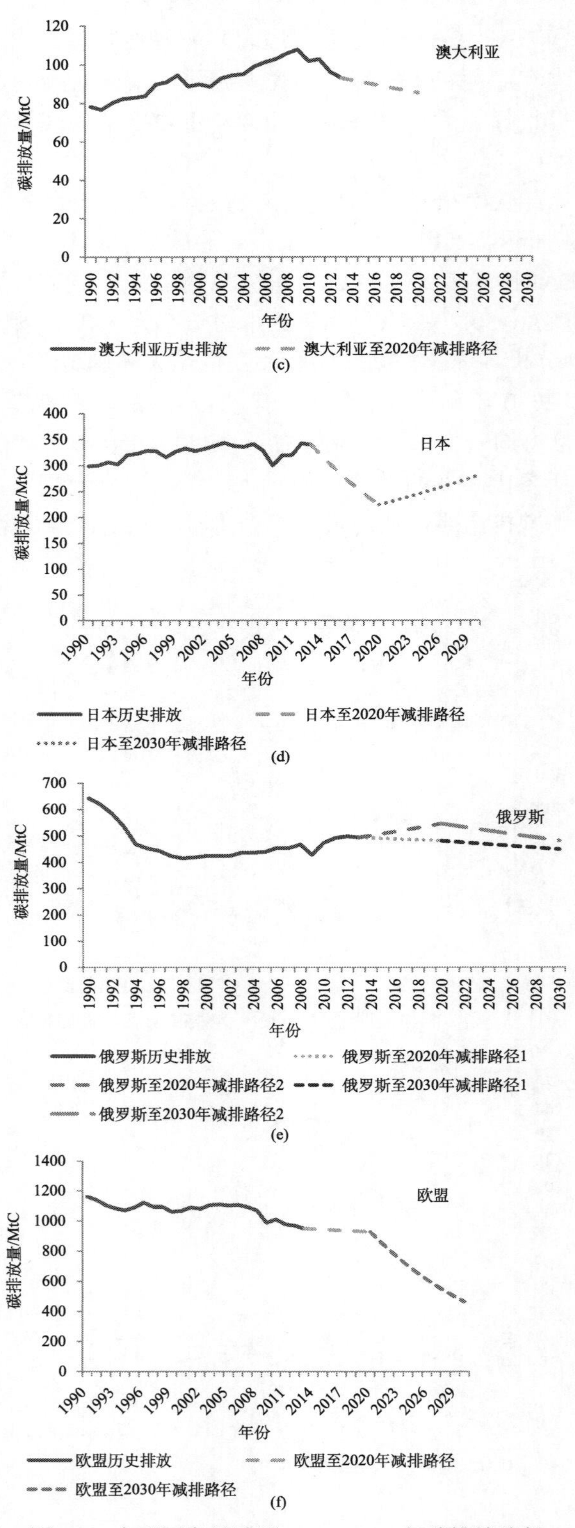

图 9.1　伞形国家及欧盟 1990~2030 年碳排放路径

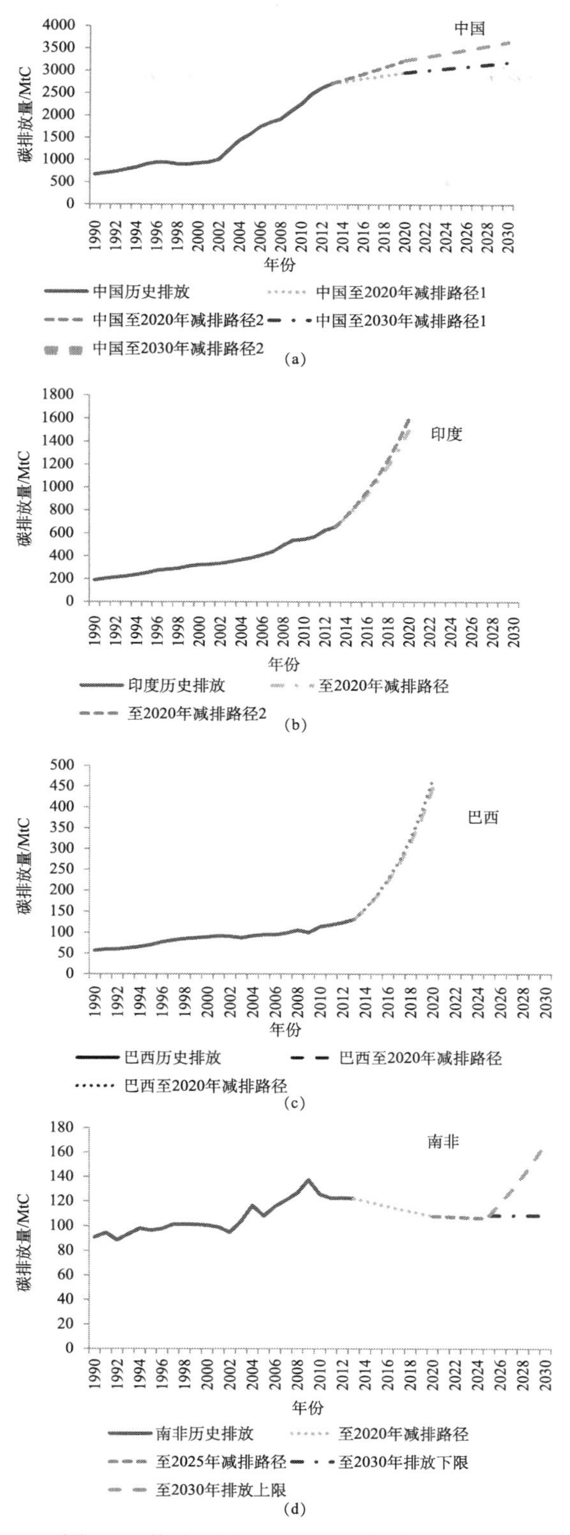

图 9.2　基础四国 1990~2030 年碳排放路径

由图 9.1 分析发现，美国和加拿大的减排目标虽然排放降低的百分比数字较大，如美国至 2025 年排放降低 26%甚至 28%，但是从这两个国家未来的排放途径图可以看到，它们的减排承诺实际上并没有带来未来排放量的显著下降，其中的根源在于这两个国家均是以 2005 年为基准年，这基本上是这两个国家排放最高的时期；如果将美国和加拿大目前提出的以 2005 年为基准年的减排计划换算到以 1990 年为基准年，将发现至 2020 年两国的排放水平仍维持在 1990 年水平上，即使到 2030 年，美加两国的排放量比 1990 年下降仅约 10%，相较于欧盟至 2030 年排放比 1990 年降低 40%的目标相差甚远。因此，美国和加拿大的长期减排目标实际上体现了它们不愿展开实质性减排的不积极态度。

澳大利亚作为唯一一个到目前仍未提交 INDC 的伞形国家，从其迟迟不愿提交的表现也已反映澳大利亚不愿积极减排的立场。而从其至 2020 年的减排路径看，其目前至 2020 年的减排力度也远远不够，与美国和加拿大类似，澳大利亚以 2000 年为减排基准年，加之其减排幅度仅为 5%，因此，其 2020 年的排放量甚至比其 1990 年的排放量还高出约 9%。

而日本至 2030 年的减排路径更是与发达国家应有的减排责任背道而驰，由图 9.1 可以看到，日本在 2030 年之后的排放甚至呈现反弹上升的趋势。虽然从日本减排目标的数字上看，日本一直是主张减排 25%或 26%，但其关键在于对于 2030 年的减排目标，其减排基准年由 1990 年变为了 2013 年，而 2013 年日本的碳排放为 1990 年水平的 1.14 倍，因此，换算到以 1990 年为基准年的话，日本至 2030 年的减排目标比 1990 年降低约 18%，小于日本承诺的至 2020 年减排 25%的幅度，从而使得日本在 2020 年之后排放反而上升。那么，从日本的 INDC 可以看出，日本在未来的气候谈判中将处于不积极的立场。

俄罗斯对本国未来的排放路径设置了一定的弹性空间。由于俄罗斯在 1990 年苏联解体之后工业后退造成了排放量的大幅下降，因此，当俄罗斯提出以 1990 年为基准年的减排目标时，实际上并不会对俄罗斯未来的减排造成太大的压力。从图 9.1 中也可以看到，俄罗斯未来的排放路径相对比较稳定，若 2020 年至 2030 年俄罗斯均实现其最低排放目标，那么未来的排放量将稍有下降，相反，其排放将略有上升。所以，从整体排放路径可以得到，俄罗斯的减排仍具有不确定性，处于相对摇摆的旁观者立场。

与伞形国家不同，欧盟的未来排放路径呈现排放显著下降趋势，充分彰显了欧盟一直致力于全球碳减排的领头羊地位。无论是减排的基准年，还是承诺的未来减排幅度，欧盟对全球减排的贡献为发达国家参与减排树立了典范。

另外，基础四国虽然仍以经济发展为首要任务，但鉴于全球减排的大环境，基础四国也结合本国国情提出了一定的长期减排目标。基于图 9.2 中四个国家未来的排放路径可以发现，中国至 2030 年的减排目标使中国未来的排放处于缓慢增长通道，并按照中国 INDC 所承诺的中国将在 2030 年前后实现碳排放高峰，体现了中国作为发展中国家之首积极参与减排的立场；而南非是基础四国中另一个已经提交 INDC 的国家，但与中国不同，南非的未来排放轨迹具有较大的波动范围，与历史排放相比，南非未来的排放既可能呈现上升趋势也可能呈现下降趋势，这也反映了前文分析得到的南非处于发展中国家和工业化国家的二元性身份，有可能走出较为激进的减排路径。印度和巴西目前仍未提出至 2030 年的 INDC 方案，但是从两国至 2020 年的排放轨迹可以看到，两国的排放仍处于快速上升阶段，因此，相对于中国和南非而言，印度和巴西的减排较为保守，仍主要以本国经济发展为主要目标，同时力争发达国家的减排资金支持。

9.6　结论及展望

从横向来看，国际气候谈判中形成的三股力量：伞形集团、欧盟及 77 国加中国，在谈判立场上存在着明显的差别。伞形集团成员国拒绝正视历史排放责任，承担更大的减排义务；要求发展中国家在气候变化问题上承担更多责任；鼓吹社会与私人资本投资绿色基金，以减轻政府对发展中国家的资金资助。欧盟一直承担着积极应对气候变化问题的角色，其承诺在其他发达国家作出更大的减排承诺以及发展中国家承担相应的减排义务的情况下，欧盟会提高其减排目标。77 国加中国（以基础四国为基础）认为发达国家应加大减排力度，作出“可衡量、可报告、可核实”的减排承诺；应依据“共同但有区别的责任”原则，其自身采取自愿减排行为；发达国家应履行对发展中国家的资金与技术支持，加大援助力度。从纵向来看，即从时间维度来看，即使身处于同一股力量中的国家，其气候谈判立场的发展进程以及在某些问题上观点态度也是具有差异的。

美国在气候谈判中的立场呈现出与各界政府的密切相关性。老布什政府时期的“保守”立场，克林顿政府时期的“积极”立场，小布什政府时期的“淡漠到调整”立场以及近些年奥巴马政府时期的“积极”立场。虽然近几年，美国在气候问题上稍显积极，逐渐接受量化减排目标，但仍拒绝接受具有法律约束力的减排目标。并强烈要求发展中国家承担有效减排义务。虽然承诺给发展中国家提供资金援助，但鼓吹社会与私人资本进驻绿色基金，成为援助资金的主要来源。

加拿大在气候问题上的立场也与执政党派呈现了较明显的相关关系。进步保守党与自由党在气候谈判会议上属于积极一方，但保守党则属于较消极一方。近些年，保守党作为执政党，使得加拿大在气候会议上越来越消极。一方面作出的减排承诺倒退到不及《京都议定书》的减排义务；另一方面坚决拒绝具有法律约束力的减排目标。

澳大利亚从国内政策来看，其国内气候政策是没有一致方向的。其中可以解释这一现象的原因之一是：执政党工党与自由党在对待气候问题上拥有不同的态度。工党属于较积极的一方，但自由党则略显保守。从国际气候谈判上来看，澳大利亚一直处于“不积极”的立场。在减排目标上，不愿作出新的具有法律约束力的减排承诺；在资金援助上，也不愿作出新的出资援助承诺。

日本的气候谈判立场呈现出不积极—积极—不积极的发展过程。首先追随美国拒绝制定量化的 CO_2 减排目标；随后为了增强其国际影响力及谈判能力，在《京都议定书》的谈判过程中，积极协调美欧利益，成功促成议定书的签订；“后京都”时代，日本立场再次倒退，拒绝具有法律约束力的减排目标。

俄罗斯在国内就较早地颁布了一系列法律法规来应对气候变化问题，因此，其碳排放一直处于较低水平且已经越过碳排放高峰。在气候谈判会议中，其更多的是以淡漠的态度应对。俄罗斯持有的长期谈判观点是，其应从附件一国家的名单中除去而被划到发展中国家。

欧盟为了利用领导全球气候治理的契机增强其国际领导力及竞争力，其在气候谈判中一直拥有“积极”立场。但近些年，随着美国在气候问题上的积极性有所增强，且欧盟在拥有足够减排能力的同时依旧保持较低的减排承诺，使得欧盟立场较之前稍显保守。欧盟一直追求其他发达国家承担更大减排义务以及发展中国家也承担相应减排义务的全球治理局面。

英国一直积极应对气候变化问题，但在国际合作减排前景不明朗以及欧盟气候谈判立场从积极到些许保守的微小转变，使得英国也由最初的不断提高自身减排承诺，到强调国际合作减排的统一行动。英国希望达成具有法律约束力的国际协议，来要求发达国家与发展中国家共同承担应对全球气候问题的责任。

中国在气候谈判中表现出的立场始终符合发展中国家的利益。在对待发达国家减排问题上，中国由最初的“强调发达国家负主要责任”转变为如今的“督促发达国家加大减排力度”。在对待自身减排行为问题上，中国由最初的“不承担减排义务”转变为“愿意承担与自身相对应的责任，积极作出自愿减排承诺”。在发达国家提供支持问题上，中国始终坚持发达国家应加大力度提供资金与技术援助以帮助发展中国家开展减排活动。

印度一直积极参与国际气候谈判。近些年，印度也逐渐接受不具有强制性的具体量化减排目标。总的来看，其谈判立场与发展中国家相契合。不同的是，印度提出人均排放概念，认为人均排放应作为气候谈判的基本标准，并承诺到2050年，印度人均碳排放不会超过发达国家。

巴西在气候谈判会议上呈现“积极且灵活”的谈判立场。巴西身为基础四国的一员，在减排责任、资金支持等方面，与发展中国家持有较一致的立场。巴西在能源方面注重与发达国家的合作，对于“减排是否受到约束”的问题上，巴西在2011年与2012年的立场有些许偏移，倾向于发达国家，但根本立场并未动摇。

南非在气候变化问题上也经历了从“不积极到积极”的转变过程。在国际气候谈判的近期，其作出的减排承诺上甚至略有激进。南非一方面积极团结非洲各国与其他基础四国成员来共同维护发展中国家的利益；另一方面积极与发达国家交流沟通，争取使发达国家在气候问题上作出更多让步。

各国在气候谈判会议上所形成的立场是具有国内经济性、政治性，以及国际外交性、地位性的，短期在国内外没有发生巨大冲击变化时，各国所形成的谈判立场也是不会具有跳跃式改变的。短期内，谈判具有不同立场的三股力量仍会存在。但由于各国自身具有的差异性，在某些问题上即使身处同一股力量的国家，其观点态度的倾向也会有所不同。从整体来看，虽然三股力量的立场不会发生动摇，但是各国在某些问题上的谈判立场还是具有改变的可能性，在谈判的不同时期，各国的立场倾向也会有所不同①。

参考文献

陈刚. 2006. 《京都议定书》与集体行动逻辑. 国际政治科学，（2）: 85-112.

---

① 本章更多相关内容请参见吴静，王诗琪，王铮（2015）。

毛艳. 2010. 俄罗斯应对气候变化的战略、措施与挑战. 国际论坛，（6）: 59-64.
潘家华，庄贵阳，陈迎，等. 2006. 英国气候政策_以激励机制促进低碳发展. http://www. cenews. com. cn/historynews/06_07/200712/t20071229_23019. html. [2015-1-17]
吴静，王诗琪，王铮. 2015. 世界主要国家气候谈判立场演变及未来减排目标分析. 气候变化研究进展. 审稿中.
谢来辉. 2012. 全球环境治理“领导者”的蜕变: 加拿大的案例. 当代亚太，（1）: 118-139.
Australian Government, 2008. Carbon Pollution Reduction Scheme: Australia’s low pollution future. http://apo. org. au/node/3477. [2015-4-10]
Canadian Meteorological and Oceanographic Society. 1988. The changing atmosphere: implications for global security: Toronto conference statement.
Council of the European Union. 2009. Council conclusions on International financing for climate action, 2948 the Economic and Financial Affairs, Luxembourg.
EU. 2008. 20-20 by 2010 Europe’s Climate Change Opportunity. COM（2008）30 /Final Brussels 23. 1.
Grubb M, Vrolijk C, Brack D. 1999. The Kyoto Protocol: A Guide and Assessment. London: Royal Institute of International Affairs.
Jan von der G. 2009. High Stakes in a Complex Game: A Snapshot of the Climate Change Negotiating Positions of Major Developing Country Emitters, Working Paper No. 177,Center for Global Development.
John M. 2009. In Obama's Team, Two Camps on Climate Change. The New York Times.
Kameyama Y. 2002. Climate Change and Japan. Asia Pacific Review, 5: 34-36.
Paul G H. 2007. Europe and Global Climate Change: Politics, Foreign Policy and Regional Cooperation, Cheltenham. UK Northampton, MA, USA: Edward Elgar.
UNFCCC. 2009. Proposal from 37 Countries, Including Brazil, China, India, and South Africa for an Amendment to the Kyoto Protocol on 15 June 2009,UN Document, FCCC/KP/CMP/2009/7
Zelnick B G. 1999. A Political Life. Washington D C: Regnery Publishing Inc.

第 10 章　气候谈判中国家地缘政治关系分析

全球气候变化谈判实际上是国家间的地缘政治关系博弈。各国由于受到本国经济、政治、自然等条件的影响，在气候谈判中往往表现出有利于本国经济发展的减排立场，同时倾向于与本国具有共同利益的国家结成联盟。那么，在气候谈判中，究竟哪些国家会形成统一的联盟？是什么共同的因素驱使国家集团内部的成员走到一起？本章将从要素分析和配额原则偏好分析两个方面分析气候谈判中国家的地缘政治同盟关系。

10.1　引　　言

随着气候变化研究的逐步深入，各国均普遍发现与承认，气候变化已经并非只是简单的环境问题，作为国际社会应对气候变化的共同行动，其实质更是一个地缘政治经济问题，是各个国家集团在应对气候变化的具体问题上采取的不同立场间的博弈（薄燕，2003）。自 20 世纪 90 年代初，在 UNFCCC 框架下召开一年一度的全球气候大会以来，在国际气候谈判中形成了诸多立场和政策不同的国家集团，主要包括欧盟、以美国为首的伞形集团国家、“G77+中国”等（庄贵阳和陈迎，2001）。但随着科学不确定性和区域变化认识的深入以及对“后京都”进程中存在问题的不同理解，气候谈判阵营也不断分化与重组，各国扮演的角色也在发生变化（王毅，2001）。例如，以发展中国家为主的“G77+中国”在哥本哈根气候大会上出现了严重的分裂，小岛屿国家联盟和最不发达国家由于受到全球温度升高最直接的影响，它们对全球的升温控制目标、减排力度、资金支持方面均提出了较高的要求，这与“G77+中国”其他国家产生了分歧，使得小岛屿国家联盟（AOSIS）和最不发达国家正逐渐从“G77+中国”中分离出来（严双伍和肖兰兰，2010）。

国家间的共同利益吸引着不同的国家联结成不同的国家集团，但各国家间诉求的多样化和关注重心的差异也导致了气候谈判中国家集团的不稳定性。目前对于国家集团参与国际气候谈判立场的研究，多从历史进程上分析国家集团政策立场的演进。陈迎（2007）提出影响中国国际气候谈判立场的影响因素主要为减缓行动的社会经济成本、受气候变化不利影响的脆弱性、国际转移支付和国际碳市场、与其他问题挂钩、影响中国立场的其他因素（如国际形象等）。李慧明（2010）总结了西方学术界对欧盟国际气候谈判立场的分析，得到了六类分析欧盟国际气候谈判立场的理论视角：环境外交政策分析法、经济利益决定论、国内政治分析法、双层博弈分析法、制度主义分析法、观念建构视角。张海滨（2007）提出的减缓成本、生态脆弱性和公平原则是影响中国气候变化立场的基本要素。虽然不同的学者从不同的角度对影响国际气候谈判立场的分析方法和影响因素展开了分析，但我们也发现，目前的研究多是理论层面的探讨，且多仅集中于对一个国家的立场展开分析。这对于深入了解国际气候谈判中国家间的复杂关系及其结盟行为显得不足。因此，本章拟在全球层面，就国际气候谈判中的国家集团结盟行为展开分析。

从而回答什么要素促使了国家集团的结盟，什么要素导致了国家集团的分离。

本章基于全球 117 个国家的经济、社会、自然、技术等方面的统计资料，定量分析各要素作用下国家集团的形成及变化，分析各要素对国家结盟行为的影响。从而加深对国际气候谈判问题的理解和把握，更加客观准确地评价和调整中国在国际气候谈判中的立场和策略。本章的研究基础是吴静等（2013）。

10.2　研究方法和数据来源

为分析国际气候谈判中国家结盟的可能性，本章从两方面对各个国家的立场取向展开分析：一方面为要素分析，即基于影响全球各国气候谈判立场的自然、经济、技术、社会等要素，分析各要素对国家集团的影响；另一方面为配额原则偏好分析，在后京都时代，配额-交易机制将逐步得到推广，而其中各个国家可获得的配额大小就成为影响国家立场的一个重要驱动力，因此，本章将结合吴静等（2010）、朱潜挺等（2015）提出的世袭原则、平等原则、支付能力原则和人均累计原则计算各国未来的配额空间，分析各国在配额分配原则上的偏好。

10.2.1　要素分析方法及数据来源

本研究基于世界银行数据库，除去部分由于数据缺失的国家，最终对全球 117 个国家，分别选取与全球气候保护相关的自然、经济、排放、人口、风险、技术、预期 7 方面因素展开分析，共选取相关指标共 14 个，详见表 10.1。为力求数据的统一性，除涉及历史累积数据或平均数据的变量外，其余指标量均选用 2009 年的数据。需要说明的是，由于统计数据缺失，全球主要的小岛屿国家未能纳入本研究中。

表 10.1　分析所采用的相关指标

分析要素	具体指标	数据来源
自然要素	1961~1990 年平均年降水量、 1961~1990 年平均温度	世界银行数据库
人口要素	人口总数	世界银行数据库
经济要素	人均 GDP	世界银行数据库
排放要素	CO_2 排放总量、 CO_2 人均排放量、 1900~2004 年 CO_2 历史排放量	世界银行数据库
风险要素	世界风险指数	UN World Risk Report 2011
技术要素	单位 GDP 能源使用、 可替代能源核能比重	世界银行数据库
预期要素	2045~2065 年升温最低值、 2045~2065 年升温最高值、 2045-2065 年降水变化下界、 2045-2065 年降水变化上界	世界银行数据库

需要说明的是，由于各个国家的历史降水和历史温度水平存在差异，即使是相同的未来降水和温度变化幅度也将产生不同的影响效果，如若未来温度升高 1℃，这对于热带地区来说是可以承受的，而对于寒带地区来说影响并不显著。因此，研究以 1961~1990 年各国降水和温度历史观测值为基础，再考虑未来预测变化值，得到各国 2045~2065 年降水下限值、2045~2065 年降水上限值、2045~2065 年温度下限值、2045~2065 年温度上限值，作为各国对气候变化的预期要素。

在研究过程中，基于整理所得到的数据，我们首先对数据进行标准化处理，消除量纲影响，然后检验是否需要进行主成分分析，如果需要则提取出主成分因子，从而消除指标间的相关性；最终进行聚类分析得到要素作用下的国家结盟。为了分析不同要素对国家集团的不同影响作用，研究从两个途径分别进行聚类研究：第一途径是分别对表 10.1 所示的七大类要素进行单独聚类，分析各个要素单独作用时国家的聚类情况；第二个途径是依次将自然要素、经济要素、人口要素、风险要素、技术要素、预期要素加入到聚类的考察要素中，从而分析在不同要素作用下，国家集团的结盟变化。

10.2.2　配额原则偏好分析方法及数据来源

参照丁仲礼等（2009），本研究以 2009 年作为计算起点，对 2010~2050 年全球排放空间进行计算。将计算得到的全球总配额 Q 分别依据世袭原则、平等原则、支付能力原则和人均累计原则计算得出各国家可分配得到的配额。各原则的具体含义分别如下。

（1）世袭原则：按照各国家基准年的碳排放量占全球总排放量的比例对全球总配额配比分配。

（2）平等原则：按照各国家基准年的人口数量占全球人口总数的比例进行配比分配。

（3）支付能力原则：考虑各国经济水平差异，将各国可获得的排放权配额与人均 GDP 成反比、与人口成正比的关系进行配比分配。

（4）人均累计原则：按照一时段内各国的人均累计碳排放量总和均相等的原则进行配额分配。

世袭原则、平等原则、支付能力原则均选取 2009 年作为基准年来计算 2010~2050 年各国可分配得到的配额数。人均累计原则涉及历史排放量问题，基于《京都议定书》中规定的各国减排任务均以 1990 年为基年，因此，将此时段定为 1990~2050 年。

10.3　要素影响下的国家集团分析

10.3.1　单要素国家结盟分析

分别基于表 10.1 的自然、人口、经济、排放、风险、技术、预期要素，对 117 个国家展开聚类分析，得到各要素单独作用下的国家聚类结果，分别如图 10.1~图 10.8 所示。

图 10.1　仅自然要素作用下的国家聚类

分析图 10.1 可知，在自然要素的作用下，尼加拉瓜、菲律宾、哥斯达黎加、马来西亚、印度尼西亚、巴拿马、孟加拉国、哥伦比亚聚为一类，该类型的国家特征为热带雨林国家，具有丰富的降水和较高的年平均温度；同时，低纬度的 G77 主要成员国家以及中高纬度国家分别形成了显著的聚类类型。可见，国家集团的形成主要受到国家间的纬度地带性差异影响，其中 G77 集团的轮廓初现，但原属于 77 国集团的中国在自然要素作用下并未能归入到该集团中，相反的，中国的自然条件与中高纬度的美国、欧盟等国家具有较高相似性，这从根本上决定了中国与 G77 集团国家存在差异性，也解释了在哥本哈根会议上 77 国集团内部出现的分歧。而除 77 国集团之外，其他国家还未形成明显的结盟，说明除 77 国集团之外，自然要素并不是影响国家集团形成的根本原因。

在人口要素作用下，可以看到在图 10.2 中，中国和印度形成的聚类完全独立于其他国家，这主要是由于中国和印度的人口规模远远超出了其他国家，甚至与其他国家的人口规模不在一个数量级上，因此，这两个国家独立于其他国家而成为一类。

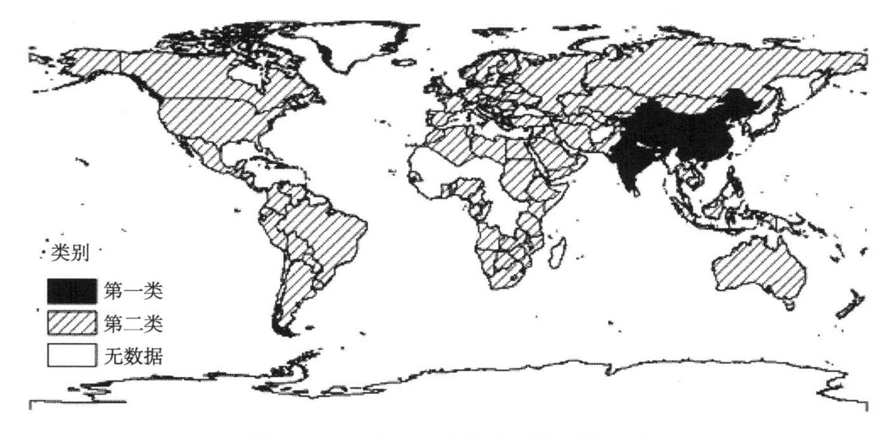

图 10.2　仅人口要素作用下的国家聚类

在经济要素作用下，如图 10.3 所示，卢森堡由于其超高的人均 GDP 自成一类，其人均 GDP 水平的首位度达到 1.4；而发达国家与发展中国家也由于 GDP 水平的显著差异而分离开来。但是，在政治集团上属于欧盟阵营的波兰、捷克共和国、爱沙尼亚、匈牙利、保加利亚、立陶宛、拉脱维亚、塞浦路斯等东欧南欧国家在经济要素分析中归属于发展中国家，这也揭示了东欧国家与西欧国家在经济水平上还存在较大的差距。

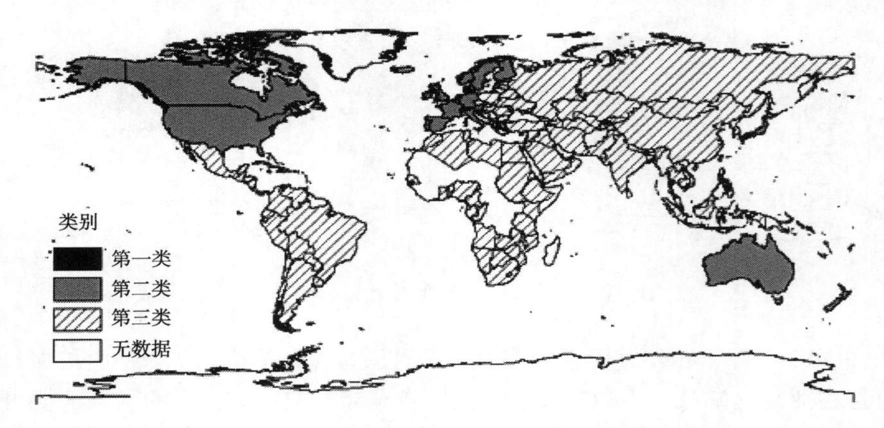

图 10.3　仅经济要素作用下的国家聚类

由于排放现状和历史排放分别从两个方面反映了一个国家的排放水平，因此，在对排放要素的分析中，我们分别对排放现状和历史排放展开单要素分析。在排放现状要素作用下，如图 10.4 所示，第一类是美国、中国；第二类是卡塔尔、科威特；第三类为卢森堡、阿联酋、加拿大、沙特阿拉伯、哈萨克斯坦、阿曼、爱沙尼亚；第四类为印度、俄罗斯；第五类为剩余所有国家。中国和美国由于都具有较高的排放总量水平而表现出相似性成为一类；卡塔尔和科威特为全球人均碳排放水平最高的两个国家，而成为一类；第三类国家由于同属于石油输出国，在人均排放量上具有相似性；印度与俄罗斯在排放总量现状上相近而形成聚类。另外，在历史排放要素作用下，国家聚类结果如图 10.5 所示，与针对排放现状的聚类结果比较，可以发现，全球的历史排放分布与现状分析存在显著差异。其中，美国由于超高的历史排放而单独为一类，而中国在历史排放方面实际上与日本、英国、俄罗斯、德国具有相似性，与其他发展中国家的相似度不高。

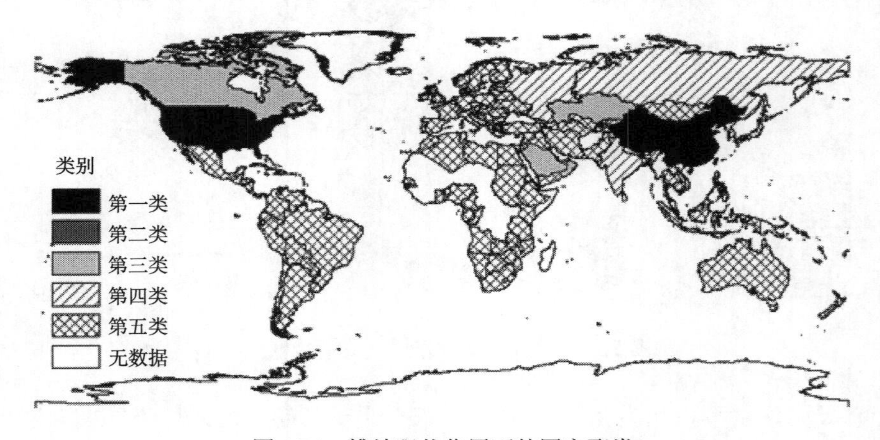

图 10.4　排放现状作用下的国家聚类

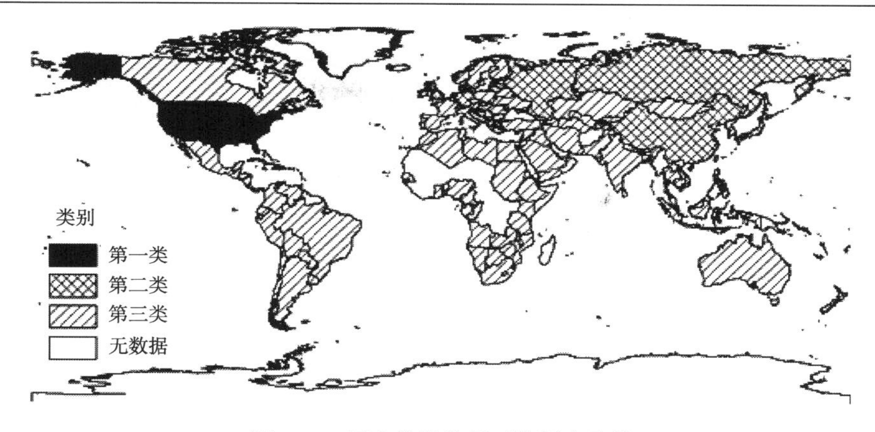

图 10.5　历史排放作用下的国家聚类

在风险要素作用下，聚类结果如图 10.6 所示。菲律宾为单独一类，这主要是由于菲律宾的风险系数为 24.32%，位居全球第三，仅次于瓦努阿图和汤加；而第二类日本、柬埔寨等国家的风险系数均在 10%以上，属于风险较高的区域；而剩余的国家风险系数相对较小。

在技术要素作用下，国家分类如图 10.7 所示。第一类国家集团主要包括冰岛、巴拉圭、塔吉克斯坦、法国、瑞士、瑞典、挪威，都具有较高的可替代能源和核能比重，其中，冰岛和巴拉圭的能源供应主要来自于太阳能和水力发电，两国的可替代能源核能比重分别高达 82%和 97%，而第二类中，除冰岛和巴拉圭以外的国家不仅具有较高的可替代能源比重，同时其单位 GDP 能源使用量也较低，相比较而研究，第三类国家的可替代能源比重仍都较小。

图 10.6　风险要素作用下的国家聚类

在预期要素作用下，基于预期要素的聚类结果（图 10.8）与基于自然单要素的聚类结果基本一致，主要分为热带雨林国家、低纬度国家和中高纬度国家，表明未来全球降水和温度的变化基于不会影响历史的降水和温度空间差异。

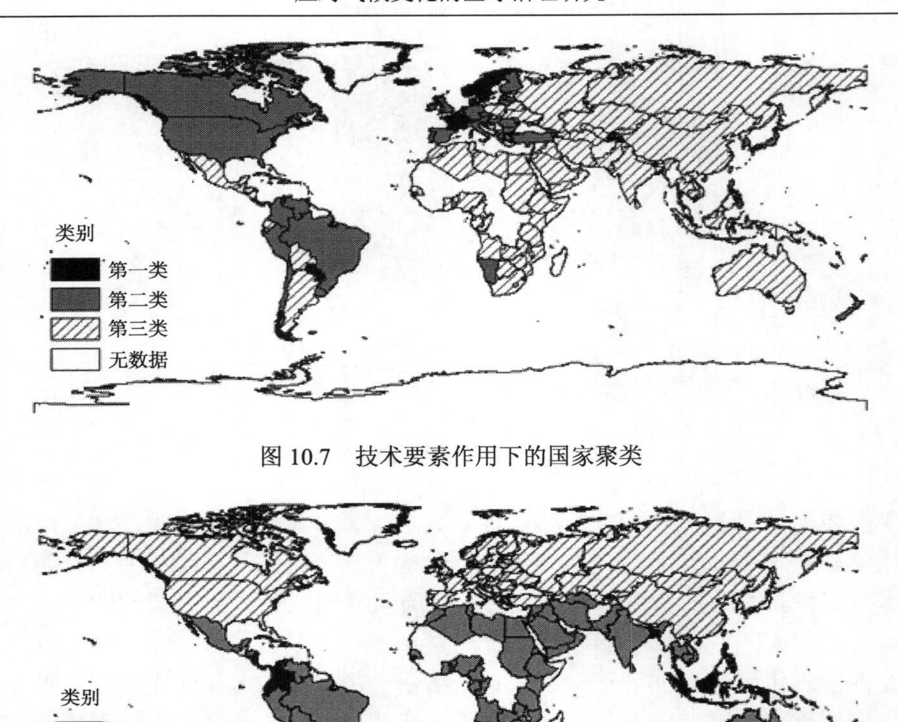

图 10.7　技术要素作用下的国家聚类

图 10.8　预期要素作用下的国家聚类

10.3.2　多要素国家结盟分析

10.3.1 小节从单要素对气候谈判中国家的聚类展开了分析，但实际谈判中，各国的立场受到多要素的共同作用，因此，我们还需要分析多要素共同作用时国家集团的变化情况。研究依次将自然要素、经济要素、人口要素、风险要素、技术要素、预期要素加入到聚类的考察要素中，得到多要素作用的国家聚类结果，分别如图 10.9~图 10.14 所示。

当加入人口要素时，见图 10.9，中国和印度在人口规模的作用下分别从原属的类型中独立出来，两者形成了一个新的国家聚类。其他国家类型与未考虑自然要素的结果基本一致，主要包括热带雨林国家集团、G77 国家集团、北美及欧洲亚洲大陆国家。

当加入经济要素时，聚类结果如图 10.10 所示。卢森堡、挪威、瑞士形成了一个新的聚类类型，其原因在于这三个国家经济水平都较高，且同属于北欧国家，在自然条件方面也较为类似。另外，在经济要素的作用下，波兰、捷克、爱沙尼亚、匈牙利、保加利亚、立陶宛等东欧国家与 G77 国家集团更具有相似性，而与西欧国家阵营分离。

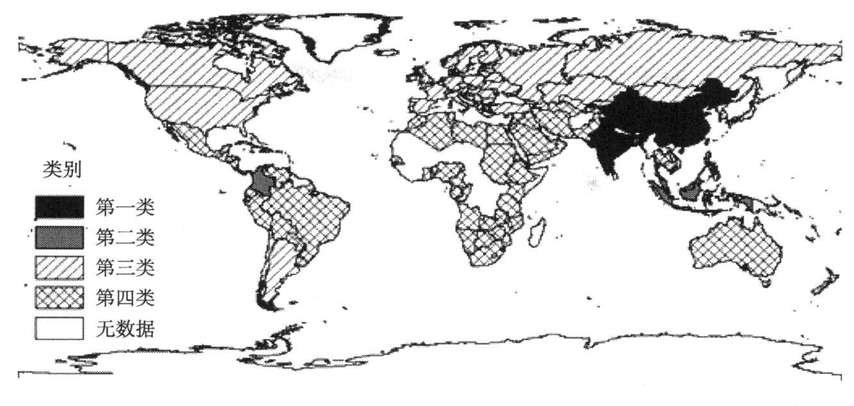

图 10.9　自然、人口要素作用下的国家聚类

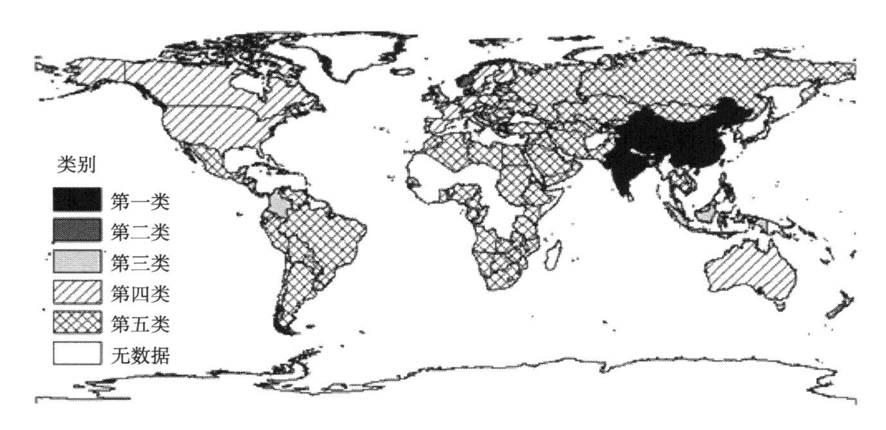

图 10.10　自然、人口、经济要素作用下的国家聚类

图 10.11　自然、人口、经济、排放要素作用下的国家聚类

当加入排放要素时，聚类结果如图 10.11 所示。最显著的变化是美国独立为一个类，表明其碳排放水平及历史排放量从根本上决定了与其他国家存在显著差别，在全球减排行动中属于一个特殊的案例，这也解释了近年来美国作为世界头号大国却在全球减排行动中一直扮演相当被动的角色。科威特等石油输出国由于较高的人均碳排放水平而成为

一类；另外，研究发现，在排放要素作用下，意大利、波兰、西班牙、希腊、葡萄牙等国与 G77 成员国形成一个聚类，这几个国家的排放水平显著高于西欧、北欧国家。

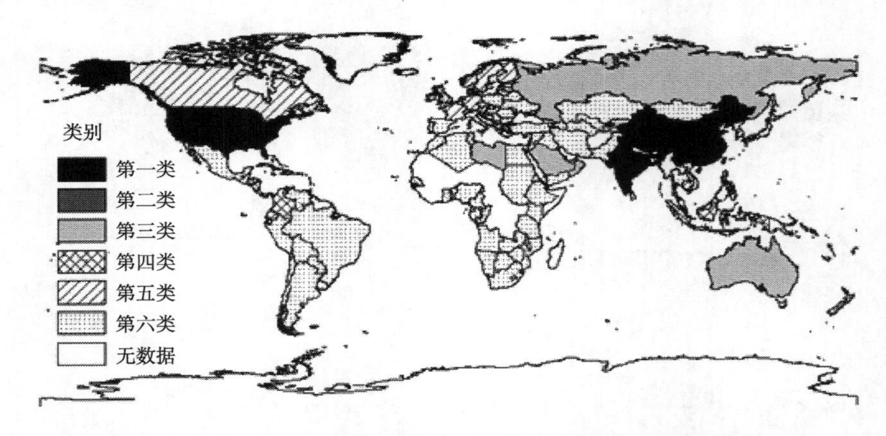

图 10.12　自然、人口、经济、排放、风险要素作用下的国家聚类

当加入风险要素时，聚类结果如图 10.12 所示。美国、中国、印度聚为一类，虽然随着聚类数的增加，美国将单独为一类，中国和印度为一类，但在较高的聚类层次上，三国却是具有相似性的，其中的原因在于，排放现状、人口规模、历史排放水平这三个要素在主成分分析提取得到的因子中获得了较大的权重，体现了这几个国家在未来的排放需求方面具有共性。此外，石油输出国、热带雨林国家也都表现出了较好的聚集性。

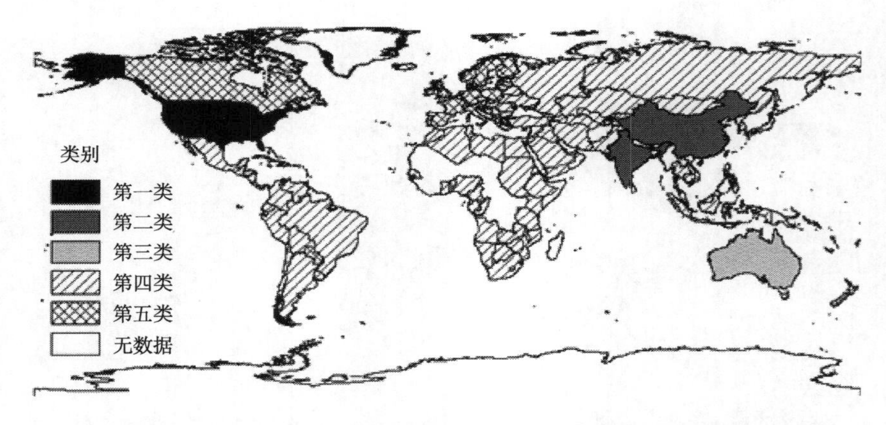

图 10.13　自然、人口、经济、排放、风险、技术要素作用下的国家聚类

当加入技术要素时，聚类结果如图 10.13 所示。美国重新独立为一类，而中国和印度再次聚为一类，这说明中国和印度两国在技术水平上与美国仍有较大的差别；而第二类中阿联酋、科威特、澳大利亚由于都属于石油输出国，这几个国家的可替代能源比重均几乎为零，而卢森堡的可替代能源比重也仅为 0.4，因此聚为一类。另外，研究也注意到立陶宛、匈牙利、罗马尼亚、保加利亚、拉脱维亚等欧盟国家在加入技术要素，与 G77

国家主要成员形成一个聚类，表明这些国家在技术水平上与西欧国家仍存在差距。

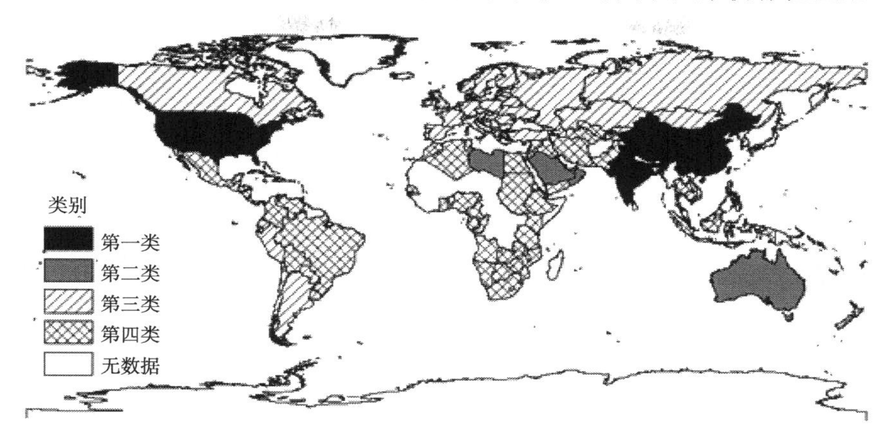

图 10.14　自然、人口、经济、排放、风险、技术、预期要素作用下的国家聚类

当加入预期要素时，聚类结果如图 10.14 所示。在最高层次上，全球可分为两大类国家，第一类为美国、中国、印度，第二类为剩余所有国家；且引起我们注意的是，随着国家集团的细分，中国和美国为一个聚类类型，印度为一个类型，主要原因在于中国和美国同属于中高纬度国家，未来的温度和降水变化具有非常相似的情况。

10.3.3　国家的配额分配原则偏好分析

参照丁仲礼等（2009），将 2050 年大气 CO_2 浓度控制目标设定为 470ppm，而以 2009 年作为基期年，大气 CO_2 浓度为 387.37ppm①。由此计算得到 2010~2050 年全球可分配总配额为 319.3GtC。进而依据世袭原则、平等原则、支付能力原则和人均累计原则进行配额分配。最终按各国最偏好的分配原则得到国家的分类，如图 10.15 所示。

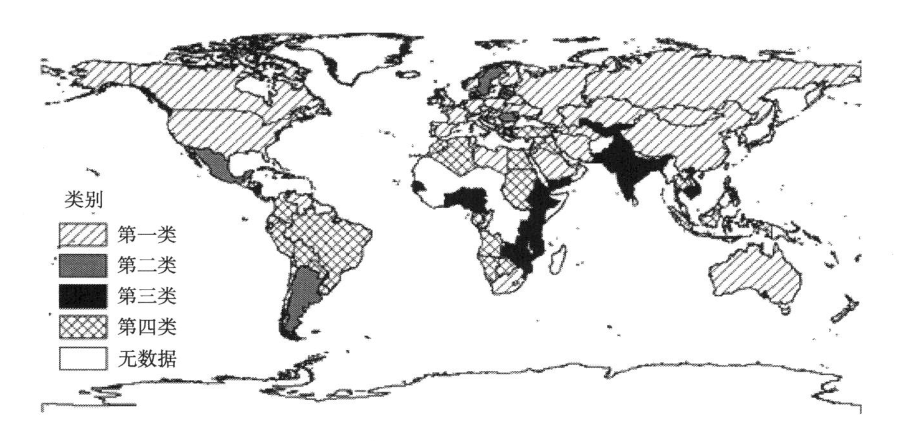

图 10.15　最偏好配额原则下的国家分类图

① Tans P. Trends in Atmospheric Carbon Dioxide. Earth System Research Laboratory（ESRL）, National Oceanic and Atmospheric Administration（NOAA）, 2013. http://www.cmdl.noaa.gov/ccgg/trends.

（1）偏好世袭原则的国家有 51 个，主要为中国、美国等伞形国家，荷兰等主要欧盟国家和多数石油输出国。不难想象，世袭原则强调以历史排放量为基础，该原则使排放水平较高的国家在未来可以获得更多的排放配额，伞形国家、欧盟国家因其工业化进程早、历史排放量大，故其使用此原则可以获得更大的分配额度，在减少其减排压力的同时不会影响其经济发展。沙特阿拉伯、伊朗、卡塔尔、科威特等国虽然是 G77 成员国，但因其石油输出国的特殊性，化石燃料充盈，经济水平和碳排放水平较高而偏好此原则，这也印证了前文要素分析中得到的石油输出国家独立于 G77 集团的结论。中国也因其历史排放量较高而最偏好此原则，这与中国近年来经济发展迅速而促使排放量增大有密切相关。就配额分配法而言，中国与 G77 成员国相似性很小，而与发达国家相似度更高，这也进一步解释了为何“G77+中国”合作体会出现分歧的原因。

（2）最偏好平等原则的国家不多，仅有阿根廷、牙买加、拉脱维亚、立陶宛、墨西哥、罗马尼亚和瑞典 7 个国家。除瑞典第二偏好为世袭原则外，其余六国的第二偏好均为人均累计原则，且这两个原则所得到的配额量十分相近，而这些国家由于国家领土面积较小、历史排放量不大，表现出这些国家更倾向碳排放权与人权个体平等相结合。

（3）偏好支付能力原则的国家共有 24 个，主要为印度、尼日利亚、巴基斯坦、G77 主要成员国等国家。除乌兹别克斯坦第二偏好为平等原则外，其余 23 国对原则偏好顺序表现出惊人的一致性：原则偏好顺序依次为支付能力原则、人均累计原则、平等原则和世袭原则。这些国家在世袭原则下获得的碳排放权配额数最少，而支付能力原则将各国减排费用与经济水平直接挂钩（吴静等，2010），对经济水平高的国家要求承担更多的减排责任，对人均 GDP 水平较低而人口较多的国家给予更大的优惠与碳排放权额度。尤其就印度而言，使用世袭原则，印度仅可获得 19.72GtC 额度，但使用支付能力原则却可获得 73.10GtC 额度，究其原因，印度虽为人口大国，但其与中国目前的整体经济实力仍有较大差距，故在分配额度的偏好性上与中国存在较大差异，而与其他多数 G77 发展中国家相似度高，聚为一类。

（4）偏好人均累计原则的国家有 35 个，主要以 G77 成员国为主，还包括阿尔巴尼亚、亚美尼亚、巴西、格鲁吉亚、瑞士、土耳其。除瑞士为发达国家第二偏好为世袭原则外，其余大部分国家第二偏好为平等原则，平等原则和人均累计原则更强调对人员个体的保护与倾斜，而与国家经济发展现状和实力关系不大，因此，丁仲礼等（2009）认为人均累计原则是最符合“共同而有区别责任”的原则。

（5）另外，基于人均累计原则计算获得配额数为负数的国家有 9 个，分别是美国、澳大利亚、文莱、加拿大、科威特、卢森堡、卡塔尔、特立尼达、阿联酋。主要为经济发达、历史排放量大的伞形国家和石油输出国。这与前文单要素、多要素分析结果相近。负数结果表明，若是基于人均累计原则进行配额分配，这些国家历史排放已经提前透支了未来的排放量，不仅 2010~2050 年已无任何排放额度可配，还应使其碳吸收量大于碳排放量，这显然会极大地影响国家经济发展水平。故此类国家对人均累计原则一定会采取极为抵制的消极态度。因此，要使用单一的人均累计原则对全球配额进行分配实施难度较大。

整体来看，伞形国家和欧盟发达国家更偏好于世袭原则，不仅可以保护其经济发展不受阻碍，同时也可以使其承担相对较少的减排责任。而 G77 发展中国家则表现出不同的偏好特点，科威特、沙特阿拉伯、卡塔尔等石油输出国组织经济水平高、历史排放量大，在气候变化问题中与发达国家的利益一致性更为明显，偏好于世袭原则；而其余 G77 国家则主要偏好支付能力原则或人均累计原则。中国虽为发展中国家，但其近年来迅猛的经济发展和碳排放量使其并不像传统意义上认为的偏好人均累计原则，而表现出对世袭原则的偏好，这使得中国与美国、日本等发达国家在配额原则偏好上表现出相似性。印度则恰好相反，在支付能力和人均累计原则中可得到更多的分配额度。就配额分配方法来看，中国和印度的趋同性并不明显，而与发达国家相似度更高。由于不同国家对配额分配原则的偏好存在差异，单一的配额分配原则根本无法满足所有国家的偏好，这也再次说明了为何要实现统一的全球减排方案是如此之困难。

10.4　现有国家集团的稳定性分析

基于前文对各要素作用下的国家集团分析，以及各国对配额原则偏好的分析，我们进一步结合当前国际气候谈判的主要国家集团，分析了这些国家集团的稳定性。

首先，对于欧盟 27 国[①]而言，在配额原则偏好上具有较高的一致性，27 个国家中有 23 个国家的第一偏好为世袭原则，然而，在影响要素上却存在一些不稳定因素，主要包括经济和技术水平的差异。东欧和南欧国家，包括意大利、希腊、波兰、捷克、爱沙尼亚、匈牙利、保加利亚、立陶宛、拉脱维亚、塞浦路斯的经济水平、技术水平显著低于其他西欧和北欧国家，恐难以在气候保护行动中达成一致。目前欧盟内部在如何为发展中国家提供应对气候变化的资金支持的问题上就已经出现了分歧，部分东欧的国家认为（如波兰、匈牙利），由于它们的经济水平较西欧国家有很大的差距，因此，不应该让它们为发展中国家出资，而应该由相对富裕的西欧国家承担。

其次，对于伞形国家而言，该集团由于所涉及的国家较少，无论是影响要素分析还是配额原则分析都具有较好的相似性，总体上较为稳定，但也存在一些潜在的分裂因素，主要包括：①该集团中除美国以外的国家在聚类分析中均与欧盟的国家具有较好的相似性，而与美国未能形成显著的聚类关系，表明美国与该集团中的其他国家的同盟关系基础并不牢固；②俄罗斯与乌克兰在经济水平上与其他伞形国家仍存在一定的差距，恐难以保持长期的同盟关系。

再次，对于“G77+中国”而言，该集团是当前气候谈判中规模最大的国家集团，也因此而存在最大的不稳定性，表现为：①中国与 G77 国家的差别较大，难以形成共同的利益团体。首先，中国的地理位置及其自然条件与中高纬度的北美、欧洲国家更为相似，这从根本上决定了中国在气候变化中所受的影响与 G77 国成员存在差别；其次，在快速

① 法国，意大利，荷兰，比利时，卢森堡，德国，爱尔兰，丹麦，英国，希腊，葡萄牙，西班牙，奥地利，芬兰，瑞典，波兰，拉脱维亚，立陶宛，爱沙尼亚，匈牙利，捷克共和国，斯洛伐克，斯洛文尼亚，马耳他，塞浦路斯，保加利亚，罗马尼亚。

发展的经济驱动下，近年来中国的排放持续增长，这使得中国在排放现状以及未来的配额分配原则倾向上都更倾向于世袭原则，与美国等伞形国家以及欧盟国家具有相似性，促使了中国与G77国家的分道扬镳；再次，中国的人口规模远大于其他G77国家，这使得中国的主要诉求是获得更多的排放空间以满足人口生存所需，而不是G77国家所关注的获得更多的应对气候变化行动资金，在这方面，中国与印度具有较高的相似性。②G77集团中的石油输出国包括阿曼、沙特阿拉伯、澳大利亚、阿联酋、科威特、卡塔尔，由于具有较高的经济水平和排放水平，而表现为明显的聚类，独立于G77国集团，且在配额原则上也倾向于世袭原则，而不是多数G77成员国所偏好的支付能力原则；③G77集团中的热带雨林国家，包括孟加拉国、印度尼西亚、哥斯达黎加、马来西亚、哥伦比亚、巴拿马、尼加拉瓜、菲律宾等国家，在自然条件上与其他G77国存在显著差别，存在形成独立集团的可能性，且雨林国家在REDD（减少毁坏和林地退化造成的碳排放）方面容易获得发达国家的资金支持，这也加大了该小集团与其他G77国家的分离。

最后，中国作为全球主要的排放大国之一，在国际气候谈判中起到了举足轻重的作用。正如前文所述，中国在“G77+中国”集团中与其他国家不具备充分的共性，必将与G77成员分离，那么在未来气候谈判中哪些国家与我们有利益共同点，可以形成同盟的伙伴呢？从要素分析看，一方面，中国与印度具有较高的相似性，从表10.2中可以看到两国较为稳定的结盟关系；但是从未来配额原则偏好上，中国与印度又表现为分歧，中国更偏好世袭原则，而印度更偏好支付能力原则，这与两个国家的排放现状、经济水平差异有直接的关系，这使得中印两国在未来谈判道路上的同盟关系蒙上了一层阴影。另一方面，中国与美国也多次聚为一类，在多方面表现出相似性：①两国同属中高纬度国家，具有相似的自然气候条件和未来气候变化预期；②两国的排放现状水平位列全球前茅，为满足当前的经济发展和人口生存需求，两国未来均需要较多的排放空间；③在配额偏好上，中美两国的第一偏好均为世袭原则，表现了两国相同的利益诉求。因此，我们认为未来中国与美国在国际谈判中或可以形成一个同盟关系，中美两国分别作为发达国家和发展中国家的领头羊，结合自身的经济和人口发展需求，适当减排，共同推动全球的气候谈判。

10.5 结　论

在国际气候谈判中已经形成了如欧盟、伞形国家、“G77+中国”等主要的谈判集团，但由于社会、经济、自然等要素的影响作用，这些气候谈判集团并不具有长期的稳定性，因此，本研究从要素分析和配额原则偏好分析两方面分析了气候谈判中的国家集团的结盟情况。研究发现以下几点。

（1）欧盟集团中的东欧和南欧国家在经济和技术水平上与西欧和北欧国家存在较大差距，不能与西欧和北欧国家形成稳定的结盟关系，相反，与G77国家集团有较高的相似性。

（2）中国与G77集团成员国家在要素分析以及配额原则偏好两方面均存在较大的差别，中国必然从“G77+中国”集团中独立出来。

（3）中国与美国在要素分析以及配额原则偏好上存在共同点，或可以形成新的同盟关系；

（4）石油输出国和热带雨林国家也分别具有各自鲜明的集团特色，存在强大的从 G77 集团中独立的驱动力。

参 考 文 献

薄燕. 2003. 国际谈判与国内政治：对美国《京都议定书》的双层博弈. 上海：复旦大学博士学位论文.

陈迎. 2007. 国际气候制度的演进及对中国谈判立场的分析. 世界经济与政治，(2)：52-59.

丁仲礼，段晓男，葛全胜，等. 2009. 2050 年大气 CO_2 浓度控制：各国排放权计算. 中国科学，39（8）：1009-1027.

董勤. 2007. 美国气候变化政策分析. 现代国际关系，(10)：12-15.

高小升. 2010. 伞形集团国家在后京都气候谈判中的立场评析. 国际论坛，12（4）：24-31.

李慧明. 2010. 当代西方学术界对欧盟国际气候谈判立场的研究综述. 欧洲研究，(6)：74-88.

李强. 2011. 国际气候谈判中欧美分歧探析. 生态经济，(9)：80-84.

时宏远. 2012. 印度应对气候变化的政策. 南亚研究季刊，(3)：88-94.

王维，周睿. 2010. 美国气候政策的演进及其析因. 国际观察，(5)：73-79.

王逸舟. 2007. 2007 年：全球政治与安全报告. 北京：社会科学文献出版社.

王毅. 2001. 全球气候谈判纷争的原因分析及其展望. 环境保护，（1）：44-47.

吴静，韩钰，朱潜挺，等. 2013. 国际气候谈判中的国家集团分析. 中国科学院院刊，28（6）：716-724.

吴静，马晓哲，王铮. 2010. 我国省市自治区碳排放权配额研究. 第四纪研究，30（3）：481-488.

肖兰兰. 2010. 对欧盟后哥本哈根国际气候政策的战略认知. 社会科学，(10)：35-42.

严双伍，高小升. 2011. 欧盟在国际气候谈判中的立场与利益诉求. 国外理论动态，(4)：42-45.

严双伍，肖兰兰. 2010. 中国与 G77 在国际气候谈判中的分歧. 现代国际关系，(4)：21-26.

颜琳. 2009. 中国气候谈判立场研究——国家利益与国际责任的视角. 湘潭：湘潭大学硕士学位论文.

余渊. 2012. 浅析中印气候变化合作. 东南亚南亚研究，(1)：63-68.

张海滨. 2007. 中国与国际气候谈判. 国际政治研究，(1)：21-36.

张乐. 2011. 全球气候治理发展历程与欧、中、美气候政策分析. 苏州：苏州大学硕士学位论文.

庄贵阳，陈迎. 2001. 试析国际气候谈判中的国家集团及其影响. 太平洋学报，(2)：72-78.

Canadell J G, Le Quéré C, Raupach M R, et al. 2007. Contributions to accelerating atmospheric CO_2 growth from economic activity, carbon intensity, and efficiency of natural sink. Proceedings of the National Academy of Sciences of the United States of America, 104: 18866-18870

Houghton R A. 2008. Carbon Flux to The Atmosphere from Land-Use Changes 1850-2005. A Compendium of Data on Global Change. Carbon Dioxide Information Analysis Center, Oak Ridge National Laboratory, U. S. Department of Energy, Oak Ridge, Tenn. , USA. Trends.

第五篇　中国的气候治理

第 11 章　中国未来的碳排放轨迹评估

中国作为全球碳排放量最大的国家之一，是应对气候变化全球治理的重要组成部分。正确评估我国未来可能的能源消费需求和碳排放趋势将协助我国更好地制订相应的减排政策，确保未来我国经济的平稳持续增长。本章将构建一个基于自主体模拟的碳排放与能源消费预测模型，并分析习近平主席在 2014 年 APEC 会议上提出的在 2030 年左右实现碳高峰的可行性。

11.1　引　　言

国内外对于各国能源消费和碳排放趋势的研究已经成为应对气候变化行动的一个研究热点。按研究方法不同进行区分，目前对于能源消费和碳排放预测的研究逐渐形成了几大主流（Aydin, 2014；Suganthi and Anand, 2012）：第一类是基于传统计量经济学方法的研究，如时间序列分析、回归分析、ARIMA 模型等。具体研究如 Parajuli 等（2014）采用计量经济学的方法构建了一个简单的对数线性模型，研究了尼泊尔的未来能源消费。Aydin（2014）基于人口与 GDP 的回归分析模型，对土耳其的能源消费展开了预测研究。Yuan 等（2014）基于 Kaya 公式分析了中国不同发展情景下的未来能源消费，认为中国的能源消费高峰将出现在 2035~2040 年，峰值为 5200~5400Mtce[①]；同时，CO_2 排放的高峰将出现在 2030~2035 年，峰值为 92 亿~94 亿 t。第二类是基于软件计算的人工智能非数值模拟分析，如模糊逻辑方法、遗传算法、神经网络、支持向量机、蚁群算法以及粒子群优化算法等。Uzlu 等（2014）采用人工神经网络方法预测了土耳其的能源消费。Ekonomou（2010）通过基于真实能源消费数据对多层感知模型的训练，进而估算了希腊在 2012 年和 2015 年的能源消费。Ceylan 和 Ozturk（2004）基于 GNP、人口和进出口数据，结合遗传算法估算了土耳其至 2025 年的能源消费量。除了上述两类方法之外，在对能源消费和碳排放的预测研究中更重要的是要对经济活动与能源消费、碳排放的动力学机制展开全局的模型模拟分析，只有构建动力学机制清晰的模型研究经济-能源-排放问题才能对能源消费的动力以及排放控制的经济影响展开全面的评估，由此产生了第三类基于计算经济学建模分析能源消费和碳排放的研究。Wing 和 Eckaus（2007）通过构建美国 CGE 模型，预测了美国至 2050 年的能源消费和碳排放。王铮等（2010）在经济最优增长轨迹下，从能源消费、水泥生产和森林碳汇 3 个方面对中国未来的碳排放和能源消费进行了全面的估算，计算得到能源消费碳高峰出现在 2031 年，峰值为 2.6GtC。Vaillancourt 等（2014）构建了多区域 TIMES-Canda 模型，计算了加拿大至 2050 年的能源消费趋势，结果显示至 2050 年，加拿大的能源消费将比 2007 年增加 43%。

---

① 百万吨标准煤。

虽然基于计算经济学建模的研究较为全面地构建了经济-能源-排放之间的动力学关系，但是目前的研究多是基于经济增长理论的宏观建模，未能考虑微观层面消费主体对宏观能源和排放的影响。事实上，微观主体是经济系统中能源和碳排放的消费者，其生产行为和技术水平将直接导致宏观层面能源消费和碳排放总量的变化。这种自底向上的演化过程契合了基于自主体模拟的建模思想，适合采用基于自主体模拟展开模拟研究。目前基于自主体模拟在能源消费和碳排放领域的研究还较少，主要应用于碳排放交易行为模拟（Richstein et al.，2014）和微观个体能源消费行为模拟（Natarajan et al., 2011; Liu, 2013; Zhang et al., 2011），但自 20 世纪 90 年代以来，基于自主体模拟在更广泛的领域都得到了很好的应用，包括环境政策模拟（Desmarchelier et al., 2013; Lee et al., 2014; Gerst et al., 2013; Mialhe et al., 2012; Nannen et al., 2013）、货币财政政策模拟（顾高翔等，2011；顾高翔和王铮，2013； Dosi et al., 2012； Neveu, 2013; 张世伟和冯娟，2007）、技术扩散模拟（Rixen and Weigand, 2013；Sopha et al., 2011）、土地利用类型变化政策模拟（刘小平等，2006；Arsanjani et al., 2013）等。这些应用研究体现了基于自主体模拟在异质性主体建模、复杂行为交互、宏观格局演变等方面都具有突出的模拟能力。

因此，本章将以基于自主体模拟为建模工具，在 Lorentz 和 Savona（2008）、Lorentz 和 Savona（2010）、龚轶等（2013）在基于自主体模拟的产业结构进化模型基础上进行改进，并扩展构建我国能源消费和碳排放趋势研究的模块，从而实现对我国至 2050 年的能源消费和碳排放趋势的估算。

11.2 模　　型

Lorentz 和 Savona（2008）、Lorentz 和 Savona（2010）基于进化经济学思想，以企业技术创新为切入点，构建了企业创新活动驱动下的宏观产业结构进化模型，体现了微观个体行为导致宏观结构涌现的复杂系统思想，开辟了微观个体模拟与宏观结构转变模拟相结合的新思路。龚轶等（2013）将该模型应用于中国的产业结构进化，表明了该模型对中国经济的可适用性。Lorentz 和 Savona（2008）、Lorentz 和 Savona（2010）、龚轶等（2013）的工作构成了本研究对宏观经济系统的建模原型，在此基础上我们对模型做了调整，并进一步扩展能源消费和碳排放模块。也就是说，本研究的模型主要可分为两大模块，即经济模块和能源-碳排放模块。

11.2.1 宏观经济模块建模

Lorentz 和 Savona（2008）、Lorentz 和 Savona（2010）、龚轶等（2013）对于宏观经济的建模不仅引入了基于自主体模拟，而且与投入产出模型进行了结合，将部门分解为有众多微观企业所构成的自主体系统，基于微观企业自主体的技术进步或中间需求的变动，导致宏观层面的产业结构也随之而变，从而达到宏观部门与微观企业的交互整合。整体结构示意图如图 11.1 所示。

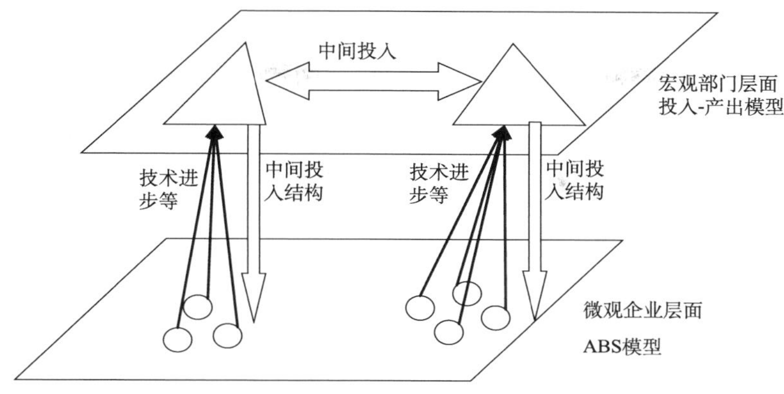

图 11.1　基于自主体模拟与投入产出模型的整合

1. 宏观部门建模

基于投入产出结构，可以将产出分解为三个部分，即中间消费、最终国内消费和净国外消费，见式（11.1）：

$$\begin{pmatrix} Y_{1,t} \\ \vdots \\ Y_{j,t} \\ \vdots \\ Y_{J,t} \end{pmatrix} = \begin{pmatrix} I_{1,t} \\ \vdots \\ I_{j,t} \\ \vdots \\ I_{J,t} \end{pmatrix} + \begin{pmatrix} C_{1,t} \\ \vdots \\ C_{j,t} \\ \vdots \\ C_{J,t} \end{pmatrix} + \begin{pmatrix} X_{1,t} \\ \vdots \\ X_{j,t} \\ \vdots \\ X_{J,t} \end{pmatrix} - \begin{pmatrix} M_{1,t} \\ \vdots \\ M_{j,t} \\ \vdots \\ M_{J,t} \end{pmatrix} \tag{11.1}$$

式中，$Y_{j,t}$ 为 t 时刻 j 部门的产出；$I_{j,t}$ 为 t 时刻 j 部门的中间消费；$C_{j,t}$ 为 t 时刻 j 部门的最终国内消费；$X_{j,t}$ 为 t 时刻 j 部门的出口量；$M_{j,t}$ 为 t 时刻 j 部门的进口量；因此，$X_{j,t}-M_{j,t}$ 就代表了净出口。为表述简便，下文公式中下标 t 均表示 t 时刻，不再赘述。

j 部门的中间消费由 $k\in[1,\cdots,J]$ 部门所有企业对该部门产品的总需求构成：

$$I_{j,t}=\sum_{k=1}^{J}Y_{j,k,t}^{D}=\sum_{k=1}^{J}a_{j,k,t}Y_{k,t} \tag{11.2}$$

式中，$Y_{j,k,t}^{D}$ 表示 k 部门对 j 部门的需求；$Y_{k,t}$ 表示 k 部门的产出水平；$a_{j,k,t}$ 表示 k 部门对 j 部门的直接消耗系数，该系数由 k 部门各企业对 j 部门的消耗系数加权计算得到：

$$a_{j,k,t}=\sum_{i}z_{k,i,t}a_{j,k,i,t} \tag{11.3}$$

式中，$a_{j,k,i,t}$ 表示 k 部门 i 企业对 j 部门的直接消耗系数；$z_{k,i,t}$ 表示 k 部门 i 企业的市场份额，市场份额将受企业竞争力的影响。基于直接消耗系数，可以将中间消费表示为

$$I_t \equiv \begin{pmatrix} I_{1,t} \\ \vdots \\ I_{j,t} \\ \vdots \\ I_{J,t} \end{pmatrix} = \begin{pmatrix} a_{1,1,t} & \cdots & a_{1,k,t} & \cdots & a_{1,J,t} \\ \vdots & \ddots & & & \vdots \\ a_{j,1,t} & \cdots & a_{j,k,t} & \cdots & \\ \vdots & & & \ddots & \vdots \\ a_{J,1,t} & \cdots & a_{J,k,t} & \cdots & a_{J,J,t} \end{pmatrix} \begin{pmatrix} Y_{1,t} \\ \vdots \\ Y_{k,t} \\ \vdots \\ Y_{J,t} \end{pmatrix} \tag{11.4}$$

最终消费水平和出口水平均在基期消费水平的基础上随时间以指数形式增长：

$$C_{j,t+1} = C_{j,t} \exp^{(\upsilon_c + \exp(-\delta_c t))} \tag{11.5}$$

$$X_{j,t+1} = X_{j,t} \exp^{(\upsilon_x + \exp(-\delta_x t))} \tag{11.6}$$

式中，υ_c, υ_x 分别为最终消费水平和出口水平的初始增长率；δ_c，δ_x 分别为最终消费和出口水平增长率的年变化率。同时，假设进口水平与国内中间消费和最终消费成正比，即

$$M_{j,t} = m_j (I_{j,t} + C_{j,t}) \tag{11.7}$$

式中，m_j 为 j 部门进口占国内中间消费与最终消费的比例。

因此，将式（11.2）、式（11.7）代入到式（11.1）中，得到

$$\begin{pmatrix} Y_{1,t} \\ \vdots \\ Y_{j,t} \\ \vdots \\ Y_{J,t} \end{pmatrix} = \begin{pmatrix} 1-\alpha_{1,1,t} & -\alpha_{1,k,t} & -\alpha_{1,J,t} \\ -\alpha_{k,1,t} & 1-\alpha_{j,k,t} & -\alpha_{k,J,t} \\ -\alpha_{J,1,1} & -\alpha_{1,k,t} & 1-\alpha_{J,J,T} \end{pmatrix}^{-1} \begin{pmatrix} X_{1,t} + (1-m_1)C_{1,t} \\ \vdots \\ X_{j,t} + (1-m_j)C_{j,t} \\ \vdots \\ X_{J,t} + (1-m_J)C_{J,t} \end{pmatrix} \tag{11.8}$$

$$\alpha_{j,k,t} = (1-m_j) a_{j,k,t} \tag{11.9}$$

2. 微观企业建模

宏观层面产业结构的进化源于微观层面企业的动态变化。企业的行为活动实际上是宏观层面状态变化的核心，因此，我们需要针对微观企业展开建模。在本研究中，每个企业被模拟为一个自主体，每个自主体具有异质性的经济、资源属性和行为特征。在系统的演化过程中，企业每一期都将开展创新活动，一方面驱动企业自身的技术进步，另一方面引发宏观结构的变化。

企业的产出满足 Cobb-Douglas 生产函数，且企业的物质资本在基期水平上逐年累积：

$$Y_{k,i,t} = A_{k,i,t} K_{k,i,t}^{\alpha_k} L_{k,i,t}^{1-\alpha_k} \tag{11.10}$$

$$K_{k,i,t+1} = K_{k,i,t}(1-\delta_k) + Y_{k,i,t}\eta_k \tag{11.11}$$

式中，$Y_{k,i,t}$ 为 k 部门 i 企业的产出；$A_{k,i,t}$，$K_{k,i,t}$，$L_{k,i,t}$ 分别为 k 部门 i 企业的劳动生产率、物质资本、劳动力；α_k 为资本弹性；δ_k 为 k 部门物质资本折旧率；η_k 为 k 部门投资率。因此，每个时期的劳动力需求由总产出和物质资本水平决定：

$$L_{k,i,t} = \left(\frac{Y_{k,i,t}}{A_{k,i,t} K_{k,i,t}^{\alpha_k}} \right)^{\frac{1}{1-\alpha}} \tag{11.12}$$

劳动力的工资水平在部门层面决定，即一个部门的所有企业具有相同水平的工资率，工资水平的变化基于菲利普斯曲线修改得到

$$\omega_{k,t+1} = \omega_{k,t} \left(1 + \gamma_k \left(\frac{L_{k,t+1}}{L_{k,t}} - 1 \right) \right) \tag{11.13}$$

式中，$\omega_{k,t}$ 为 k 部门工资率；γ_k 为劳动力变化对工资影响的敏感系数。

企业的产品生产投入主要包括对其他部门产品的中间消耗以及劳动力的工资支出，在这两方面支出的基础上进行一定幅度的加成计算得到产品的价格 $p_{k,i,t}$：

$$p_{k,i,t} = (1+\mu_k)\left(\sum_{j=1}^{J} a_{j,k,t-1} p_{j,t} + \frac{\omega_{k,t} L_{k,i,t}}{Y_{k,i,t}}\right) \tag{11.14}$$

式中，μ_k 为 k 部门的价格加成幅度。基于此，企业的利润 $\pi_{k,i,t}$ 可表示为

$$\pi_{k,i,t} = \mu_k \left(\sum_{j=1}^{J} a_{j,k,t-1} p_{j,t} + \frac{\omega_{k,t} L_{k,i,t}}{Y_{k,i,t}}\right) z_{k,i,t} Y_{k,t} \tag{11.15}$$

企业在不同的产品定价水平下，其市场竞争力 $E_{k,i,t}$ 也各有不同：

$$E_{k,i,t} = \frac{1}{p_{k,i,t}} \quad 且 \quad E_{k,t} = \sum_i z_{k,i,t-1} E_{k,i,t} \tag{11.16}$$

式中，$E_{k,t}$ 为部门 k 的综合竞争力；$z_{k,i,t}$ 为 k 部门 i 企业的市场份额，$z_{k,i,t}$ 受到企业市场竞争力变化的影响：

$$z_{k,i,t} = z_{k,i,t-1}\left[1+\phi\left(\frac{E_{k,i,t}}{E_{k,t}}-1\right)\right] \tag{11.17}$$

式中，ϕ 为影响系数。企业的市场份额决定了企业在部门中所贡献的产出：

$$Y_{k,i,t} = z_{k,i,t} Y_{k,t} \tag{11.18}$$

基于企业的利润所得，企业将进行研发创新活动。在进化经济学的思想下，企业的研发活动将推动企业的技术进步，包括直接消耗系数的改进和劳动生产率的改进。企业进行研发活动成功的概率 $P_{k,i,t}$ 定义为

$$P_{k,i,t} = 1 - \mathrm{e}^{-\beta\left[\mu\left(\sum_{j=1}^{J} a_{j,k,t-1} p_{j,t} + \frac{\omega_{k,t} L_{k,i,t}}{A_{k,i,t}}\right) z_{k,i,t} Y_{k,t}\right]} \tag{11.19}$$

式中，β 为企业利润对企业研发成功的影响系数。若 $P_{k,i,t}$ 大于一定的阈值，则研发成功，否则研发失败。当研发成功时，企业对其他部门的直接消耗系数 $a_{j,k,i,t}$ 以及劳动生产率 $A_{k,i,t}$ 都将受到服从正态分布的随机冲击：

$$A_{k,i,t} = A_{k,i,t-1} + \max\{0;\varepsilon_{k,i,t}\} \quad 且 \quad \varepsilon_{k,i,t} \sim N(0;\sigma) \tag{11.20}$$

$$a'_{j,k,i,t} = a_{j,k,i,t-1} + \xi_{j,k,i,t} \quad 且 \quad \xi_{j,k,i,t} \sim N(0;\rho) \tag{11.21}$$

基于式（11.21），企业得到随机冲击下新的直接消耗系数矩阵 $(a'_{1,k,i,t},\cdots,a'_{j,k,i,t},\cdots,a'_{J,k,i,t})$。如果新的直接消耗矩阵降低了企业的生产成本，则企业接受此次冲击，即更新直接消耗系数，否则保持上一期的系数不变，这体现了企业在发展过程中的进化策略，企业总是朝着更有利于自身利益发展的方向发展：

$$(a_{1,k,i,t},\cdots,a_{J,k,i,t}) = \begin{cases} a'_{1,k,i,t},\cdots,a'_{j,k,i,t},\cdots,a'_{J,k,i,t} & \text{if } \sum_{j=1}^{J} a'_{j,k,i,t} p_{j,t} < \sum_{j=1}^{J} a_{j,k,i,t-1} p_{j,t} \\ (a_{1,k,i,t-1},\cdots,a_{j,k,i,t-1},\cdots,a_{J,k,i,t-1}) & \text{Otherwise} \end{cases} \tag{11.22}$$

11.2.2　能源-碳排放模块建模

能源-碳排放模块的建模目标是要实现对我国未来能源消费量、能源消费结构以及碳排放趋势的估算。基于对经济模块的建模，能源-碳排放模块也采用自底向上的基于自主体模拟展开建模。如同企业的研发活动会推动企业的直接消耗系数和劳动生产率改进的建模架构一样，在能源-碳排放模块，企业的研发活动也在两个方面影响企业的能源和碳排放。一方面是研发活动将影响企业能源强度的变化，另一方面是研发活动将对企业的能源消费结构产生影响。

企业的能源消费总量 $\mathrm{En}_{k,i,t}$ 由企业的总产出 $Y_{k,i,t}$ 及其当期的能源消费强度 $\varsigma_{k,i,t}$ 所决定：

$$\mathrm{En}_{k,i,t} = \varsigma_{k,i,t} Y_{k,i,t} \tag{11.23}$$

式中，能源消费强度受企业创新活动的影响，即当创新成功时，能源消费强度将受到一次服从正态分布的随机冲击，企业朝着降低能源强度的方向选择性地更新能源强度：

$$\varsigma'_{k,i,t} = \varsigma_{k,i,t-1} + \psi_{k,i,t} \quad \text{且} \quad \psi_{k,i,t} \sim N(0;\lambda) \tag{11.24}$$

$$\varsigma_{k,i,t} = \begin{cases} \varsigma'_{k,i,t} & \text{if} \quad \varsigma'_{k,i,t} < \varsigma_{k,i,t} \\ \varsigma_{k,i,t-1} & \text{if} \quad \varsigma'_{k,i,t} > \varsigma_{k,i,t} \end{cases} \tag{11.25}$$

企业的能源消费结构受企业创新活动的影响。在基期，同一部门的所有企业具有与本部门相同的能源消费结构，该能源消费结构由煤、石油、天然气、非碳四种能源消费比例构成：

$$S_{k,i,t} = (C_{k,i,t}, P_{k,i,t}, G_{k,i,t}, \mathrm{EL}_{k,i,t}) \quad \text{且} \quad S_{k,i,0} = (C_{k,0}, P_{k,0}, G_{k,0}, \mathrm{EL}_{k,0}) \tag{11.26}$$

式中，$S_{k,i,0}$ 为 k 部门 i 企业在基期的能源结构；$C_{k,0}$，$P_{k,0}$，$G_{k,0}$，$\mathrm{EL}_{k,0}$ 分别为基期 k 部门对煤、石油、天然气、非碳的消费比重。在系统演化中，由于企业创新活动成败概率不同，企业的能源消费结构演化也将呈现差异。当企业创新成功时，则企业的能源结构在转移矩阵作用下转移一次，表示企业的能源结构进化一步：

$$S_{k,i,t} = S_{k,i,t-1} M_k \tag{11.27}$$

$$M_k = \begin{pmatrix} P_{1,1}^k & P_{1,2}^k & P_{1,3}^k & P_{1,4}^k \\ P_{2,1}^k & P_{2,2}^k & P_{2,3}^k & P_{2,4}^k \\ P_{3,1}^k & P_{3,2}^k & P_{3,3}^k & P_{3,4}^k \\ P_{4,1}^k & P_{4,2}^k & P_{4,3}^k & P_{4,4}^k \end{pmatrix} \tag{11.28}$$

式中，M_k 为 k 部门能源结构转移矩阵。由企业的能源消费总量和企业的能源消费结构加总，得到部门的各种能源消费量为

$$\mathrm{En}_{k,t}^H = \sum_{i.=0}^{n} H_{k,i,t} \,\mathrm{En}_{k,i,t} \quad H = C, P, G, \mathrm{EL} \tag{11.29}$$

进而得到部门的能源消费总量 $\mathrm{En}_{k,t}$ 及其各种能源消费比重 $H_{k,t}$，能源消费结构 $S_{k,t}$ 为

$$\mathrm{En}_{k,t}=\sum_{H=C,P,G,EL}\mathrm{En}_{k,t}^{H} \tag{11.30}$$

$$H_{k,t}=\mathrm{En}_{k,t}^{H}/\mathrm{En}_{k,t}\qquad H=C,P,G,\mathrm{EL} \tag{11.31}$$

$$S_{k,t}=(C_{k,t},P_{k,t},G_{k,t},\mathrm{EL}_{k,t}) \tag{11.32}$$

碳排放在部门层面进行统计，由部门各种能源的消费量以及各种能源的碳排放系数计算得到：

$$E_{k,t}=\sum_{H=C,P,G}\mathrm{En}_{k,t}^{H}\beta_{H} \tag{11.33}$$

式中，β_H 分别为煤、石油、天然气的碳排放系数。

11.3　数据来源与模型实现

本研究的宏观经济建模以 2000 年 17 部门的投入-产出表为基准，其中涉及的直接消耗系数、最终消费量、进出口量等基准值均来源于 2000 年 17 部门投入-产出表。基期各部门的物质资本存量、劳动力、资本弹性数据引自薛俊波（2006）。在微观层面，在 17 部门的宏观经济框架下，每个部门包括 500 个企业，每个企业在基期的物质资本和劳动力数据由部门内的所有企业平分得到。

在能源-碳排放模块，每个部门内的所有企业在基期的能源强度以及能源消费结构由部门水平决定，即同一部门内所有企业的能源强度和能源消费结构在基期保持相同。而基准年的能源强度和能源消费结构来源于 2000 年《中国能源统计年鉴》。

另外，在能源结构演变中，我们还需要确定每个部门的能源结构转移矩阵。在本研究中，我们以 1991~2011 年《中国能源统计年鉴》为来源获得历年各部门能源消费结构，再采用石莹等（2013）构建的误差最小的优化模型，求得各个部门的能源消费结构转移矩阵，见表 11.1~表 11.6。需要说明的是，在能源统计年鉴中，终端消费量的部门划分为农、林、牧、渔水利业，工业，建筑业，交通运输、仓储和邮电通信业，批发、零售业和贸易业、餐饮业，生活消费，其他；这与投入产出表 17 个部门不能一一对应，因此，本研究以能源统计年鉴中工业的能源消费结构及其转移矩阵对应于投入-产出表中除建筑业以外的 10 个工业部门。

表 11.1　农业能源消费结构转移矩阵

	煤	石油	天然气	非碳
煤	0.9055	0.0452	0.0011	0.0481
石油	0	0.7543	0	0.2457
天然气	1	0	0	0
非碳	0.0722	0.5956	0	0.3322

表 11.2　工业能源消费结构转移矩阵

	煤	石油	天然气	非碳
煤	0.9927	0.0073	0	0
石油	0	0.742	0.1551	0.1029
天然气	0	0	0	1
非碳	0	0.3392	0	0.6608

表 11.3　建筑业能源消费结构转移矩阵

	煤	石油	天然气	非碳
煤	0.8859	0	0	0.1141
石油	0.013	0.9267	0.0067	0.0536
天然气	0.526	0	0.474	0
非碳	0.0273	0.3484	0	0.6243

表 11.4　交通业能源消费结构转移矩阵

	煤	石油	天然气	非碳
煤	0.8606	0.1097	0	0.0297
石油	0	0.9684	0.0041	0.0275
天然气	0	0	1	0
非碳	0	0.6708	0	0.3292

表 11.5　批发零售业能源消费结构转移矩阵

	煤	石油	天然气	非碳
煤	0.8233	0.1587	0	0.018
石油	0.0824	0.8283	0	0.0893
天然气	0.5467	0	0.1851	0.2683
非碳	0	0	0.1338	0.8662

表 11.6　其他能源消费结构转移矩阵

	煤	石油	天然气	非碳
煤	0.8326	0.1674	0	0
石油	0.0075	0.939	0	0.0535
天然气	0.4112	0	0.1855	0.4033
非碳	0.0396	0	0.0677	0.8927

11.4　模拟结果分析

由于模型中企业的创新受到服从正态分布的随机冲击，因此，每次模拟的结果将受到冲击的不同而略有差异。为充分考虑这种随机冲击带来的结果影响，研究分别模拟了 50 次，并对 50 次模拟的相应数据展开方差分析检验其差异性，结果显示方差分析的 p 值均为 1，表示组间数据无显著差异，可以以 50 组数据的平均值作为模拟值展开分析。

11.4.1 经济增长趋势模拟

经济增长是未来能源消费和碳排放增长的主要驱动力，因此，需要首先对我国未来的经济增长趋势作出模拟。

计算得到，至 2050 年，我国 GDP 处于持续增长趋势，见图 11.2。2050 年的 GDP 总量约为 149 万亿元（2000 年价格）。期间，GDP 的年均增长率逐渐下降，计算得到，2010~2020 年 GDP 年均增长率约为 6.8%；2021~2030 年 GDP 年均增长率约为 4.7%；2031~2040 年 GDP 年均增长率约为 3.4%；2040~2050 年 GDP 年均增长率约为 2.4%。

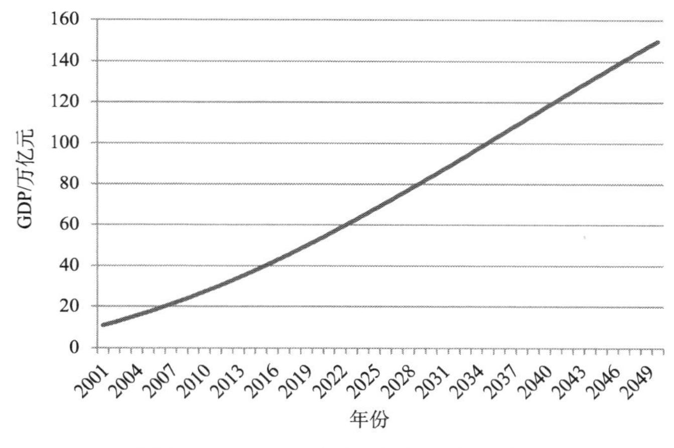

图 11.2　至 2050 年我国 GDP 增长趋势

从产业结构进化的角度看，模拟得到，至 2050 年，我国三大产业的比重变化如图 11.3 所示。可以看到，第一产业、第二产业比重呈逐渐下降趋势，第三产业比重呈上升

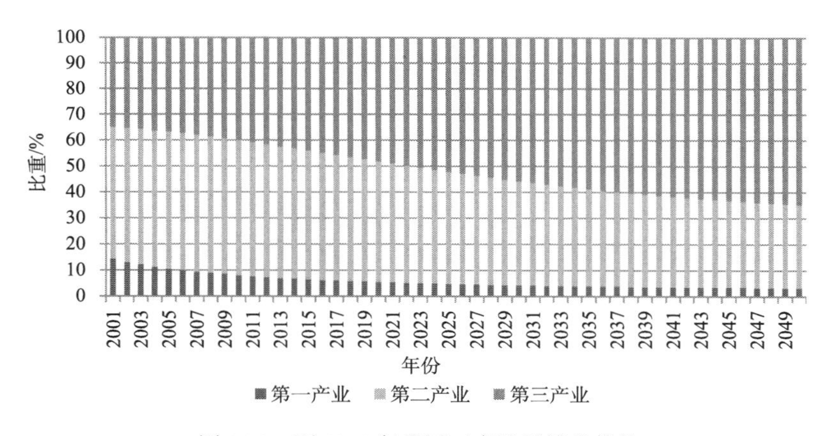

图 11.3　至 2050 年我国三产比重演化趋势

趋势；至 2050 年，三大产业的比重分别为 3.3%、31.7%、65 %。进一步探究具体部门构成，见图 11.4，可知第三产业中其他服务业在未来发展迅速，2050 年其他服务业的比重达 28.7%；同时，第三产业中的金融保险业、公用事业及居民服务业、商业饮食业等也得到了一定的发展，在经济总量中的比重均有所上升；第二产业中各部门的比重均呈现缩减趋势，至 2050 年，在第二产业中，比重最大的行业主要为建筑业和机械设备制造业，大约占经济总量的 6%左右。

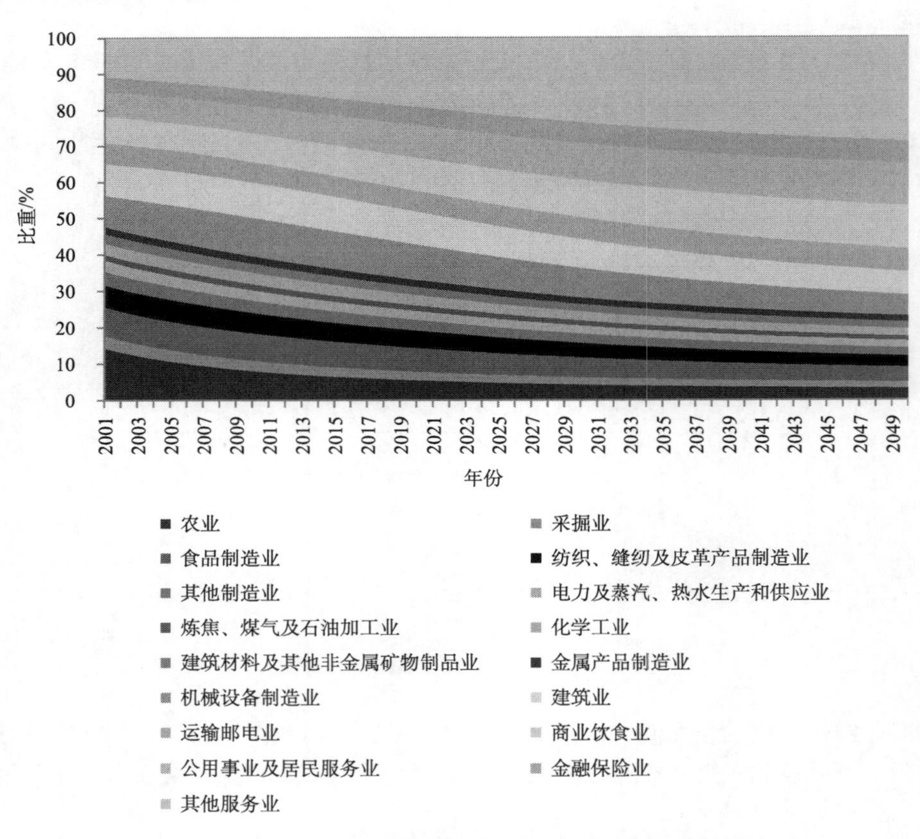

图 11.4　至 2050 年我国产业结构进化

11.4.2　能源消费趋势模拟

由 11.4.1 小节可知，我国未来的第二产业比重逐渐下降，而第三产业比重逐渐上升，这种结构的转变势必会影响到我国未来能源消费量的变化。

在对能源消费趋势作出估算之前，为了验证模拟结果的可靠性，即模拟是否能较好地反映真实情况。首先我们将模拟得到的 2001~2013 年的能源消费总量与基于统计数据的能源消费量进行了比较，见图 11.5。可以看到，能源消费的实际值与模拟值基本吻合，两者相关系数达 0.99，方差分析显著性为 0.79，模拟值较好地重现了历史的能源消费轨迹，表明模型具有可靠性，可以展开进一步的能源消费趋势研究。

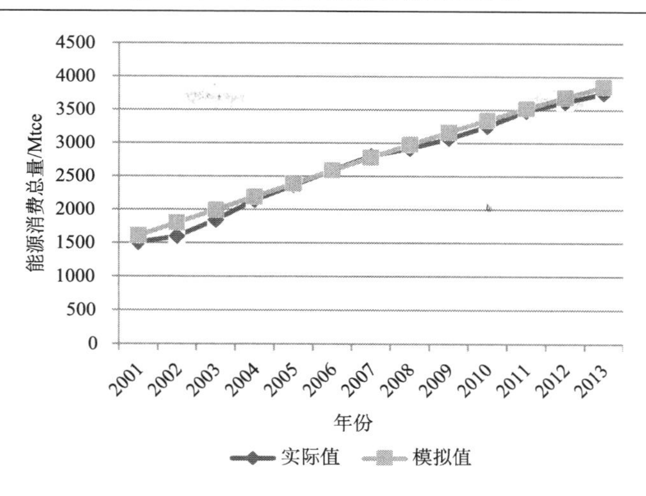

图 11.5　2001~2013 年能源消费总量模拟值与实际值比较

对于我国未来的能源消费趋势，研究得到至 2050 年我国的能源消费趋势，如图 11.6 所示。总体呈现先上升后下降的趋势，能源消费量的高峰约出现在 2031 年，高峰值为 5146Mtce，这比 2010 年的 3249Mtce 上升了约 1.6 倍；随后，能源消费总量逐年下降，至 2050 年，我国能源消费量约为 4086Mtce。结合至 2050 年我国的 GDP 增长趋势，可以计算得到至 2050 年各年的单位 GDP 能源使用强度，研究发现，未来我国的单位 GDP 能源使用强度的下降速度逐渐提高，即单位 GDP 能源使用量将逐步下降，平均下降速度为 3.38%。

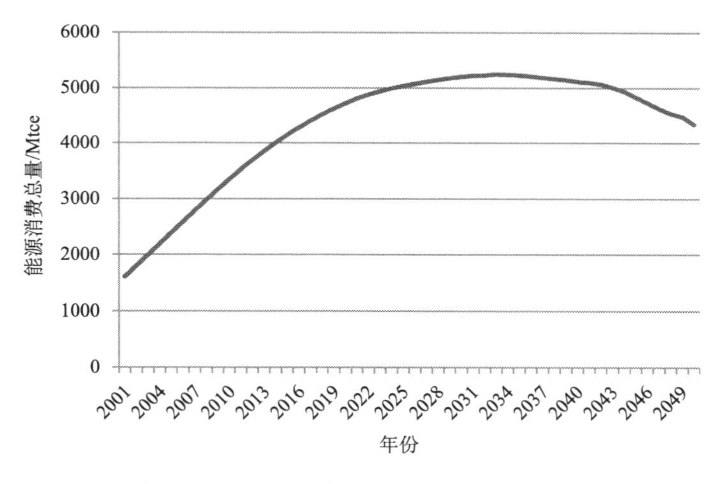

图 11.6　至 2050 年我国能源消费总量趋势

从能源消费结构分析，至 2050 年，我国的能源消费结构变化趋势如图 11.7 所示。至 2050 年，我国的能源结构将发生显著的改变，煤的消费比重将持续下降，2050 年煤的比重大约为 41.6%；油的消费比重略有增长，由 2001 年的 23%上升至 2050 年的 36.3%；天然气消费在总能源消费中所占比例仍较低，2050 年占比仅为 3.9%，但其相对于 2001

年的比重 1.9%，相对增长幅度显著；非碳能源的消费比重也有较大的增长，2050 年的比重为 18.2%。

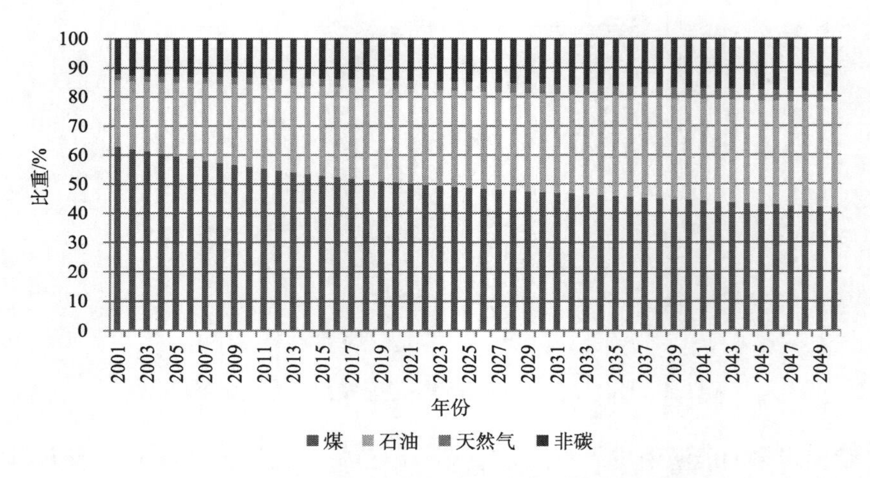

图 11.7　至 2050 年我国能源消费结构变化趋势

进一步，各个产业由于生产工艺和技术水平差异，对于各种能源消费的结构也有所差别。模拟得到 2050 年各产业的能源消费结构，见表 11.7。第一产业的能源消费主要以非碳能源为主，比重约为 23.03%；第二产业仍主要以煤为主，比重约为 43.19%，而数据显示第二产业中对煤的消耗量最大的是机械设备制造业；第三产业的能源消费也是以石油为主，比重约为 73%，同时也发现第三产业对非碳能源的消耗比重低于第一产业和第二产业对非碳能源的消费比重，分析其中的原因发现，虽然 2050 年第三产业中除运输邮电业外的其他部门对非碳能源消费的比重均达到 34%左右，但运输邮电业对非碳能源的消费比重仅为 3.3%，从而拉低了第三产业对非碳能源消费的综合水平，仅达到 8.27%。

表 11.7　2050 年各产业能源消费结构

	煤	石油	天然气	非碳	合计
第一产业	17.83%	59.11%	0.02%	23.03%	100.00%
第二产业	43.19%	34.74%	3.45%	18.62%	100.00%
第三产业	3.22%	73.04%	15.47%	8.27%	100.00%

11.4.3　碳排放趋势模拟

基于能源消费预测，我们可以对未来的碳排放趋势展开分析。首先对 2001~2010 年模拟得到的碳排放量与实际观测值（数据来源于 CDIAC）进行比较，见图 11.8。分析得到，实际值与模拟值的相关系数为 0.99，方差检验显著性为 0.22，表明两组数据没有显著差异，模拟基本重现了历史的排放轨迹。但相对于能源消费量的模拟值与观测值比较，2001~2010 年的碳排放模拟值与实际观测值误差较大。而之所以造成碳排放误差较大的原因在于，对能源结构转移矩阵的拟合是一个平均的状态，但实际的情况是，最近几年在农业和工业部门的能源消费结构中，煤的占比是上升的，当在拟合时使这种趋势难以体现，进而造成对能源结构的差异，从而导致碳排放总量与实际值的差异。

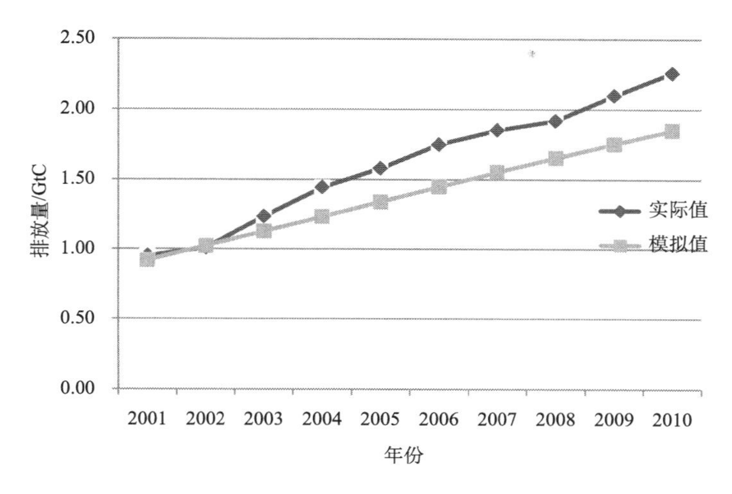

图 11.8　2001~2010 年碳排放量模拟值与实际值比较

基于经济增长趋势和能源消费的计算，我们进一步得到了我国至 2050 年的碳排放趋势，如图 11.9 所示。碳排放高峰出现在 2029 年，峰值为 2.70GtC；随后碳排放量逐年下降，至 2050 年碳排放量为 2.05GtC，为 2005 年碳排放水平 1.58GtC 的 1.3 倍。

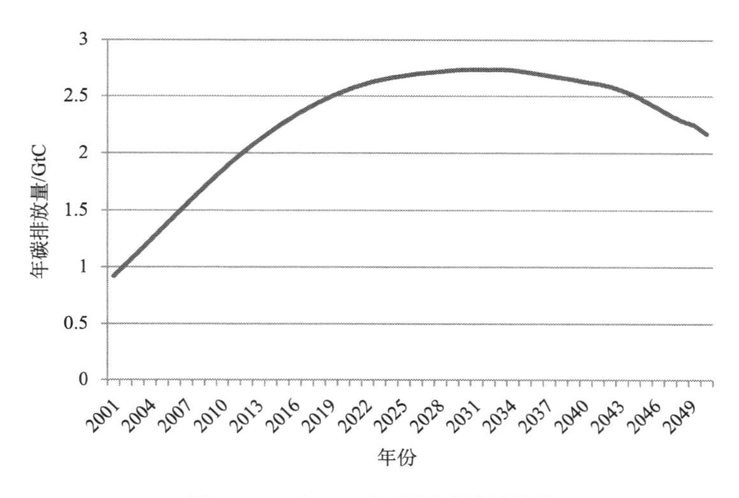

图 11.9　至 2050 年我国碳排放趋势

作为一个横向比较，我们收集了部分其他学者对碳排放高峰的研究结果，列于表 11.8 中，其中，碳排放的高峰范围为 2025~2040 年，而早期的研究对碳排放高峰的年份估计较晚，均在 2030 年之后，而近年对碳高峰的估算普遍推前，最早的估算为 2025 年达到高峰；而我们的研究结果基本落在普遍发现的峰值范围之内。

表 11.8　不同研究的碳排放峰值年份比较

作者（年份）	高峰年份	高峰值	使用方法
朱永彬，王铮，庞丽，等（2009）	2040	3.8GtC	经济最优增长模型
姜克隽，胡秀莲（2009）	2030~2040	—[a]	技术模型
王铮，朱永彬，刘昌新，等（2010）	2031	2.6GtC	经济最优增长模型
杜强，陈乔，陆宁（2012）	2030	3.68GtC	IPAT 模型
岳超，王少鹏，朱江玲，等（2010）	2035	4.4GtC	趋势外推
渠慎宁，郭朝先（2010）	2020~2045	—[a]	STIRPAT 模型
Yuan, Xu, Hu, et al.（2014）	2030~2035	2.5GtC	Kaya 模型
刘昌义，陈孜，渠慎宁（2014）	2025~2030	—[a]	Kaya 模型
陆旸（2014）	2025 左右	2.86GtC	趋势外推

a: 未给出具体的峰值数据

结合我国提出的 40-45 目标，即至 2020 年，我国 GDP 碳排放强度比 2005 年降低 40%~45%。本研究将碳排放趋势与 GDP 增长趋势相结合，计算得到 2020 年我国 GDP 碳排放强度比 2005 年下降大约为 37.8%，略低于我国提出的减排目标。因此，仅仅基于产业结构变化以及当前的技术进步水平还未能实现 40-45 目标，仍需其他手段的协助。

11.4.4　能源消费与碳排放峰值年份的不确定性

在本研究的模型中，企业的创新推动了企业的技术进步，从而使得能源结构发生改变并降低了碳排放量。但考虑到企业的技术进步具有随机性，因此，在前文的 50 次模拟中，每次模拟得到的碳排放峰值年份不尽一致，虽然前文分析中采用了平均值作为趋势分析的依据，但我们仍不能忽视这种随机的技术冲击可能产生的能源消费和碳排放峰值的不确定性。

为了重现能源消费与碳排放峰值出现的不确定性，我们分别将 50 次模拟得到的 50 个能源消费峰值年份和碳排放峰值年份分别做直方图，并拟合了正态分布曲线，见图 11.10。由图 11.10 可以发现，能源消费峰值与碳排放峰值年份的分布接近正态分布，为进一步验证分布是否呈正态性，我们采用 SPSS 单样本 k-s 检验对数据进行了检验，计算得到能源消费峰值分布呈正态性的显著性为 0.11，碳排放峰值分布呈正态性的显著性为 0.14，均大于 0.05，故可以判断为正态分布。

在能源消费峰值年的正态分布曲线下，我们计算得到 2024~2039 年，各年出现能源消费高峰的概率，见表 11.9。分析可知，未来我国的能源消费高峰有可能出现的年份范围为 2025~2038 年，各年的概率均大于 0；但峰值年份出现在 2028 年之前以及 2035 年之后的概率都非常小，累积概率小于 1%，因此，能源消费高峰较有可能的分布区间为 2028~2035 年的 8 年间。其中，最大概率的能源消费峰值年份为 2031 年，概率为 23.57%；其次为 2032 年，概率为 23.22%；再次为 2030 年，概率为 16.40%。

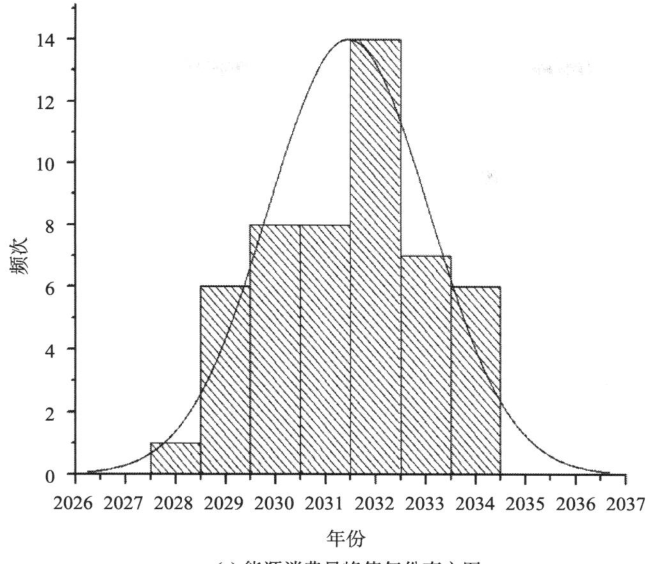

(a) 能源消费量峰值年份直方图

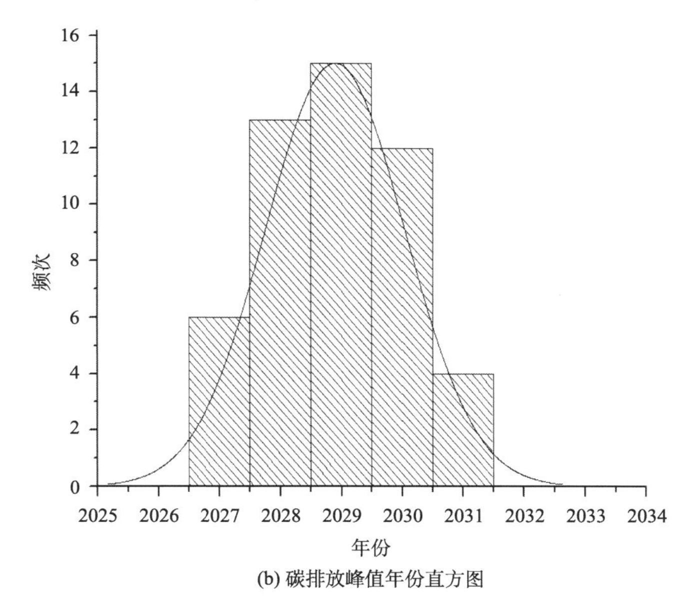

(b) 碳排放峰值年份直方图

图 11.10　峰值年份分布图

在碳排放峰值年的正态分布曲线下，同样可以计算得到各年出现碳排放峰值的概率，见表 11.10。由表 11.10 可知，碳排放峰值年分布的区间为 2024~2033 年，但 2026 年之前和 2032 年之后出现峰值的概率均小于 1%，概率极低，总体而言，碳排放高峰较有可能出现的区间为 2026~2031 年的 6 年间。其中，2029 年为碳排放峰值概率最大年，排放峰值落在该年的概率为 33.51%；其次为 2028 年，概率为 25.23%；再次为 2030 年，概率为 21.89%。结合习近平在 2014 年 APEC 会议上提出的“中国计划 2030 年左右 CO_2 排放达到峰值”目标，研究认为我国在 2030 年之前达到峰值的累积概率达到 91.79%，对于实现达峰目标具有较大的把握。

表 11.9　2024~2039 年的能源消费高峰年概率分布

年份	概率/%	年份	概率/%
2024	0.00	2032	23.22
2025	0.01	2033	15.67
2026	0.09	2034	7.24
2027	0.57	2035	2.29
2028	2.55	2036	0.50
2029	7.81	2037	0.07
2030	16.40	2038	0.01
2031	23.57	2039	0.00

表 11.10　2023~2034 年的碳排放高峰年概率分布

年份	峰值概率/%	年份	峰值概率/%
2023	0.00	2029	33.51
2024	0.01	2030	21.89
2025	0.15	2031	7.02
2026	1.69	2032	1.10
2027	9.33	2033	0.08
2028	25.23	2034	0.00

11.5　结　　论

企业的创新是经济系统产业结构进化和能源系统结构转变、降低排放量的重要推动力。企业自主体通过创新行为推动自身的技术进步，改变中间消费模式和能源消费结构，从而影响宏观层面的产业结构和能源需求。最终对我国未来的能源结构和碳排放趋势产生影响。我们基于投入-产出模型和自主体模拟方法，构建了我国 17 个部门的宏观经济系统，并与微观企业创新行为相整合，实现了微观企业创新推动下的我国能源消费和碳排放趋势模拟。研究发现以下几点。

（1）至 2050 年，我国第一产业、第二产业的比重呈逐渐下降趋势，第三产业比重呈上升趋势；至 2050 年三大产业的比重分别为 3.3%、31.7%、65 %。

（2）至 2050 年我国的能源消费总体呈现先上升后下降的趋势，能源消费量的高峰约出现在 2031 年，高峰值为 5146Mtce；至 2050 年，我国能源消费量约为 4086Mtce。

（3）至 2050 年我国的能源消费结构仍主要以煤为主，2050 年煤的比重仍有约 41.6%；而 2050 年石油的消费比重为 36.3%；天然气和非碳能源消费比重也有所上升，至 2050 年的比重分别为 3.9%、18.2%。

（4）我国碳排放高峰出现在 2029 年，峰值为 2.7GtC；随后碳排放量逐年下降，至 2050 年碳排放量为 2.05GtC。

（5）由于技术创新的不确定性，使得能源消费峰值和碳排放峰值出现的年份存在不确定性。能源消费峰值较有可能出现在 2028~2035 年；而碳排放峰值较有可能出现在 2026~2031 年；其中，能源消费峰值出现的概率最大年为 2031 年，概率为 23.57%；碳排放峰值出现的概率最大年为 2029 年，概率为 33.51%[①]。

参考文献

杜强，陈乔，陆宁. 2012. 基于改进 IPAT 模型的中国未来碳排放预测. 环境科学学报, 32(9): 2294-2302.

龚轶，顾高翔，刘昌新，等. 2013. 技术创新推动下的中国产业结构进化. 科学学研究, 31(8): 1252-1259.

顾高翔，王铮，姚梓璇. 2011. 基于自主体的经济危机模拟. 复杂系统与复杂性科学, 8（4）:27-35.

顾高翔，王铮. 2013. 基于三个生产部门的经济危机 ABS 动力学模拟. 复杂系统与复杂性科学, 10（2）: 1-12.

姜克隽，胡秀莲. 2009. 中国 2050 年低碳发展情景研究.见: 2050 中国能源和碳排放研究课题组. 2050 中国能源和碳排放报告. 北京: 科学出版社.

刘昌义，陈孜，渠慎宁. 2014. 中国的工业化进程与碳排放峰值.见: 王伟光，郑国光.应对气候变化报告——科学认知与政治争锋.北京: 社会科学文献出版社.

刘小平，黎夏，叶嘉安. 2006. 基于多智能体系统的空间决策行为及土地利用格局演变的模拟. 中国科学, 36（11）: 1027-1036.

陆旸. 2014. 中国人口趋势与碳排放峰值见: 王伟光，郑国光.应对气候变化报告——科学认知与政治争锋. 北京: 社会科学文献出版社.

渠慎宁，郭朝先. 2010. 基于 STIRPAT 模型的中国碳排放峰值预测研究. 中国人口·资源与环境, 20(12): 10-15.

石莹，刘昌新，吴静，等. 2013. 欧盟碳减排目标的经济可能性评估. 世界地理研究, 22（3）: 18-29.

王铮，朱永彬，刘昌新，等. 2010. 最优增长路径下的中国碳排放估计. 地理学报, 65（12）: 1559-1568.

吴静，王铮，朱潜挺，等. 2015. 微观创新驱动下的我国能源消费与碳排放趋势研究. 复杂系统与复杂性科学. 已录用.

薛俊波. 2006. 基于 CGE 的中国宏观经济政策模拟系统开发及其应用. 北京: 中国科学院科技政策与管理科学研究所博士学位论文.

岳超，王少鹏，朱江玲，等.2010. 2050 年中国碳排放量的情景预测——碳排放与社会发展Ⅳ. 北京大学学报（自然科学版）, 46（4）: 517-524.

张世伟，冯娟. 2007. 经济增长与收入差距: 一个基于主体的经济模拟途径.财经科学, 226: 41-49.

朱永彬，王铮，庞丽，等. 2009. 基于经济模拟的中国能源消费与碳排放高峰预测. 地理学报, 64（8）: 935-944.

Arsanjani J J, Helbich M, Noronha Vaz E. 2013. Spatiotemporal simulation of urban growth patterns using agent-based modeling: The case of Tehran. Cities, 32: 33-42.

Aydin G. 2014. Modeling of energy consumption based on economic and demographic factors: the case of Turkey with projections. Renewable and Sustainable Energy Reviews, 35: 382-389.

① 更多本章内容请参见吴静等（2015）。

Ceylan H, Ozturk H K. 2004. Estimating energy demand of Turkey based on economic indicators using genetic algorithm approach. Energy Conversion and Management, 45（15-16）:2525-2537.

Chappin E, Afman M. 2013. An agent-based model of transitions in consumer lighting: Policy impacts from the E.U. phase-out of incandescents. Environmental Innovation and Societal Transitions , 7: 16-36.

Desmarchelier B, Djellal F, Gallouj F. 2013. Environmental policies and eco-innovations by service firms: An agent-based model. Technological Forecasting and Social Change, 80（7）: 1395-1408.

Dosi G, Fagiolo G , Napoletano M, et al. 2012. Income distribution, credit and fiscal policies in an agent-based Keynesian model. Journal of Economic Dynamics and Control, 37（8）: 1598-1625.

Dosi G, Fagiolo G, Roventini A. 2006. An Evolutionary Model of Endogenous Business Cycles. Computational Economics, 27: 3-34.

Ekonomou L. 2010. Greek long-term energy consumption prediction using artificial neural networks. Energy, 35:512-517.

Gerst M D, Wang P, Rovenini A, et al. 2013. Agent-based modeling of climate policy: an introduction to the ENGAGE multi-level model framework. Environmental Modelling & Software, 44:62-75.

Lee T, Yao R, Coker P. 2014. An analysis of UK policies for domestic energy reduction using an agent based tool. Energy Policy, 66: 267-279.

Liu Y. 2013. Relationship between industrial firms, high-carbon and low-carbon energy: An agent-based simulation approach. Applied mathematics and Computation, 219: 7472-7479.

Lorentz A, Savona M. 2008. Evolutionary micro-dynamics and changes in the economic structure. Journal of Evolutionary Economics, 18（3-4）: 389-412.

Lorentz A, Savona M. 2010. Structural change and business cycles: an evolutionary approach. Papers on Economics and Evolution.

Mialhe F, Becu N, Gunnell Y. 2012. An agent-based model for analyzing land use dynamics in response to farmer behaviour and environmental change in the Pampanga delta（Philippines）. Agriculture, Ecosystems & Environment, 161: 55-69.

Nannen V, van den Bergh J, Eiben A E. 2013. Impact of environmental dynamics on economic evolution: A stylized agent-based policy analysis. Technological Forecasting & Scial Change, 80: 329-350.

Natarajan S, Padget J, Elliott L. 2011. Modelling UK domestic energy and carbon emissions: an agent-based approach. Energy and Buildings, 43（10）: 2602-2612.

Neveu A R. 2013. Fiscal policy and business cycle characteristics in a heterogeneous agent macro model. Journal of Economic Behavior & Organization, 92:224-240.

Parajuli R, Østergaard P A, Dalgaard T, et al. 2014. Energy consumption projection of Nepal: An econometric approach. Renewable Energy, 63: 432-444.

Richstein J C, Chappin E J L, de Vries L J. 2014. Cross-border electricity market effects due to price caps in an emission trading system: An agent-based approach. Energy Policy, 71:139-158.

Rixen M, Weigand J. 2013. Agent-based simulation of policy induced diffusion of Smart Meters. Technological Forecasting and Social Change, 85:153-167.

Sopha B M, Christian A K, Edgar G H. 2011. Exploring policy options for a transition to sustainable heating system diffusion using an agent-based simulation. Energy Policy, 39（5）:2722-2729.

Suganthi L, Anand A. 2012. Samuel Energy models for demand forecasting—A review. Renewable and Sustainable Energy Reviews, 16（2）: 1223-1240.

Uzlu E, Kankal M, Akpinar A, et al. 2014. Estimates of energy consumption in Turkey using neural networks with the teaching-learning-based optimization algorithm. Energy, 75: 295-303.

Vaillancourt K, Alcocer Y, Bahn O, et al. 2014. A Canadian 2050 energy outlook: analysis with the multi-regional model TIMES-Canada. Applied Energy, 132: 56-65.

Wing S, Eckaus R S. 2007. The implications of historical decline in US energy intensity for long-run CO_2 emission projections. Energy Policy, 35（11）:5267-5286.

Yuan J, Xu Y, Hu Z, et al. 2014. Peak energy consumption and CO_2 emissions in China. Energy Policy, 68: 508-523.

Zhang B, Zhang Y, Bi J. 2011. An adaptive agent-based modeling approach for analyzing the influence of transaction costs on emission trading markets. Environmental Modelling & Software, 26（4）: 482-491.